**Das große Karrierehandbuch** ■

■ Roger Fisher & William L. Ury, Jürgen W. Goldfuß, Gunnar Kunz, Werner Tiki Küstenmacher, Jürgen Lürssen, Dr. Doris Märtin, Christian Püttjer & Uwe Schnierda, Hermann Scherer, Dr. Sabine Schonert-Hirz, Martin Scott, Prof. Dr. Lothar J. Seiwert, Brian Tracy, Prof. Dr. Jens Weidner und Gene Zelazny sind ausgewiesene und erfolgreiche Karriere-experten.

# Das große Karrierehandbuch

Mit Beiträgen von Roger Fisher & William L. Ury,
Werner Tiki Küstenmacher, Doris Märtin,
Püttjer & Schnierda, Hermann Scherer,
Lothar J. Seiwert, Jens Weidner und vielen
anderen

Campus Verlag
Frankfurt/New York

Bibliografische Information der Deutschen Nationalbibliothek
Die Deutsche Nationalbibliothek verzeichnet diese Publikation in der
Deutschen Nationalbibliografie. Detaillierte bibliografische Daten
sind im Internet über http://dnb.d-nb.de abrufbar.
■ ISBN 978-3-593-38523-5

Copyright © 2008 Campus Verlag GmbH, Frankfurt/Main
Umschlaggestaltung: R.M.E, Roland Eschlbeck und Ruth Bolzenhardt
Satz: Fotosatz L. Huhn, Linsengericht
Druck und Bindung: Druckhaus »Thomas Müntzer«, Bad Langensalza
Gedruckt auf säurefreiem und chlorfrei gebleichtem Papier.
Printed in Germany

Besuchen Sie uns im Internet: www.campus.de

# Inhalt

# Vorwort

Sie müssen der Geschäftsleitung ein wichtiges Projekt vorstellen und sind unsicher, wie Sie Ihre Erkenntnisse am besten präsentieren? Sie haben einen neuen Aufgabenbereich zugeteilt bekommen und müssen im Zuge dessen zum ersten Mal Verhandlungen führen? Auf Ihrem Schreibtisch stapeln sich die Akten und sie haben das Gefühl, im Chaos zu versinken? Sie sind befördert worden und wissen nicht, welche Arbeiten Sie an wen delegieren sollen?

Egal, ob Sie als Berufsanfänger gerade Ihren ersten Job angetreten haben, vor dem nächsten Karrieresprung stehen oder bereits viele Jahre im Berufsleben sind: Dieses umfangreiche Handbuch vermittelt Ihnen alles, was Sie für Ihre erfolgreiche Karriere wissen müssen – ganz konkret und übersichtlich, mit zahlreichen Checklisten, Tests, Übersichten und Tipps der Karriereexperten. Jeder Autor vermittelt Ihnen die Quintessenz seines Spezialgebiets, sodass Sie in jeder beruflichen Situation bestens gerüstet sind.

Wir wünschen Ihnen weiterhin viel Erfolg im Beruf!

*Ihre Campus-Karriereexperten*

# Doris Märtin: Rhetorik

## Überzeugen Sie durch gute Kommunikation

Worte besitzen eine seltsame Macht. Sie lösen Vorstellungen in den Köpfen der Gesprächspartner aus, sie werten ein und dieselbe Sache auf oder ab, lassen sie interessant erscheinen oder langweilig, verleihen ihr einen modernen Touch oder eine konservative Anmutung. »Worte sind die mächtigste Droge, welche die Menschheit benutzt«, schrieb der englische Erzähler Rudyard Kipling. Je gezielter Sie Ihre Worte wählen, je sorgsamer Sie sie artikulieren, desto sicherer steuern Sie, ob und wie Ihre Botschaft im Berufsalltag wahrgenommen wird ■

## SELBST-CHECK: Formulieren können

Wie reichhaltig ist Ihr Vokabular? Wie gut gelingt es Ihnen, Ihr Denken und Fühlen in Worte zu fassen? Haben Sie den Eindruck, man hört Ihnen gern zu? Wie selbstbewusst fühlen Sie sich beim Reden und Erzählen? Wie rasch finden Sie mit Fremden eine gemeinsame Sprache? Ist Ihre Ausdrucksweise dazu angetan, Probleme zu lösen? Kreuzen Sie für jedes Verhalten die Antwort an, die Ihre Gewohnheiten am besten beschreibt.

## Test: Was Gedanken Form und Format gibt

| Verhalten | Wirkung | Wie häufig verhalten Sie sich so? | | |
|---|---|---|---|---|
| | | Meistens | Manch-mal | Selten/ Nie |
| Den Wortschatz laufend erweitern, pflegen und aktuali-sieren | wortgewandt, gut informiert, souverän | | | |
| Wertschätzend formulieren | angenehm, sachlich, überlegt | | | |
| Einen gehobenen Sprachstil beherrschen | formgewandt, abstrak-tionsfähig, analytisch | | | |
| Umgangssprache sprechen, wo es passt | zugänglich, boden-ständig, wie du und ich | | | |
| Deutlich artikulieren | klar, sicher, präsent | | | |
| Verlegenheitslaute und -floskeln vermeiden | konzentriert, gewandt, sicher | | | |
| Weichmacher gezielt nutzen | versöhnlich, sensibel, dezent | | | |
| Schlüsselworte des Gesprächspartners aufgreifen | einfühlsam, verständ-nisvoll, vertraut, sozial kompetent | | | |
| Bilder und Vergleiche aus der Erlebniswelt des Gesprächspartners nutzen | einleuchtend, über-zeugend | | | |
| Betonen, was geht | hilfsbereit, organisiert, verlässlich | | | |
| Unerfreuliches beim Namen nennen | glaubwürdig | | | |

## Test: Unvorteilhafte Eindrücke vermeiden

| Verhalten | Gewünschte Wirkung | Möglicherweise erzielte Wirkung | Wie häufig verhalten Sie sich so? | | |
|---|---|---|---|---|---|
| | | | Meistens | Manchmal | Selten/ Nie |
| Der Wortwahl wenig Beachtung schenken | locker, echt, natürlich | ungewandt, ungenau, unangemessen | | | |
| Viele Fachbegriffe, Fremdwörter und Anglizismen verwenden | gebildet, kompetent | eingebildet, einschüchternd, unverständlich | | | |
| In langen, gewundenen Sätzen sprechen | komplex, sprachgewandt | anstrengend, schwer verständlich, schwammig | | | |
| Denkfüller und Anhängsel gedankenlos verwenden | nett, höflich, liebenswürdig | schwach, nervös, verunsichert | | | |
| Füllwörter konsequent vermeiden | selbstbewusst, entschieden, »Powertalking« | hart, schroff, kompromisslos | | | |
| Eigene Schlüsselwörter platzieren | zielorientiert, überzeugend | aufdringlich, drängend | | | |
| Wenige Bilder und Vergleiche nutzen | seriös, genau, wissenschaftlich | abstrakt, blass, schwer verständlich | | | |
| Sagen, was nicht geht | klar, direkt, geradeheraus | überfordert, inkompetent, passiv | | | |
| Auffälliges Schönfärben | liebenswürdig, taktvoll, gewandt | unangenehm, glatt, unglaubwürdig | | | |

**X** »Nach dem Diplom habe ich mich erst mal ein paar Jahre im Ausland herumgetrieben«, stellt sich der Gastredner vor, »und an diversen internationalen Projekten mitgearbeitet. Danach bin ich bei einem großen Konsumgüter-Unternehmen untergekommen.«

Die *Humilatio*, der bescheidene, bewusst unprofessionell gehaltene Auftritt, gehört zwar zu den Grundformen der klassischen Rhetorik, aber man kann den Bogen auch überspannen: *herumgetrieben*, *untergekommen* – das klingt fast schon befremdlich. Erst recht, wenn der Moderator den Referenten eben erst als ausgewiesenen Experten des chinesischen Beschaffungsmarkts vorgestellt hat.

»Worte schaffen Wirklichkeit«, schreibt Ernest Hemingway. Sie beschreiben nicht nur Sachverhalte, sie wecken auch wertende Begleitvorstellungen: Jemand, der in ein Unternehmen *eingestiegen* ist, wirkt aktiver und leistungsfähiger, als einer, der bei einer Firma *untergekommen* ist.

Beim Reden kommt es eben nicht nur darauf an, Inhalte korrekt zu übermitteln. Es gilt auch, sie in eine sprachlich passende, vorteilhafte Form zu kleiden. Tools dafür enthält dieses Kapitel. Lesen Sie, wie Sie einfach, souverän und konstruktiv formulieren.

## TALK-TOOL 1: Kompliziertes einfach sagen

In dem Film *Philadelphia* pflegt Denzel Washington als Anwalt Joe Miller Menschen mitten im Satz mit der Bitte zu unterbrechen: »Erklären Sie es mir, als wäre ich acht Jahre alt«. Die Frage ist Joe Millers Markenzeichen: Ganz gleich, ob es um die Einzelheiten eines Verkehrsunfalls geht oder um die Einkaufsliste fürs Wochenende, Joe Miller bringt seine Gesprächspartner dazu, ohne Umschweife zu sagen, was sie meinen.

Auf den Punkt zu kommen, ist nicht einfach. Aber es bewirkt, dass die anderen uns mühelos verstehen, auch wenn sie nur halb bei der Sache sind.

### ■ Erst denken, dann sprechen: Der Anrufbeantwortertrick

Die Präsentation vor internationalem Publikum oder die Rede bei der Hochzeit des besten Freundes bereiten wir gründlich vor. Im normalen Alltag verfertigen wir die Gedanken dagegen erst beim Sprechen. Das hört man den Formulierungen an: Worthülsen, Füllwörter, Phrasen, Fachjargon oder unfertige Sätze ziehen das Gesagte in die Länge, es bleibt dem Zuhörer überlassen, den Gedankenwust zu filtern und das Wichtige herauszusortieren.

Vergleichsweise geschliffen klingen dagegen die Botschaften, die wir auf Mailboxen oder Anrufbeantwortern hinterlassen. Das hat einen einfachen Grund: Während wir die Ansage hören, sortieren wir unsere Gedanken schon einmal vor. Den Effekt des kleinen Aufschubs können Sie auch im Vier-Augen-Gespräch nutzen: Warten Sie nach dem letzten Wort Ihres Gesprächspartners drei Sekunden, erst dann setzen Sie zu Ihrer Antwort an. Zugegeben, die Mini-Pause erfordert Disziplin, doch sie führt automatisch dazu, dass Sie gewandter und strukturierter formulieren.

### ■ Einen Punkt machen: Die Hauptsatzregel

Wer redet, wie er schreibt, überfordert die Zuhörer. Einen geschriebenen Text kann man zweimal lesen, man kann zurückblättern und Pausen einlegen. Im Gespräch geht das nicht. Wenn Sie möchten, dass die Zuhörer Ihren Ausführungen bis zuletzt folgen, müssen Sie es Ihnen deshalb so leicht wie möglich machen. Das bedeutet unter anderem:

- Reden Sie in kurzen Sätzen von 12 bis 15 Wörtern,
- bevorzugen Sie Hauptsätze,
- vermeiden Sie Schachtelsätze,
- senken Sie die Stimme am Ende eines Gedankens ab.

Genau wie der Anrufbeantwortertrick zwingt auch die Hauptsatzregel zur Disziplin. Aber sie lässt Sie konzentriert wirken, klar und kompetent. Ein Ausschnitt aus der Rede Bill Clintons anlässlich der Verleihung des Internationalen Karlspreises in Aachen im Juni 2000 verdeutlicht die Kraft der Hauptsätze.

**X** »Die Vereinigten Staaten haben ein dauerhaftes Interesse an einem dauerhaften Bündnis mit Europa. Unsere gemeinsame Zukunft ist tief in unserer gemeinsamen Geschichte verwurzelt. Der amerikanische Unabhängigkeitskrieg ging zum Teil aus dem Siebenjährigen Krieg hervor.

Vor einigen Tagen stand ich an der Mündung des Flusses Tajo in Lissabon. Von diesem Ort aus begannen mutige Europäer vor 500 Jahren, die entfernten Winkel unserer Erde zu erforschen. Sie legten unvorstellbare Entfernungen zurück und überwanden unbeschreibliche Widerstände bei ihrer Suche nach Asien, Afrika und dem gesamtamerikanischen Kontinent. Ihnen folgten die Söhne und Töchter dieses Kontinents über den Atlantik und besiedelten Orte, die sie Neu-Spanien, Neu-England, Neu-Frankreich, Neu-Niederlande, Nova Scotia und Neu-Schweden nannten – kurz gesagt, ein neues Europa. Ohne die Sehnsucht nach einem neuen Europa hätte es überhaupt kein Amerika gegeben.«

Sieben Hauptsätze, ein Relativsatz – zusammen fügen sie sich zu einer einprägsamen Botschaft. Probieren Sie es aus: Nehmen Sie sich mit der Digitalkamera auf, während Sie ein Erlebnis oder einen Sachverhalt wie gewohnt schildern. Danach formulieren Sie das Gleiche in Hauptsätzen. Bei den meisten Rednern ist der Unterschied verblüffend.

### Auf den Punkt kommen

**X** »… und als wir dann am frühen Abend in Las Vegas ankamen, für uns war es da natürlich schon vier Uhr morgens, die Anreise dauert ja fast 20 Stunden, stellt euch vor, über drei Stunden mussten wir in Atlanta auf den Weiterflug warten, (allein die Einreise-Kontrollen nehmen ja eine gute Stunde in Anspruch, so ähnlich muss es früher auf Ellis Island zugegangen sein) … ja also, als wir dann …«

Wer zu viel redet oder zu lang, verliert das Interesse der Zuhörer. Schlimmer noch, er setzt ihre Sympathie aufs Spiel. Beides passiert uns bevorzugt dann, wenn uns ein Thema begeistert oder ein Anliegen berührt.

Wenn Sie möchten, dass man Ihnen zuhört, spitzen Sie Ihre Ausführungen zu. Lassen Sie alles weg, was nicht unmittelbar zur Sache gehört: Einschübe, Ergänzungen, Hintergrundinfos, Meinungen. Entscheidend ist, was sich bei der Ankunft am Zielort ereignet hat: »… als wir nach 20 Stunden Reise am frühen Abend in Las Vegas ankamen, sind doch tatsächlich zwei unserer Gepäckstücke nicht angekommen.« Die lange Anreise ist eine andere, eigene Geschichte, die mühsame Passkontrolle auch.

### Fremdwörter sparsam einsetzen

»ECR? Ach so, ja, das steht für Efficient Consumer Response.«

Fremdwörter, Abkürzungen, Modewörter, Anglizismen und branchen- und firmeninterne Bezeichnungen gehören zum Alltag. Doch was Ihnen locker über die Lippen geht, muss keineswegs Allgemeingut sein. Rechnen Sie lieber damit, dass Ihre Zuhörer aus einem ganz anderen Pool von Fremdwörtern und Spezialbegriffen schöpfen als Sie.

Deshalb ist es wenig erhellend, eine Abkürzung durch deren Langform zu erklären. Liefern Sie besser eine eingängige Erklärung: »ECR-Maßnahmen zielen darauf ab, das richtige Produkt zur richtigen Zeit am richtigen Ort zum richtigen Preis anzubieten.« Noch besser ist es, wenn Sie den Begriff zusätzlich durch ein Beispiel verdeutlichen: »Unser System sorgt zum Beispiel dafür, dass die Schokoweihnachtsmänner Anfang November im Laden liegen. Das ist ECR – Efficient Consumer Response.«

In abgemilderter Form gilt die Regel sogar beim kollegialen Fachgespräch. Dort erfüllen Fachbegriffe zwar die Funktion von Passwörtern, mit denen man Zugehörigkeit, Expertise und »Stallgeruch« zeigt. Aber bei einer Arbeitsteilung mit tiefgehender Spezialisierung verstehen oft schon der Vorgesetzte oder die Mitglieder der Firmenleitung nicht mehr alle Spezialbegriffe.

## TALK-TOOL 2: Mit Worten wirken

Die Worte, die wir wählen, haben einen hohen Symbolcharakter. Sie spiegeln unsere aktuellen Gedanken und momentanen Gefühle, lassen Rückschlüsse auf Sozialstatus und Bildungsgrad zu und sagen eine Menge über die Beziehung zum Gegenüber aus. Es lohnt sich also, Sprache bewusst zu gestalten.

### Die Sprache reinigen

Es gibt Firmen, da bezeichnet man Kollegen grundsätzlich als »der Meier« oder »die Müller-Schmidt«. Die Wortwahl bringt nicht nur eine niedrige Bewertung der so bezeichneten Kollegen zum Ausdruck, sie lässt auch die Sprecher wenig kultiviert und wohlwollend erscheinen. »Herrn Dr. Meier« oder »Lena Müller-Schmidt« klänge ansprechender. Wichtiger noch: Die wertschätzende Ausdrucksweise käme automatisch auch der inneren Einstellung zugute.

Das Beispiel zeigt: Wie jemand denkt, so redet er, und wie jemand redet, so denkt er. Mit einer *absurden* Entscheidung findet man sich schwerer ab als mit einer *unerfreulichen*. Schlecht erzogen wirkt man außerdem. Verwenden Sie deshalb bevorzugt Worte, die eine Sache oder ein Verhalten zwar beim Namen nennen, aber nicht unnötig aufbauschen oder herabwürdigen. Der Umgang mit anderen bleibt dadurch fair und sachlich, selber wirken Sie nobel und überlegt.

### Den Wortschatz anreichern

Gewählt ausdrücken kann sich, wer die Wahl hat, weil er sich aus einem reichen, differenzierten Wortschatz bedient wie aus einem prall gefüllten Kleiderschrank, in dem das Polar-Fleece-Shirt ebenso wenig fehlt wie die Abendrobe aus Chiffon und Spitze. Das sprachliche Angebot stellt die deutsche Sprache bereit: Im großen DUDEN Wörterbuch in zehn Bänden sind gut 200 000 Stichwörter von *Aal* bis *Zytozentrum* nachzuschlagen. Ein durchschnittlicher Sprecher, so die freie Enzyklopädie WIKIPEDIA, benutzt davon aktiv etwa 8 000 bis 10 000 Wörter, für Alltagsgespräche reichen 400 bis 800 Wörter. Boulevardzeitungen nutzen einen Wortschatz von etwa 400, Tageszeitungen wie SZ oder FAZ ein Vokabular von etwa 5 000 Wörtern. Zum Vergleich: Ein ganz normales Karstadt- oder Hertie-Kaufhaus hat etwa 60 000 unterschiedliche Markennamen im Angebot.

Je größer Ihr aktiver Wortschatz, desto schärfer wird Ihre Wahrnehmung, desto facettenreicher formulieren Sie Ihre Gedanken und desto komplexer können Ihre Ideen sein. Die Bielefelder Psychologen Ingeborg Nütten und Peter Sauermann haben festgestellt, dass ein reicher Wortschatz und eine passende Ausdrucksweise zu den 10 wichtigsten Fähigkeiten zählen, die man braucht, um als kreativ und innovativ wahrgenommen zu werden.

**So bauen Sie Ihren Wortschatz Schritt für Schritt aus:**
- Notieren Sie in einem Heft unbekannte Wörter, interessante Wendungen und neue Wortschöpfungen, und bauen Sie sie so oft wie möglich in Gespräche ein. Das Material hierfür finden Sie nicht nur in Feuilleton und Fachzeitschriften, sondern auch im Leitartikel (»ubiquitär«), im Gespräch mit dem Schreinermeister (»Setzstufen«) oder in der Late-Night-Show (»Ethik-Etepeteten«).
- Nennen Sie die Dinge beim Wort, fahnden Sie in jeder Situation nach dem Wort, das einen Sachverhalt oder ein Gefühl am präzisesten beschreibt. Sagen Sie »Regenbogenforelle« statt »Fisch«, »unange-

nehm berührt« statt »genervt«, »Tube«, wenn Sie von der Londoner und »Subway«, wenn Sie von der New Yorker U-Bahn sprechen.

- Spielen Sie mit verschiedenen Sprachebenen: »verstimmt« klingt gewählter als »angefressen«, »fabelhaft« macht mehr her als »super«, »Gemeinschaftserlebnis« weckt andere Vorstellungen als »Event«, »Verkehrsunglück« betont den emotionalen Aspekt eines Unfalls, »Frontalkollision« hebt auf den technischen Schaden ab. Die passende Formulierung hängt von Thema, Situation, Zuhörer und Ihrer eigenen Persönlichkeit ab.

### Hochstapeln mit dem Thesaurus

Die amerikanische Kommunikationstrainerin Leil Lowndes ermutigt: Wer nur 50 Allerweltswörter gegen ausgesuchte Begriffe austauscht, spielt sich sprachlich in eine höhere Liga. Lowndes empfiehlt deshalb, nach Alternativen für die überstrapazierten Allerweltswörter zu suchen, die einen Großteil unserer Sprache ausmachen. Bescheinigen Sie Ihren Mitarbeitern nicht einfach »eine gute Idee«, sondern würdigen Sie »die reizvolle Überlegung«, »den spannenden Ansatz«, »den ausschlaggebenden Einfall«, »den bemerkenswerten Beitrag«. Der Lohn der Mühe ist es, sensibel und ausdrucksstark zu wirken, Ihr Gegenüber fühlt sich erkannt und anerkannt.

Alles, was Sie dazu brauchen, ist ein Synonymwörterbuch. Schlagen Sie darin jede Woche ein paar Wörter nach, die Sie ständig im Mund führen. Für das Allerweltswort »super« zum Beispiel finden sich in Textors *Sag es treffender* unter anderem die folgenden Alternativen:

*fantastisch, fabelhaft, nicht zu glauben, unvorstellbar, brillant, unwahrscheinlich, unglaublich, sagenhaft, wunderbar, toll, geil, ultimativ.*

Probieren Sie im nächsten Gespräch verschiedene Varianten davon an – wie Sie Kleider bei Zara oder H&M probieren. Danach ersetzen Sie die überstrapazierten Vokabeln durch die neu ausgesuchten Alternativen.

## Elaborierter und restringierter Code

Die meisten von uns verwenden beim Sprechen verschiedene Register: einen gehobenen Stil für die Präsentation vor dem Führungsteam, eine Gebrauchssprache in der Familie oder im Supermarkt und einen fachsprachlichen Stil für Berufliches und Theoretisches. Dabei gilt grundsätzlich, dass ein umfangreicher, differenzierter Wortschatz, eine gute Aussprache, eine korrekte Hochsprache und ein hohes Sprechtempo allgemein mit Kompetenz und hohem sozialem Status in Verbindung gebracht werden.

Je höher unsere Sprache entwickelt ist, desto besser können wir unsere Worte an unterschiedliche Gesprächspartner und -situationen anpassen. Voraussetzung dafür ist ein elaborierter Code, die abstrakte, nuancierte Ausdrucksweise einer sprachbewussten Mittel- und Oberschicht. Im Gegensatz dazu steht der einfachere restringierte Code, der als Sprachform der weniger gebildeten Schichten gilt. Tatsächlich gehört der restringierte Code zum Alltag fast aller Bevölkerungsgruppen: beim Chat im Internet, beim Simsen, beim Blick in die Boulevardzeitungen und in der Werbung (»Geiz ist geil«, »Ich bin doch nicht blöd«, »Da werden Sie geholfen«).

Der Unterschied zwischen elaboriertem und restringiertem Code drückt sich unter anderem in Wortwahl, grammatikalischer Komplexität, Abstraktionsniveau und Formgewandtheit aus: »Ich denke, damit haben wir alle wesentlichen Punkte geklärt«, heißt es zuvorkommend im elaborierten Code, wo es im restringierten Code ein handfestes »Basta« tut. Die Wirkung ist so verschieden wie Tag und Nacht: Der elaborierte Code erlaubt es, Themen ausgewogen und wertfrei zu erörtern. Der restringierte Code wirkt emotionaler, zupackender und direkter.

**Tipp: Elaborierten und restringierten Code wirkungsvoll einsetzen**
Bewusst umgangssprachlich oder drastisch gewählte Worte sind eine wirksame Möglichkeit, Akzente zu setzen. Denn bei allen Vorzügen des elaborierten Codes: Manchmal wirken die Kurzformen des restringierten Codes praller und farbiger als die kühl-distanzierte Hochsprache. Allerdings erfordert der Einsatz des restringierten Codes Fingerspitzengefühl. Nutzen Sie seine Mittel sparsam – und nur dann, wenn Sie den elaborierten Code souverän beherrschen und in einem Gespräch einen hohen Status innehaben ■

## TALK-TOOL 3: Stimmlich punkten

Sie können Ihre Worte noch so geschickt wählen. Ihre volle Wirkung entfalten sie erst durch eine klare, sorgfältige Aussprache. Leider lässt sich der Weg zu einer klangvollen, tragfähigen Stimme nicht auf eine einfache Formel bringen: Eine phonetisch einwandfreie Aussprache, eine angenehme Tonhöhe und einen langen Atem entwickelt man am besten unter Anleitung eines Profis, zum Beispiel einer Stimmtrainerin oder eines Logopäden. Trotzdem gibt es Möglichkeiten, auf ganz einfache Weise der Stimme mehr Ausdruck zu verleihen.

### Geerdet stehen

Gutes Sprechen fängt mit einer geerdeten, aufrechten Körperhaltung an. Wer verspannt ist, klingt gepresst, wer sich hängen lässt, verhuscht. Um mit kräftiger, voller Stimme sprechen zu können, stehen Sie am besten mit beiden Füßen fest auf dem Boden, Füße etwa hüftbreit, Knie gestreckt, aber nicht durchgedrückt. Becken und Schultern befinden sich auf einer gedachten Linie. In dieser Haltung können Sie frei atmen und unverkrampft sprechen.

## Die natürliche Stimmlage finden

Am tragfähigsten und entspanntesten klingt Ihre Stimme in ihrer natürlichen Stimmlage, der *Indifferenzlage*, in der Sie weder zu hoch noch zu tief sprechen. Am leichtesten erreichen Sie diese ganz persönliche Stimmlage über das Summen. Räkeln Sie sich, gähnen Sie laut und ausdauernd und summen Sie zum Beispiel unter der Dusche, beim Autofahren, beim Bügeln: »… mmm … mmm … mnjom … mnjam … mnjem … mnjim … mnjum.« Legen Sie die Lippen dabei locker aufeinander. Wenn Sie ein Summen und Brummen wie in einem Bienenhaus spüren, klingen Sie genau richtig.

## Die Stimme pflegen

Die Stimme wird vom Körper hervorgebracht. Unter anderem sind die Nasenhöhle, der Nasenrachen, der Mundrachen, der Kehlkopf, die Luftröhre, das Zwerchfell und die Rippenmuskulatur an der Klangerzeugung beteiligt. Je besser wir körperlich für uns sorgen, desto besser klingt unsere Stimme. Hier sind die wichtigsten Regeln:

- Machen Sie ausreichende Sprechpausen und wählen Sie ein Sprechtempo, das die Stimme nicht überanstrengt.
- Reden Sie nicht gegen Lärmquellen an, fordern Sie Ruhe, während Sie sprechen.
- Trinken Sie täglich 3 bis 4 Liter Flüssigkeit, um die Bereiche rund um den Kehlkopf geschmeidig zu halten. Bevorzugen Sie dabei reizarme Getränke wie Wasser, Kräutertees und milde Säfte.
- Trinken Sie wenig Alkohol, Kaffee und schwarzen Tee.
- Rauchen Sie nicht, meiden Sie verrauchte Räume.
- Lutschen Sie vor einer Präsentation Bonbons oder Pastillen mit pflegenden Wirkstoffen, zum Beispiel Emser Salz oder Salbei. Meiden Sie dagegen Menthol, es trocknet die Schleimhäute aus.
- Achten Sie auf gut befeuchtete Räume. Notfalls stellen Sie eine Schale mit Wasser in der Nähe der Heizung auf.

- Vermeiden Sie es, sich zu räuspern und zu flüstern. Die Stimmbänder reiben dabei aneinander wie eine Hose, die am Bein scheuert. Gegen eine belegte Stimme oder einen Kloß im Hals helfen Husten, Gähnen, Schlucken und Summen.

### Klar artikulieren

Je klarer Sie artikulieren, desto besser werden Sie verstanden, desto sicherer und gepflegter wirken Sie. Besonders effektiv trainieren Sie die Artikulation und die Lippen- und Zungenmuskulatur mit Schnellsprechsprüchen.

So gehen Sie vor: Sprechen Sie die Übungstexte laut, dramatisch und übertrieben deutlich. »Mach's Maul auf«, empfiehlt Luther unzart, aber einprägsam. Skeptiker beobachten sich dabei im Spiegel. Sie werden feststellen: Deutliche Mundbewegungen kommen Ihnen größer vor, als sie eigentlich sind. Vorteilhafter als schmallippige Leblosigkeit wirken sie allemal.

Verschlucken Sie keine Silben und achten Sie darauf, am Ende des Satzes die Stimme zu senken. Wenn Sie einen Zungenbrecher ohne Versprecher beherrschen, steigern Sie das Tempo. Am besten lernen Sie die Schnellsprechsprüche auswendig und üben jeden Tag fünf bis zehn Minuten.

#### Übung: Schnellsprechsprüche

- Die Boxer aus der Meisterklasse boxten sich zu Kleistermasse. Und aus dem ganzen Massenkleister erhebt sich stolz der Klassenmeister.
- Hierher, Hofhund, horch. Hurtig huscht Hassan zur Hütte.
- Der Leutnant von Leuten befahl seinen Leuten, nicht eher zu läuten, bis der Leutnant von Leuten seinen Leuten das Läuten befahl.
- Wenn mancher Mann wüsste, wer mancher Mann wär, tät mancher Mann manchem manchmal mehr Ehr.
- Plastische Chirurgen plitschen und platschen im Pool und plaudern

vom Tanz der Pirouetten mit Pinzetten in Form von Rosetten auf Shakespeares Sonetten und Bachs Motetten.

- Der Postkutscher putzt den Cottbuser Postkutschkasten.
- Specht, Spatz, Storch und Sperling rannten spornstreichs schrillen Schreis den steilen Steg hinunter.
- Wenige wissen, wie viel man wissen muss, um zu wissen, wie wenig man weiß.
- Wir Wiener Waschweiber würden weiße Wäsche waschen, wenn wir wüssten, wo wirklich warmes weiches Wasser wäre.
- Zwanzig Zwerge zeigen Handstand, zehn am Sandstrand, zehn im Wandschrank.

Klang und Emotion der Sprache werden vor allem über die Vokale geprägt. Achten Sie bei den folgenden Vokalübungen auf die Stellung von Lippen und Kiefer.

### Vokalübungen

**A** *weit geöffneter Mund, lockerer Unterkiefer*
Antike Rahmen haben Haken und Kanten.

**E** *Mund leicht offen, nicht in die Breite gezogen*
Eben erlebte ein Egoist eine herbe Revanche.

**I** *Mund wie beim E, Unterkiefer leicht anheben*
Im Kinderzimmer liegen ziemlich viele lustige Spiele in den Kisten.

**O** *Lippen als Kussmund*
Vom Mond konnte Onkel Oskar romantische Poeme vortragen.

**U** *Lippen als halb geschlossener Kussmund*
Nur unten am Ufer unter uralten Ulmen wurde Uwe ungestörte Ruhe zuteil.

## ■ TALK-TOOL 4: Füllwörter überlegt einsetzen

Sie gelten als verpönt, die *Ähms*, *Irgendwies*, *Ehrlich-gesagts*, *Alsos* und *Eventuells*, die Sätze wie Mehltau überziehen und Aussagen weichspülen und verwässern. Manchmal allerdings leisten Füll- und Pufferwörter mehr, als Sprachpuristen zugestehen.

### ■ Mit Verlegenheitsfloskeln geizen

Beim Redeclub Toastmasters protokolliert ein Äh-Zähler jedes Füllwort, das einem Redner entschlüpft. Was kleinlich wirkt, macht durchaus Sinn, denn die meisten Füllwörter sind Verlegenheitsfloskeln und damit der hilflose Versuch, die Denkpausen zwischen den sinntragenden Worten zu überbrücken. So werden Sie die lästigen Füllsel, Doppler und Anhängsel los:

■ **Denkfüller.** »Ah, hm, ahm, ja, also.« Haben Sie Mut zur Pause, sagen Sie nichts. Während Sie nachdenken, haben Ihre Zuhörer Zeit, das Gehörte zu verarbeiten.

■ **Unsicherheitsfloskeln.** »Eigentlich, echt, also, oder so.« Weichmacher mögen nett klingen, aber sie lassen uns irgendwie unglaubwürdig wirken. So stellen Sie sie ab: Bitten Sie doch einfach eine Person Ihres Vertrauens, Ihnen ein Zeichen zu geben, wenn Sie einen Weichmacher benutzen.

■ **Doppler.** »Er erinnert mich an den jungen Robert Redford … er sieht einfach gut aus«: Der zweite Satz ist eine schwächere Variante des ersten. Stärker wirkt: »Er erinnert mich an den jungen Robert Redford.« Punkt. Ende der Ansage. Wenn Sie nach jeder Aussage die Stimme absenken, lässt automatisch das Gefühl nach, noch etwas hinzufügen zu müssen.

**Frageanhängsel.** »Oder? Nicht wahr? Okay? Ja? Finden Sie nicht? Stimmt's? Oder wie sehen Sie das? Einverstanden?« Die Zustimmung heischenden Anhängsel wirken schwach und unschlüssig – als wären Sie unfähig, sich Ihre Meinung selbst zu bilden. Beim Abgewöhnen hilft am besten eine sprachliche Null-Diät. Bestes Gegenmittel auch in diesem Fall ist das bewusste Absenken der Stimme am Satzende.

## Unsicher in der Sache, sicher im Ton

Wenn wir Unsicherheitsfloskeln verwenden, so hat das einen guten Grund: Wir wissen nicht, ob etwas möglich sein wird oder machbar, haben einen Gedanken noch nicht zu Ende gedacht oder können beim besten Willen nicht absehen, wie sich das Quartal entwickeln wird. Sprachlich klingt das häufig so: »Also, ich würde sagen, …« – »Ich denke mal …«

Wir wollen kommunizieren: *Die Sache* ist nicht sicher. Doch ankommt: Wir sind nicht sicher. Diese Wirkung können Sie verhindern, wenn Sie den unsicheren Charakter einer Mitteilung präzise in der Sache und selbstbewusst im Ton formulieren:

Tabelle 1

| Statt: | Sagen Sie: |
|---|---|
| »Doch, das müsste möglich sein …« | »Eine mögliche Lösung ist …« |
| »Vielleicht könnten wir es so machen, dass …« | »Ich schlage vor, wir konzentrieren uns als Erstes …« |
| »Ich denke mal, wir werden ein gutes Quartal haben.« | »Die Zahlen sprechen dafür, dass wir ein gutes Quartal haben werden.« |

**Tipp: Unsicherheitsfloskeln umgehen**
Unsicherheit in der Sache macht nervös, deshalb greifen wir in solchen Situationen instinktiv zu den eingeschliffenen Phrasen. Ärgern Sie sich nicht darüber, sondern notieren Sie einfach die Unsicherheitsfloskeln, die Sie an sich bemerken, und formulieren Sie Alternativen dazu. So gewappnet werden Sie auch in unsicheren Situationen bald sicher formulieren ▪

### Mit Weichspülern begütigen

Natürlich haben die Sprachpuristen Recht. Füllwörter und Unsicherheitsfloskeln gehören ausgemerzt – aber nur, wenn sie uns gedankenlos entschlüpfen. Unklug wäre es dagegen, auf die besänftigende Wirkung abschwächender Formulierungen zu verzichten. Wenn Sie zum Beispiel eine schwer erfüllbare Bitte an den anderen richten, signalisieren sorgsam platzierte Füllwörter Ihre Diskussionsbereitschaft und einen versöhnlich stimmenden Hauch von schlechtem Gewissen:

- »Also, ehrlich gesagt, ich würde das Manuskript gern erst Ende März liefern …«
- »Ich brauche dringend noch heute einen Termin. Können Sie das irgendwie einrichten?«
- »Ich glaube, wir finden im Moment keine gute Lösung. Lass uns heute Abend noch mal drüber reden, okay?«

Frauen haben die diplomatische Wirkung der »weiblichen« Beziehungssprache von klein auf gelernt. Aber auch Männer erreichen mehr, wenn sie bittere Pillen oder schwer zu schluckende Kröten wenigstens in eine kompromissbereite Sprache kleiden.

### Füllwörter als Coaching-Tool

Ob als Führungskraft oder als Eltern – wir würden unser Wissen und unsere Erfahrungen gern weitergeben. Leider begrüßt unsere Umwelt unsere Vor- und Ratschläge selten so euphorisch, wie wir es gern sähen. Kommunikationsexperten leiten deshalb Gedankenanstöße so behutsam ein, dass man sie als kreativen Input empfindet, nicht als kategorischen Imperativ:

- »Ich bin nicht ganz sicher, aber vielleicht …«
- »Denkbar wäre …«
- »Ich frage mich, ob …«
- »Mir fällt dazu ein …«
- »Ich könnte mir denken …«
- »Eine ganz andere Idee wäre …«
- »Vielleicht könnte es günstig sein, wenn …«
- »Eine weitere Möglichkeit wäre vielleicht …«

Die vage Ausdrucksweise ist Programm. Die Füllwörter werden nicht aus Unsicherheit oder Nachlässigkeit verwendet, sie signalisieren dem Gegenüber vielmehr: Ich steuere Anregungen bei, du entscheidest, ob du sie aufgreifst oder nicht.

---

**Tipp: Füllwörter gezielt einsetzen**
Setzen Sie das Tool erst ein, wenn Sie gelernt haben, frei von Füllwörtern zu formulieren. Als Faustregel gilt: Anweisungen und Vorgaben kommunizieren Sie klar und direkt, Anregungen und Ideen formulieren Sie vorsichtig und durch die Blume. ■

---

## TALK-TOOL 5: Sich in sein Gegenüber hineinversetzen

Kinder schließen Freundschaften verhältnismäßig leicht. Sie wohnen in derselben Straße, gehen in den gleichen Kindergarten, sitzen zusammen in einer Klasse, tanzen gemeinsam im Ballett oder beschließen zur gleichen Zeit, nichts mehr zu essen, was Augen hat. Uns Erwachsenen fällt es erheblich schwerer, rasch eine gemeinsame Wellenlänge zu finden. Die meisten Menschen, die wir neu kennen lernen, sind anders geprägt, denken anders, leben anders, schätzen andere Dinge als wir es tun. Außer vielleicht der Erfahrung, Eltern zu sein, gibt es wenig, was auf Anhieb verbindet. Es sei denn, wir sprechen die gleiche Sprache.

### Schlüsselwörter aufgreifen

Wir sprechen zwar alle Deutsch, aber längst nicht alle die gleiche Sprache: Der eine geht zum *Fitnessstudio*, die andere trainiert im *Gym*, ein Dritter bezeichnet das eine wie das andere als *Muckibude*. Müllers essen mittags *Nudeln*, bei Eisenharts gibt's abends *Pasta*. Annette wohnt *unterm Dach*, Peter lebt im *Penthouse*, Regina hat sich eine *Maisonette* gekauft. Hier zeigt sich: Unterschiedliche Begriffe bezeichnen unterschiedliche Welten. Einigkeit schafft dagegen, wenn alle in der Familie als *Hühnerpfote* bezeichnen, was der Rest der Welt *Keule* nennt. So viel Gleichklang findet sich normalerweise nur, wo man sich kennt und versteht: in der Familie, unter Freunden, in Firmen, Clubs und Vereinen.

Ein Anflug davon lässt sich auch im Gespräch mit weniger vertrauten Menschen herstellen, indem Sie anstelle Ihrer eigenen gewohnten Worte einfach die Ihres Gegenübers verwenden.

**X** »Die Franzi ist in letzter Zeit so unkonzentriert«, sorgt sich eine Mutter in der Elternsprechstunde.

»Ja, die Leistungen Ihrer Tochter haben leider nachgelassen«, antwortet die Klassenleiterin. »Gut, dass wir darüber sprechen.«

»Ihre Tochter« sagt die Klassenleiterin, und als Reaktion auf das familiäre Franzi wirkt die Wortwahl so ernüchternd wie ein kalter Wasserguss. Im Gespräch mit Luisas Vater (»Die Interessen meiner Tochter sind sehr vielfältig gestreut«) hätte die Lehrerin dagegen genau den richtigen Ton getroffen.

Feinfühlige stülpen anderen nicht ihre eigenen Wortvorlieben über. Um die anfängliche Fremdheit zu überbrücken, greifen sie zumindest teilweise die Sprechweise des Gegenübers auf: »Ja, leider hat Franzi diesmal nur eine Drei in Deutsch geschrieben.«

### Bilder aufgreifen

Was uns nahe geht, drücken wir oft in Bildern aus:

»Seit dem Personalwechsel ist die Zusammenarbeit mit den e-net-Leuten  schwierig geworden«, berichtet ein Mitarbeiter. »Die zittern alle vor ihrem neuen Projektleiter. Und wenn ich ganz ehrlich bin, mir ist der Typ auch ein Dorn im Auge.«

Die metaphorische Formulierung ist mehr als eine sprachliche Floskel. Sie ist ein Schlüsselwort, ein Ausdruck des individuellen Erlebens. Wer solche Bilder wahrnimmt und aufgreift, wird unweigerlich als jemand wahrgenommen, der sein Gegenüber ohne große Worte versteht. Um diese Wirkung zu erzielen, genügt eine schlichte Echo-Frage: »Ein Dorn im Auge?«

### Bilder entwickeln

Metaphern erlauben aber noch mehr. Zum Beispiel können Sie sie nutzen, um beim anderen einen kreativen Prozess in Gang zu setzen: »Ein Dorn, das klingt aber unangenehm. Ich weiß, die Frage klingt ungewöhnlich: Aber um im Bild zu bleiben, was macht der Dorn denn mit Ihnen? Verletzt er Sie?« Gut möglich, dass der andere über die unerwartete Frage lacht und antwortet, der Projektleiter kratze sein Ego an, aber größere Blessuren habe es bisher keine gegeben.

An diesem Punkt angelangt, können Sie Ihr Gegenüber anregen, den Gedanken weiterzuspinnen: »Dornen haben ja so etwas Stachliges an sich. Inwiefern könnte Ihnen das dienlich sein?« Vielleicht eröffnet die Frage dem anderen eine neue Vorstellungswelt: Der Dorn schmerzt und irritiert. Aber er spornt auch an. Vielleicht zu mehr Vorsicht. Oder zu mehr Qualität. Oder dazu, die eigenen Denkgewohnheiten einmal infrage zu stellen.

Ganz gleich, wohin die Metaphern-Reise führt: Sie kommen dabei einander näher, weil Sie dem anderen Gelegenheit geben, sich in seinen ureigenen Worten und Bildern mitzuteilen.

Wichtig: Falls der Gesprächspartner mit solchen Gedankenspielen nichts anfangen kann, dann bedrängen Sie ihn nicht. Bilder sind zwar eine gute Möglichkeit, Blickwinkel zu verschieben. Aber nur, wenn der andere sich freiwillig darauf einlässt!

### Mit zielgruppengerechten Vergleichen ins Schwarze treffen

Der Kölner Erzbischof Joachim Kardinal Meisner nennt ihn »den Mozart der Theologie«, der fußballbegeisterte Erzbischof von Genua, Tarcisio Bertone, den »Beckenbauer der Kirche«. Beide Analogien drücken das Gleiche aus: Papst Benedikt XVI. ist eine Ausnahmeerscheinung. Welcher der beiden Vergleiche mehr Wirkung zeigt, hängt vom Publikum ab: Musikliebhaber und Kulturbeflissene fühlen sich von der Mozart-Analogie angesprochen, Fußballfans und Sportbegeisterten dürfte eher der Beckenbauer-Vergleich zusagen.

Vergleiche regen die Vorstellungskraft an. Vor das geistige Auge wird ein Bild gezaubert. Das allein ist schon gut. Noch besser ist es, wenn Sie dem Gesprächspartner ein Bild suggerieren, das ihn auf einer ganz persönlichen Ebene anspricht.

- Baut Ihr Gegenüber gerade ein Haus? Dann sagen Sie ihm, es käme darauf an, das Projekt so schnell wie möglich unter Dach und Fach zu bringen.
- Geht Ihre Gesprächspartnerin am Wochenende gern segeln? Dann

spornen Sie sie mit der Formulierung an, es gälte, das Projekt noch vor den Herbstferien sicher festzuzurren.

■ Fährt der andere begeistert Rennrad? Dann weiß er, wie es sich anfühlt, wenn einem ein scharfer Wind ins Gesicht bläst.

---

**Bilderwelten**

Leider fallen uns die Bilder, die dem Gegenüber etwas bedeuten könnten, nicht immer spontan ein. Nehmen Sie sich daher die Muße und sammeln Sie in ruhigen Minuten Redewendungen und Sprachbilder aus den Lebensbereichen von Familienmitgliedern, Freunden oder Kollegen.

■ Auto: am Steuer sitzen, Gas geben, ins Steuer greifen, auf die Bremse treten, Crash, in der Spur bleiben, auf der Überholspur sein, die Ampel steht auf Rot, das Rad neu erfinden, der Motor des Unternehmens, die Vorfahrt nehmen

■ Fitness: Knochenarbeit, stemmen, die Muskeln spielen lassen, ungeahnte Kräfte entwickeln, die treibende Kraft sein, den Rücken stärken, schweißtreibend, Gewicht haben

■ Garten: den Boden bereiten, quer durch den Gemüsegarten, dünn gesät sein, ins Wespennest stechen, über den Winter bringen, im Keim ersticken, düngen, blühen, zum Blühen bringen, neue Pfade beschreiten, Gießkannenprinzip, stutzen, Rasenmähermethode, Äpfel und Birnen addieren

■ Kochen: Filetstück, Sahnestück, warm halten, Erfolgsrezept, mixen, auf Eis legen, hochkochen, abkühlen, reinen Wein einschenken, aufdressieren, Küchenpsychologie, nichts anbrennen lassen, kleinere Brötchen backen müssen …

---

## ■ TALK-TOOL 6: Produktiv formulieren

Die Erwartungen und Wünsche an uns sind grenzenlos, und Probleme gibt es überall. Die Projektleiterin hätte die Kalkulation am liebsten schon gestern, die Partnerin wünscht sich mehr Zeit zu zweit, der Lebensgefährte mehr Muße für sich, Freunde laden zum Brunch, die Große will zum neuen Schuljahr mehr Taschengeld und der Kleine kurz vor dem Abendessen ein Eis.

Wie immer Ihre Reaktion im Einzelfall lauten mag, eine Regel gilt immer: Sagen Sie, *was geht*; sagen Sie nicht, was *nicht* geht. »Ich kann die Kinder unmöglich jeden Abend ins Bett bringen«, rückt eine Lösung in weite Ferne. »Ich kann die Kinder zweimal in der Woche ins Bett bringen«, darüber lässt sich diskutieren. Hier sind Anregungen, wie Sie durch eine konstruktive Sprechweise die Wünsche Ihrer Umwelt managen – auch wenn Sie sie nicht hundertprozentig erfüllen können.

### Direkt in der Sache, konstruktiv im Ton

Ehrlich währt am längsten, auch wenn wir eine Meinung nicht teilen oder eine Erwartung nicht erfüllen können. Die Alternativen hießen hinhalten, abwimmeln, vertrösten, verschweigen, schönreden oder antäuschen, und das dicke Ende kommt meistens nach. Ehrlich zu kommunizieren bedeutet, direkt in der Sache zu sein und konstruktiv im Ton, weder zuckrig noch zickig, weder schonungslos noch schöngefärbt.

Eine positive Sprache bringt also sehr wohl Probleme zur Sprache und Unangenehmes auf den Tisch. Die folgenden Gegensatzpaare erhellen, was es bedeutet, positiv zu formulieren.

Tabelle 2

| Richtig | Falsch | Kommentar |
|---|---|---|
| *Direkt:* »Der Text entspricht an einigen Stellen nicht der Sprache unserer Zielgruppe. Hier zum Beispiel ...« | *Herabsetzend:* »Unsere Kunden mögen keine Anglizismen. Schon einmal was von Zielgruppenansprache gehört?« | *Direkt zu sein bedeutet:* ohne Aggression zu sagen, was zu sagen ist. |

| Konstruktiv: | Destruktiv: | Konstruktiv zu formulieren bedeutet: |
|---|---|---|
| »Wir haben dein Taschengeld vor, lass mich rechnen, acht Monaten erhöht. Ich schlage vor, wir reden in vier Monaten wieder darüber.« | »Schon wieder mehr Taschengeld? Kommt nicht infrage.« | ein Problem objektiv zu benennen und eine Lösung aufzuzeigen. |
| Höflich: | Zuckrig: | Höflich zu formulieren bedeutet: |
| »Auch wenn sich unsere Pfade nicht mehr kreuzen – vielen Dank für das schöne Essen. » | »So kurz vor dem Examen möchte ich eigentlich keine neue Beziehung eingehen ... das verstehst du doch?« | ein klares Nein freundlich zu verpacken, aber keinen Zweifel zu lassen: Nein heißt Nein. |
| Neutral-realistisch: | Schöngefärbt: | Neutral zu formulieren bedeutet: |
| »Wir können den Wagen im Juli nächsten Jahres liefern. Die lange Lieferzeit liegt daran, dass das Segment zurzeit boomt.« | »Ein Jahr Lieferzeit – das ist ganz normal, damit müssen Sie bei einem SUV rechnen. Dafür fahren Sie einen Wagen, der keine Wünsche offen lässt.« | Unerfreuliches zu benennen, es weder zu kritisieren noch schönzureden. |

## Sagen, was geht

»Ich weiß nicht« – »Ich kann nicht« – »Wir haben nicht« – »Das geht jetzt nicht«. Botschaften, die so beginnen, signalisieren den Zuhörern vor allem eins: Ihre Pläne gehen nicht auf, sie bekommen nicht, was sie wollen, und schuld daran sind Sie.

Zum Glück kommt es selten vor, dass wir gar nichts tun können: Was heute nicht geht, ist morgen möglich, was Sie nicht wissen, weiß vielleicht ein anderer, und was in Schwarz nicht zu kriegen ist, kommt eventuell in Anthrazit infrage. Die Einsicht ist die geistige Basis für

Reaktionen, die den anderen, wenn schon nicht ans Ziel, so doch wenigstens einen Schritt voranbringen.

Tabelle 3

| Statt: | Sagen Sie: |
| --- | --- |
| »Das geht heute auf keinen Fall.« | »Ich kümmere mich gleich morgen früh darum.« |
| »Nicht jetzt.« | »Ich denke darüber nach, lass uns heute Abend weiterreden.« |
| »Das ist nicht mein Ressort.« | »Ich verbinde Sie mit meiner Kollegin, sie bearbeitet das Ressort.« |
| »Ich kann Ihnen aber nur ein Kurzkonzept faxen.« | »Ich schicke Ihnen heute Nachmittag ein Kurzkonzept und Anfang nächster Woche einen ausführlichen Entwurf.« |
| »Ich weiß nicht, ob ...« | »Ich werde mich kundig machen und mich dann wieder melden ...« |
| »Nein, in Schwarz haben wir den Anzug nicht.« | »Ich habe den Anzug in Grau, ich habe ihn in Anthrazit, ich habe ihn in Beige, aber in Schwarz leider nicht.« |

Zu sagen was geht, hilft oft, aber nicht immer. Wenn Sie eine Bitte nicht einmal ansatzweise erfüllen können, dann sagen Sie dies auch. Eine knappe, einleuchtende Erklärung puffert das Nein verbindlich ab: »Es tut mir leid, unsere Preise sind Festpreise. Wir möchten alle Kunden gleich behandeln und geben deshalb grundsätzlich keinen Rabatt.«

### Den Blick auf die Lösung lenken

»Wie konnte das bloß passieren?« – »Das hätte Ihnen doch auffallen müssen.«– »Was hast du dir nur dabei gedacht?« Natürlich wüsste man gern, warum etwas nicht funktioniert, und irgendwie würde man seinem Ärger gern Luft machen. Leider trägt das Herumreiten auf der

Vergangenheit nicht das Geringste zu einer Lösung bei. Eine aggressive Sprache verschärft im Gegenteil das Problem und jagt den Gesprächspartner in die Defensive.

Viel besser ist es, das Problem als Signal zu nehmen und die Weichen in Richtung Lösung zu stellen. Eine positive, sachliche Wortwahl hilft dabei:

- Lassen Sie einfließen, dass das Problem alltäglich ist: »Ja, das höre ich öfter.« – »Mit solchen Anfangsschwierigkeiten war zu rechnen.« – »Das ging mir in deinem Alter ähnlich.« Kleine Bemerkungen wie diese normalisieren das Problem und lassen es lösbar erscheinen.
- Beschreiben Sie das Problem in nüchternen Worten: »Ich sehe die Situation folgendermaßen: ...« – »Mir ist aufgefallen dass, ...« – »In meinen Augen stehen wir vor der Aufgabe, zu ...« – »Für mich kommt es jetzt darauf an, ...«
- Denken Sie nach vorn, nicht zurück: »Ich schlage vor, wir ...« – »Ich empfehle ...« – »In einer früheren, ähnlichen Situation habe ich ...« – »Ich sehe folgende Möglichkeiten ...«
- Holen Sie die Meinung Ihrer Gesprächspartner ein: »Wie beurteilen Sie die Situation?« – »Was schlagen Sie vor?« – »Wo sehen Sie einen Lösungsansatz?« – »Lassen Sie uns überlegen, wie wir den Schaden so klein wie möglich halten.« Wichtig: Wischen Sie ungeeignete Vorschläge nicht mit einem lapidaren »Das funktioniert so nicht« vom Tisch. Begründen Sie Ihre Bedenken und nennen Sie Alternativen.

**W**enn Sie mehr lesen möchten: Doris Märtin, *Smart Talk. Sag es richtig!*, Frankfurt/New York 2006.

# Gene Zelazny: Präsentieren

Erstellen Sie optimale Geschäftspräsentationen

Eine Präsentation sollte den Zuhörern eine Antwort liefern – auf die Frage, die das Projekt behandeln sollte. Dabei sollten die Gründe für die Antwort den Zuhörern verständlich gemacht werden. In diesem Kapitel werde ich erläutern, wie man dabei vorgeht. Zunächst werde ich erklären, warum und wie man seine Botschaft klar formuliert. Dann werde ich diskutieren, wie man den Inhalt, den Einführungsteil und den Schlussteil konzipieren sollte, damit sie die Botschaft unterstützen und die Aufmerksamkeit der Zuhörer auf die wesentlichen Punkte lenken ■

Haben Sie sich nicht – wie ich selbst auch – schon unzählige Male eine Zauberformel gewünscht, die Ihnen die Vorbereitung einer Präsentation vereinfachen könnte? Leider haben wir alle zu viele Darbietungen erlebt, die der 08/15-Formel folgen – die Art von Präsentation, die ich am liebsten aus den Konferenzsälen des Universums verbannen möchte. Sie lautet folgendermaßen:

## Die Allzweckpräsentation

Schaubild Nummer eins: der Titel. Ich kann mich des Eindrucks nicht erwehren, dass den Verfassern der meisten Präsentationen keine originellen Titel mehr einfallen. Ihre Titel scheinen alle aus der Titelsuchhilfe zu stammen.

**Die Titelsuchhilfe**

1. Schritt: Wählen Sie eine beliebige dreistellige Zahl.
2. Schritt: Suchen Sie die entsprechenden Wörter in den Spalten der Tabelle und setzen Sie daraus den Titel zusammen.

| SPALTE A | SPALTE B | SPALTE C |
|---|---|---|
| 0 Beurteilung | 0 strategischer | 0 Effektivität |
| 1 Entwicklung | 1 organisatorischer | 1 Chancen |
| 2 Stärkung | 2 operativer | 2 Fähigkeiten |
| 3 Verbesserung | 3 strategischer | 3 Prioritäten |
| 4 Anpassung | 4 organisatorischer | 4 Ressourcen |
| 5 Suche nach | 5 operativer | 5 Führung |
| 6 Umsetzung | 6 strategischer | 6 Spitzenleistungen |
| 7 Förderung | 7 organisatorischer | 7 Alternativen |
| 8 Institutionalisierung | 8 operativer | 8 Herausforderungen |
| 9 Erneuerung | 9 alles andere | 9 Wettbewerbsfähigkeit |

Dann meinen die Vortragenden natürlich, dass sie dem Publikum unbedingt mitteilen müssen, wie lange sie schon an dem Projekt gearbeitet haben, ob das nun etwas zur Sache tut oder nicht. Dafür verwenden sie die folgende Folie:

**Hintergrund**

Vor ungefähr _____ ☐ Tagen / ☐ Wochen / ☐ Monaten / ☐ Jahren
baten Sie uns um _____
                              Vollständiger Titel der Präsentation
_____ in Ihrem Unternehmen.

Um die Zuhörer zu beeindrucken, beschreiben diese Referenten dann häufig, welche Qualen sie bei der Vorbereitung ihrer aktuellen Präsentation auf sich genommen haben. Sie zählen in allen Einzelheiten auf, wie viele Interviews sie durchgeführt haben …

**Unser Projekt**

Um uns mit Ihrer Ablauforganisation vertraut zu machen, sprachen wir mit

☐ Vorständen              ☐ Abteilungsleitern
☐ Aufsichtsräten          ☐ Regionalleitern
☐ Geschäftsführern        ☐ Gebietsleitern
☐ Bereichsleitern         ☐ Vertriebsmitarbeitern
☐ Stellvertretenden Bereichsleitern  ☐ Sonstigen

… und welche Orte sie bereist haben, um die Situation zu analysieren.

**Wir bereisten und besuchten**

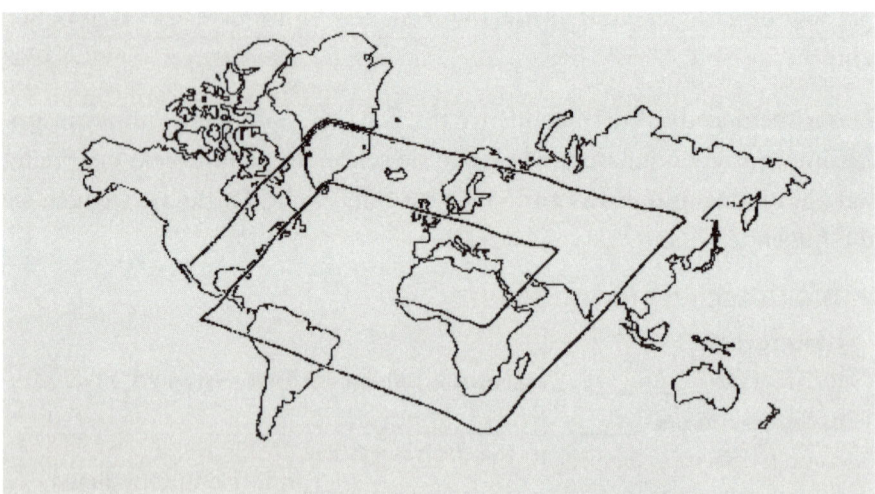

Dann beschreiben sie in allen Einzelheiten die zahllosen ausgeklügelten Analysen, die sie durchgeführt haben – in Folie 7 bis 144.

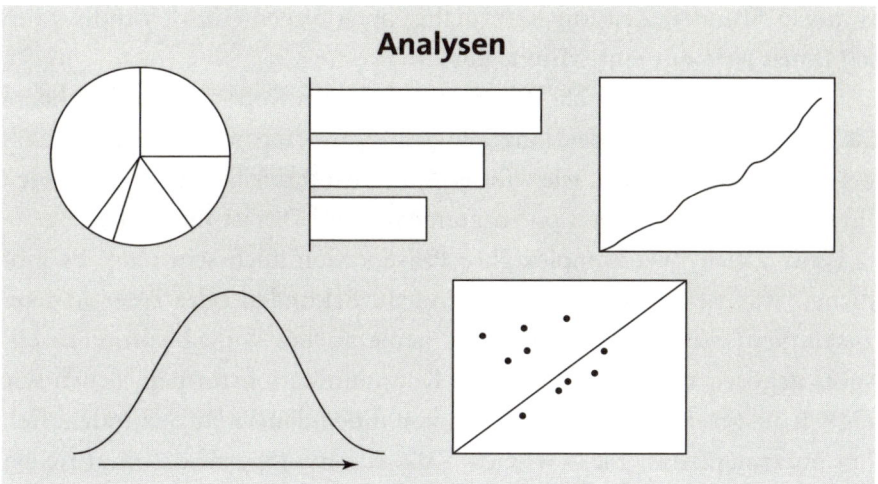

Eine Stunde und 45 Minuten später enthüllen sie dann endlich ihre Schlussfolgerungen und Empfehlungen den Zuhörern, die inzwischen eingenickt sind, nervös herumzappeln oder den Raum verlassen haben.

Es gibt jedoch einen besseren Weg, den ich Ihnen im Folgenden erläutern werde.

## Die Botschaft formulieren

Nehmen wir einmal an, Ihr Kunde hat Sie gebeten, seinem geschäftsführenden Ausschuss das Projekt zu präsentieren, an dem Sie seit sechs Monaten arbeiten. Bei der Besprechung der Einzelheiten wird dem Kunden klar, dass es sich hier um eine wichtige Sitzung handelt, und er gibt Ihnen vier Stunden Zeit für Ihre Präsentation.

Sie machen sich also daran, Material für eine vierstündige Präsentation zusammenzutragen. Kartonumrandete Overheadfolien, die vier Stunden füllen, ergeben einen Stapel von über einem halben Meter Höhe. Vorsichtig balancierend betreten Sie den Konferenzraum mit Ihrem Folienstapel und lassen ihn auf den Tisch gleiten. Da sagt Ihr Kunde: »Es tut mir entsetzlich leid; ich weiß, dass ich für Ihre Präsentation vier Stunden Zeit angesetzt habe, doch wegen eines Notfalls kann ich Ihnen jetzt nur eine Minute geben.«

»*Eine Minute!*«, kreischt die Stimme in Ihrem Kopf entsetzt. Nachdem Sie innerlich 30 Sekunden lang alle Schimpfwörter in Ihrem Wortschatz heruntergerattert haben, wie würden Sie in den verbleibenden 30 Sekunden Ihre Vierstundenpräsentation zusammenfassen? Das ist Ihre Botschaft.

Ganz gleich, wie komplex Ihre Präsentation auch sein mag: Es gibt nichts, was sich nicht nötigenfalls in 30 Sekunden oder einer Minute zusammenfassen lässt, wenn Ihnen keine andere Wahl bleibt. Fernsehspots gehören zu den wirksamsten Kommunikationsformen, denen wir täglich ausgesetzt sind. Die meisten von ihnen dauern 30 Sekunden. (Ich bin überzeugt, dass Sie – wie ich – die Kreativität und die finanziellen Mittel zu schätzen wissen, die in ihre Produktion fließen. Und das alles für eine 30-Sekunden-Botschaft! Werbespots sind eine geniale Präsentationsform. Man kann viel von ihnen lernen.)

Die Suche nach der Botschaft verlangt eine ganz ähnliche Mentalität:

*Ich bin drin.*

Sie suchen nach einer Botschaft, die sich wie eine Schlagzeile liest, eine interessante Aussage, die zum Weiterlesen anregt:

*Europäische Flugpreise stürzen ab.*

Solche Beispiele sind zwar gute Ausgangspunkte, doch muss in einer Geschäftspräsentation die Botschaft erweitert werden, um die Zuhörer auf die Einzelheiten der Lösung hinzuführen. Es ist die Antwort auf die Frage, die Sie untersuchen sollten. Die Botschaft beschreibt das Bindeglied, das Ihre Präsentation zusammenhält, das Pro und Kontra in einer halben Minute:

*Angesichts des begrenzten Wachstumspotenzials im Inland sollte J. J. Ltd. die beachtlichen Wachstumschancen in den Vereinigten Staaten ausschöpfen.*

Fixieren Sie Ihre Botschaft schriftlich und platzieren Sie sie an einer auffälligen Stelle, an der Sie sie sehen können, wenn Sie Ihre Präsentation strukturieren. In Verbindung mit Ihrem Ziel – was die Zuhörer Ihrer Ansicht nach tun sollen – wird dies Ihre Energie entsprechend kanalisieren und den Erfolg Ihrer Präsentation sichern.

Wenn ich nur eine Minute Ihrer Zeit in Anspruch nehmen dürfte und eine Empfehlung herausgreifen müsste, mit der Sie die Erfolgsaussichten Ihrer Präsentation verbessern können, würde ich raten, Ihre Präsentation mit diesen Worten zu beginnen: »Wenn ich nur eine Minute Ihre Zeit in Anspruch nehmen dürfte, würde meine heutige Botschaft lauten …« Dann folgt Ihre Botschaft. Zum Abschluss sagen Sie dann: »Zum Glück haben Sie mir aber vier Stunden Zeit gegeben, und daher werde ich Ihnen in den nächsten drei Stunden und 59 Minuten einen umfassenden Überblick bieten.«

Mit diesem Ansatz müssen Sie unter Umständen niemals die Drei-Stunden-und-59-Minuten-Version vortragen. Ich bin mir durchaus bewusst, dass Ihnen dieses Ergebnis möglicherweise nicht gefällt, da Sie ja so viel Arbeit in die Vorbereitung Ihrer Präsentation gesteckt haben. Andererseits sollten Sie sich vor Augen halten, wie dankbar Ihr Publikum sein wird. Wenn wir diese Methode öfter einsetzen und die verbleibende Zeit für die Beantwortung von Fragen nutzen würden, kämen wir früher zum Ende, und kein Zuhörer würde sich beklagen.

## Den Inhalt strukturieren

Wenn es um den Inhalt einer Präsentation geht, komme ich mir vor wie Antonio Salieri im Vergleich zu Wolfgang Amadeus Mozart. In diesem Fall ist der Mozart Barbara Minto, Begründerin und Autorin von *The Pyramid Principle*. In ihrem Buch beschreibt sie, wie man Fakten und Ideen zu einem Paket zusammenschnürt, das zu logischen Schlussfolgerungen führt. Ich will hier nicht ihre bewährten, originellen Empfehlungen zur Struktur nachbeten, sondern meine eigenen Beobachtungen und Erfahrungen weitergeben und zeigen, wie man bereits gezogene Schlussfolgerungen vorteilhaft darstellen kann.

Wenn wir Bericht über unsere Projekte erstatten müssen, neigen wir dazu, unsere Schlussfolgerungen und daraus abgeleitete Empfehlungen anhand des verwendeten Problemlösungsansatzes zu beschreiben, also in der chronologischen Folge der Ereignisse oder in der Reihenfolge der von uns durchgeführten Analysen. Meiner Erfahrung nach ist es sinnvoller, eine Präsentation mit den Schlussfolgerungen zu beginnen (also mit der Botschaft, die Sie gerade aufgeschrieben haben) und dann die verbleibende Zeit darauf zu verwenden, den Zuhörern zu erklären, weshalb Sie dies für die beste Lösung des Ihnen angetragenen Problems halten.

Lassen Sie mich den Unterschied zwischen den beiden Ansätzen anhand eines einfachen Beispiels erklären. Nachstehend finden Sie einen von Shirleys bester Freundin Lucy verfassten Brief. Versetzen Sie sich doch bitte ein paar Sekunden lang in Shirleys Lage und versuchen Sie herauszufinden, was Lucy Ihnen sagen will.

> Liebe Shirley,
> erinnerst du dich an letzten Samstagnachmittag, als ich mit meinem Freund im Park spielte und du herüberkamst und er mir dann erzählte, dass du ihn geküsst hast, als ich euch gerade den Rücken zukehrte?
> Und an vergangenen Sonntag, als du mich besuchen kamst und meine Mutter zum Mittagessen Tunfischsalat machte und du sagtest: »Bäh! Das ist der ekligste Salat, den ich je gegessen habe!«?
> Und an gestern, als meine Katze dich am Bein streifte und du ihr einen Tritt verpasst und gedroht hast, deinen Hund »Monster« auf sie zu hetzen?
> Nun, aus all diesen Gründen hasse ich dich und will nicht mehr deine Freundin sein.
> Lucy

Als Sie den ersten Absatz lasen, in dem etwas beschrieben wird, was letzten Samstag passierte, war Ihnen noch nicht klar, was Lucy mit ihrem Brief bezweckte. Also lasen Sie den zweiten Absatz über einen

Vorfall vom letzten Sonntag und dann den dritten Absatz über etwas, was sich gestern abspielte. Erst wenn Sie alle drei Absätze zusammen betrachten, beginnen Sie zu verstehen, wie sie zur eigentlichen Schlussfolgerung führen.

Natürlich spielten sich die drei Ereignisse in genau dieser chronologischen Reihenfolge ab. Beachten Sie aber, wie viel klarer, überzeugender, einfacher und wirkungsvoller der Brief wird, wenn man die Schlussfolgerung an den Anfang setzt.

> Liebe Shirley,
> ich HASSE dich. Hier sind meine Gründe:
> 1. Du hast meinen Freund gestohlen.
> 2. Du hast meine Mutter beleidigt.
> 3. Du hast meine Katze erschreckt.

So viel Unverblümtheit würde ich natürlich nicht für eine gesellschaftliche Beziehung empfehlen, aber lassen Sie uns dieses Prinzip einmal auf ein Beispiel aus dem Geschäftsleben anwenden. Nehmen wir an, wir erstellen eine Präsentation für den Vorstand einer britischen Bank, die entscheiden muss, ob sie sich auf dem amerikanischen Markt etablieren soll.

Spielen Sie einige Minuten lang folgendes Spiel mit mir: Ich ernenne Sie zum Mitglied des Vorstands dieser Bank. Dafür müssen Sie natürlich einen Preis zahlen: die Präsentation – zumindest die Gliederung – über sich ergehen lassen und dann eine Entscheidung fällen. Dabei geht es weniger um die Idee des Markteintritts an sich, sondern um die Frage, welche Struktur beziehungsweise Argumentationskette Ihnen die Botschaft am einleuchtendsten vermittelt. (Bedenken Sie bitte, dass die Gliederung weitaus knapper gehalten ist als die vollständige Präsentation, die alle Fakten enthielte, die zur Untermauerung der in der Gliederung aufgeführten Aussagen nötig wären.)

Beginnen wir also mit einer Argumentationskette, die bei der Entscheidung für oder gegen einen Markteintritt in den USA dem Problemlösungsansatz folgt. Ausgehend von der Positionierung der Schlussfolgerungen sollten Sie an der Stelle nicken, an der Sie sicher zu wissen glauben, ob der Vortragende einen Vorstoß auf den amerikanischen Markt empfiehlt oder nicht.

**Ziel**
Entscheidung, ob J. J. Ltd. die Chancen auf dem US-amerikanischen Markt wahrnehmen sollte.

*Thema A: Rolle der USA in der Weltwirtschaft*
Beweise:  1. Größter Anteil am weltweiten Bruttosozialprodukt
          2. Aktivster Außenhandel
          3. Anstieg der Auslandsinvestitionen erwartet

*Thema B: Attraktivität der US-amerikanischen Branchenrenditen*
Beweise:  4. Strenges Kostenmanagement
          5. Solide Wettbewerbsposition
          6. Sonstiges

*Thema C: Eintrittsbarrieren*
Beweise:  7. Fragmentierte Märkte
          8. Kundenakzeptanz

*Zusammenfassung der Schlussfolgerungen*
A. Die Vereinigten Staaten sind die weltweit führende Volkswirtschaft.
B. Die US-amerikanischen Branchenrenditen sind attraktiv.
C. Eintrittsbarrieren können überwunden werden.

*Empfehlung: Projekt umsetzen!*

Vermutlich wussten Sie frühestens bei der Zusammenfassung der Schlussfolgerungen, welche Maßnahmen empfohlen werden. In der vollständigen Präsentation dauert der Weg dorthin mindestens 45 Minuten und unter Umständen sogar noch viel länger.

Treiben wir das Spiel noch etwas weiter. Diesmal dachte ich bei der Vorbereitung der Präsentation an den zweiten Brief an Shirley. Lesen Sie nun diese Gliederung durch und nicken Sie wieder, wenn Sie verstanden haben, worauf die Empfehlung hinausläuft.

**Empfehlung**
J. J. Ltd. sollte die Chancen auf dem US-amerikanischen Markt wahrnehmen.

*Vorschau auf die Schlussfolgerungen*
A. Die Vereinigten Staaten sind die weltweit führende Volkswirtschaft.
B. Die US-amerikanischen Branchenrenditen sind attraktiv.
C. Eintrittsbarrieren können überwunden werden.

*Schlussfolgerung A*
Die Vereinigten Staaten sind die weltweit führende Volkswirtschaft.
Beweise: 1. Größter Anteil am weltweiten Bruttosozialprodukt
2. Aktivster Außenhandel
3. Anstieg der Auslandsinvestitionen erwartet

*Schlussfolgerung B*
Die US-amerikanischen Branchenrenditen sind attraktiv.
Beweise: 4. Strenges Kostenmanagement
5. Solide Wettbewerbsposition
6. Sonstiges

*Schlussfolgerung C*
Eintrittsbarrieren können überwunden werden.
Beweise: 7. Fragmentierte Märkte
8. Kundenakzeptanz

*Empfehlung: Projekt umsetzen!*

Das ging diesmal schnell, nicht wahr? Sie wussten auf Anhieb, wie die Empfehlung lautet.

Nur weil Sie die Empfehlung binnen weniger Minuten erkennen können, heißt das natürlich noch lange nicht, dass Sie davon überzeugt sind. Diesem Zweck dient die restliche Präsentation: Sie soll Ihnen die

Schlussfolgerungen darlegen, die zu dieser Empfehlung führten, und Beweise dafür aufführen. Da Sie in diesem Fall aber die Schlussfolgerungen kennen, sind Sie in der Lage, die Stichhaltigkeit der vorgebrachten Argumente zu beurteilen. Als Zuhörer müssen Sie sich jetzt nicht einfach nur passiv von Fakten berieseln lassen, sondern können aktiv am Argumentationsprozess mitwirken.

Ich weiß schon, was Sie jetzt einwenden werden. Was, wenn das Publikum nicht zustimmen will? Wenn es feindselig ist? Wie soll man vorgehen, wenn man es mit Menschen zu tun hat, die ihr gesamtes Arbeitsleben darauf getrimmt wurden, erst die Argumente aufzubauen, dann von Fakten zu Schlussfolgerungen und schließlich zu Empfehlungen überzugehen? Nun, Sie können unter anderem Ihre Schlussfolgerungen etwas hinauszögern. Warten Sie damit aber nicht bis zum Ende Ihrer Präsentation, sondern stellen Sie sie jeweils zum Abschluss eines Abschnitts vor. Das geht so:

**Ziel**
Entscheidung, ob J. J. Ltd. die Chancen auf dem US-amerikanischen Markt wahrnehmen sollte

*Themenvorschau*
A. Stärke der Wirtschaft
B. Gewinnpotenzial
C. Machbarkeit

*Thema A: Stärke der US-amerikanischen Wirtschaft*
Beweise:  1. Größter Anteil am weltweiten Bruttosozialprodukt
2. Aktivster Außenhandel
3. Anstieg der Auslandsinvestitionen erwartet

*Schlussfolgerung A*
Die Vereinigten Staaten sind die weltweit führende Volkswirtschaft.

*Thema B: Gewinnpotenzial*
Beweise:  4. Strenges Kostenmanagement
         5. Solide Wettbewerbsposition
         6. Sonstiges

*Schlussfolgerung B*
Die US-amerikanischen Branchenrenditen sind attraktiv.

*Thema C: Machbarkeit*
Beweise:  7. Fragmentierte Märkte
         8. Kundenakzeptanz

*Schlussfolgerung C*
Eintrittsbarrieren können überwunden werden.

*Zusammenfassung der Schlussfolgerungen*
A. Die Vereinigten Staaten sind die weltweit führende Volkswirtschaft.
B. Die US-amerikanischen Branchenrenditen sind attraktiv.
C. Eintrittsbarrieren können überwunden werden.

*Empfehlung: Projekt umsetzen!*

In bestimmten Situationen mag es zwar durchaus angebracht sein, mit den Schlussfolgerungen bis zum Ende der einzelnen Abschnitte zu warten. Dennoch fahren Sie in 90 Prozent aller Fälle besser, wenn Sie Empfehlungen oder zumindest Ihr Fazit an den Anfang stellen. Wenn Sie aufgrund Ihrer Einschätzung der möglichen Reaktion Ihrer Zuhörer sich dabei unwohl fühlen, müssen Sie unter Umständen Schlussfolgerungen und Empfehlung bis zum Ende der Präsentation aufsparen, doch ist das nur in den seltensten Fällen die beste Vorgehensweise. Selbst wenn Sie wissen, dass Ihre Zuhörer sich gegen Ihre Vorschläge sträuben werden, würde ich Ihnen eher raten, Ihre Einleitung in diesem Stil zu formulieren:

»Guten Morgen ... Wir werden Ihnen in den nächsten Minuten eine

Empfehlung vorstellen, die Ihnen nicht gefallen wird. Wir möchten Sie darauf hinweisen, dass unser Team lange und gründlich über das Problem nachgedacht hat. Wir haben alle möglichen Alternativen analysiert und lange über das Für und Wider diskutiert. Wenn wir der Meinung wären, dass es einen anderen Weg gäbe, würden wir Ihnen diese Lösung nicht vorstellen. Unsere Empfehlung lautet: Nehmen Sie die Chancen auf dem amerikanischen Markt wahr. Im weiteren Verlauf der Präsentation werden wir erläutern, warum wir zu diesem Fazit gelangt sind.«

Mit anderen Worten: Geben Sie Ihren Zuhörern das Gefühl, dass Sie Ihre Reaktion bereits vorhergesehen haben und ihre Emotionen ernst nehmen. Versetzen Sie sich in die Lage des Publikums, das sich diese Einführung anhört, und überlegen Sie sich, wie Sie sich dabei fühlen würden.

Schlussfolgerungen und/oder Empfehlungen gleich zu Beginn der Präsentation? Oder in der Mitte? Oder vielleicht doch am Ende? Die Antwort auf diese Frage hängt davon ab, wie Sie die Situation einschätzen. Noch wichtiger ist jedoch, für wie empfänglich Sie Ihr Publikum halten. Sobald Sie den Inhalt strukturiert haben, können Sie als Rahmen für Ihre Präsentation Ihren Einleitungs- und Schlussteil ausarbeiten.

## Der Einleitungsteil

Denken Sie an eine der Flugreisen, die Sie unternommen haben. Was tun Sie in den ersten Minuten an Bord, während Sie das Kabinenpersonal über die Sicherheitsvorkehrungen der Maschine informiert? Ich für meinen Teil höre meistens gar nicht zu: Ich verschließe meine Ohren, schalte mein Gehirn ab und döse vor mich hin.

Ebenso verhält es sich mit vielen Präsentationen: Die ersten einleitenden Worte wirken einschläfernd auf mich.

Was würde geschehen, wenn der Kopilot verkündete: »Meine Damen und Herren, wenn Sie einen Blick aus den Fenstern auf der rechten Seite der Maschine werfen, sehen Sie, dass Triebwerk Nummer vier brennt!«

Da wären Sie bestimmt plötzlich ganz bei der Sache. Und Sie würden höchstwahrscheinlich auch alle anderen Passagiere zum Schweigen bringen, die sich den Fragen in den Weg stellen, auf die Sie eine Antwort verlangen.

Das ist Sinn und Zweck einer Einleitung: Sie muss die Zuhörer aufrütteln, ihre Begeisterung wecken und sie auf den weiteren Verlauf der Präsentation neugierig machen.

Ich überlasse es Ihrer Fantasie, einen Weg zu finden, wie Sie Ihr Publikum inhaltlich aufrütteln. Für die Strukturierung des Einführungsteils verwende ich eine Formel, die ich gerne mit den Buchstaben ZBV umschreibe:

**Z** steht für Ziel. Warum halten Sie die Präsentation? Warum sind wir hier? Wann würden Sie die Präsentation als Erfolg werten?

**B** steht für Bedeutung. Warum ist es so wichtig, dass wir genau dieses Ziel heute erreichen? Inwiefern ist die heutige Präsentation relevant für das Problem, mit dem wir konfrontiert sind? Warum ist die Sache so dringlich?

**V** für Vorschau. Geben Sie den Zuhörern einen Überblick über die Präsentationsstruktur, damit sie wissen, was sie in der gemeinsam verbrachten Zeit zu erwarten haben, und sich auf den Inhalt konzentrieren können, anstatt sich fragen zu müssen, an welcher Stelle der Präsentation Sie sich befinden.

Sie können die Elemente der ZBV-Formel in jeder beliebigen Reihenfolge zusammenstellen, je nach dem gewünschten Tenor. Ihre Einleitung könnte beispielsweise so aussehen:

*Ziel:* »Ich möchte Ihnen heute einige praktische Tipps geben, wie Sie Ihre Nervosität in den Griff bekommen können, wenn Sie eine Präsentation halten müssen.«

*Bedeutung:* »Damit komme ich genau zur rechten Zeit, denn Sie müssen nächste Woche Ihre Empfehlungen dem Gemeindeausschuss vorstellen.«

*Vorschau:* »In der nächsten Stunde werden wir also besprechen, welche Schritte nötig sind, um erfolgreiche Präsentationen zu planen, zu gestalten und vorzutragen.«

Oder so:

*Bedeutung:* »Sie wurden gebeten, Ihre Empfehlungen nächste Woche dem Gemeindeausschuss vorzustellen.«

*Ziel:* »Daher möchte ich Ihnen in der nächsten Stunde einige praktische Tipps geben, wie Sie die bei Präsentationen typische Nervosität in den Griff bekommen können.«

*Vorschau:* »Als Erstes werde ich darauf eingehen, wie Sie die Präsentation planen sollten, dann die Schritte beschreiben, die für ihre Gestaltung erforderlich sind, und zum Abschluss Tipps geben, wie Sie Ihre Vorschläge erfolgreich vortragen können.«

Oder so:

*Vorschau:* »In meiner heutigen Präsentation werde ich zeigen, welche Schritte nötig sind, um erfolgreiche Präsentationen zu planen, zu gestalten und vorzutragen.«

*Ziel:* »Wie Sie wissen, kann einen die Aussicht auf eine Präsentation sehr nervös machen. Daher will ich Ihnen heute zeigen, wie Sie mithilfe der zu besprechenden Schritte Ihre Nervosität in den Griff bekommen können.«

*Bedeutung:* »Diese Diskussion kommt genau zum richtigen Zeitpunkt, denn Sie wurden gebeten, nächste Woche Ihre Empfehlungen dem Gemeindeausschuss vorzustellen.«

Bei der Formulierung Ihrer ZVB-Einführung sollten Sie nicht vergessen, dass Ihren Zuhörern während der Präsentation viel durch den Kopf geht. Sie müssen den Einleitungsteil also unbedingt so strukturieren, dass Sie die Aufmerksamkeit des Publikums auf das lenken, was Sie ihm mitteilen wollen. Geben Sie den Zuhörern das Gefühl, dass die Zeit und Aufmerksamkeit, die sie Ihrer Präsentation widmen, gut investiert ist.

Ich würde Ihnen empfehlen, den Einführungsteil im Vorfeld der Präsentation schriftlich auszuformulieren, damit Sie Ihren Gedankenfluss und seinen Tenor gründlich überdenken können.

# Der Schlussteil

Es gibt nur wenige Dinge, die schneller ein Lächeln auf die Gesichter Ihrer Zuhörer zaubern als die Worte: »Lassen Sie mich meine Ausführungen zusammenfassen.« Selbst wenn Sie eine klare, hochinteressante und gut strukturierte Präsentation gehalten haben, wird Ihr Publikum es zu schätzen wissen, wenn es sich endlich wieder anderen Aufgaben zuwenden kann. Die meiste Aufmerksamkeit schenken Ihnen die Zuhörer bei der Einleitung und den abschließenden Worten. Hier einige Empfehlungen für einen wirkungsvollen Schlussteil:

**1. Fassen Sie die wesentlichen Punkte zusammen,** also die von Ihnen angesprochenen Schlussfolgerungen, Trends, Argumente und so weiter.

**2. Wiederholen Sie nochmals Ihre Empfehlung** (die Sie zuvor als zentrale Botschaft Ihrer Präsentation vorgestellt hatten).

**3. Stellen Sie Ihr Aktionsprogramm vor.** Die Zuhörer werden Ihrer Empfehlung eher zustimmen, wenn sie erkennen, dass Sie sich überlegt haben, welche Konsequenzen ihre Umsetzung haben wird. Zeigen Sie in einem Schaubild die spezifischen Schritte oder Maßnahmen, die für die Verwirklichung Ihrer Empfehlung erforderlich sind. Geben Sie dabei an, wer für jeden einzelnen Schritt verantwortlich sein wird. Zeigen Sie, wie viel Zeit jeder einzelne Schritt in Anspruch nehmen wird und wann die Implementierungsphase abgeschlossen sein könnte. Informieren Sie Ihre Zuhörer über die Kosten jedes einzelnen Schritts sowie über das Gesamtbudget.

**4. Bitten Sie um Zustimmung und Engagement für die Umsetzung Ihrer Empfehlung.** Kopfnicken und Bemerkungen wie »Ich verstehe« während der Präsentation dürfen Sie nicht falsch interpretieren. Sie bedeuten nicht unbedingt, dass die Zuhörer mit Ihnen einer Meinung sind. Drücken Sie sich couragiert, direkt und präzise aus. Fragen Sie die Zuhörer: »Unser heutiges Ziel bestand darin, Sie dazu zu bewegen, einer 30-prozentigen

Kostensenkung in Ihrer Abteilung zuzustimmen. Ist uns das gelungen, und können wir damit rechnen, bis zum Quartalsende Ergebnisse zu sehen?« Wenn Ihre Zuhörer das anders sehen, sollten Sie eine Diskussion darüber führen, welche Voraussetzungen erfüllt sein müssen, damit man Ihnen zustimmt.

**5. Beenden Sie Ihre Ausführungen mit den »nächsten Schritten«.** Fassen Sie alle Vereinbarungen zusammen, die während der Präsentation getroffen wurden. Beispielsweise könnte jemand aus dem Publikum eine Sonderuntersuchung verlangt haben, und Sie baten um zusätzliche Informationen. Wiederholen Sie diese Vereinbarungen am Ende Ihrer Präsentation, um den Beteiligten zu versichern, dass Sie sie gehört haben. Bitten Sie auch um Zustimmung des Publikums zu Folgetreffen oder weiteren Präsentationen.

Eine Präsentation endet nicht unbedingt mit dem letzten gesprochenen Wort. Häufig ist sie nur ein Element in einer Reihe von Ereignissen, die eine Beziehung zwischen Ihnen und Ihren Zuhörern aufbauen. Ihr Schlussteil sollte signalisieren, dass sich alle auf die weitere Zusammenarbeit freuen.

**Wenn Sie mehr lesen möchten:** Gene Zelazny, *Das Präsentationsbuch*, Frankfurt/New York 2. Auflage 2001

# Christian Püttjer & Uwe Schnierda:
## Körpersprache

Treten Sie im Berufsalltag sicher auf

**F**ür viele Menschen ist die Körpersprache ein Buch mit sieben Siegeln. Der Einstieg in das Erlernen dieser fremden Sprache beginnt mit dem Vokabellernen. Nur wer weiß, welche Bedeutung einzelne körpersprachliche Signale haben können, ist in der Lage, sich ein Gesamtbild zu erschließen. Wir erläutern Ihnen nun die Vokabeln der Körpersprache. Sie lernen, Ihre Aufmerksamkeit gezielt auf körpersprachliche Signale auszurichten. Mit einer geschärften Beobachtungsgabe werden Sie die Absichten Ihrer beruflichen Gesprächspartner besser erkennen und selbst souverän auftreten können ■

Wenn Menschen anfangen, sich mit der Körpersprache zu beschäftigen, sind sie normalerweise auf der Suche nach besonders aussagekräftigen Geheiminformationen, die die inneren Beweggründe anderer Menschen deutlich werden lassen. Am Beginn der Auseinandersetzung mit Körpersprache steht oft der Wunsch, andere besser durchschauen zu können. Es gibt aber keine allgemeingültigen körpersprachlichen Aussagen. Wir haben Ihnen schon erläutert, dass einzelne körpersprachliche Signale in unterschiedlichen Situationen eine andere Bedeutung haben können. Sie sind üblicherweise nicht eindeutig genug, um präzise Rückschlüsse über die Absichten und die momentane Befindlichkeit Ihres Gegenübers zu erlauben.

Das reine Vokabellernen im Fach Körpersprache ist daher nur eine Basis, auf der Sie noch zusätzliche Informationen brauchen, um das Verhalten Ihrer Gesprächspartner richtig einordnen zu können. Sie müssen körpersprachliche Signale in Beziehung zueinander, zur Person, zu Erwartungshaltungen und zur Situation setzen können. Nur dann erhalten Sie aussagekräftige Informationen. Zusätzlich dazu müssen Sie natürlich auch die Wortäußerungen von Personen beachten. Dennoch brauchen Sie Hinweise, worauf Sie bei Ihrer Auseinandersetzung mit Körpersprache überhaupt achten müsssen.

Die körpersprachlichen Signale, die von Menschen gesendet werden, lassen sich in mehrere Bereiche unterteilen. Zu der Körpersprache gehören nicht nur die Handbewegungen und Gesten, sondern auch die Körperspannung, die Art zu gehen, die Distanz, die zu anderen Menschen eingehalten wird, und der Tonfall der Stimme. In allen diesen Bereichen gibt es aussagekräftige Hinweise für das bessere Verständnis zwischenmenschlicher Kommunikation. Im Folgenden werden wir Ihre Beobachtungsgabe für die einzelnen Bereiche der Körpersprache schärfen.

## Mimik

Unsere Umgangssprache ist voller Beschreibungen, die sich auf die sichtbaren Stimmungen in der Mimik von Menschen beziehen. Man spricht von »weit aufgerissenen Augen« und meint Erstaunen, wer sich »auf die Lippen beißt«, möchte Informationen zurückhalten, und wenn vom »Naserümpfen« die Rede ist, wird ein unangenehmer Eindruck kommentiert.

Zur Mimik zählen die Bewegungen der Gesichtsmuskulatur. Mithilfe der Augen, der Stirnpartie, der Nase oder des Mundes werden Gemütszustände oder aktuelle Empfindungen ausgedrückt.

### Die Augen

Wenn wir einem Menschen gegenübersitzen und auf seine Augen achten, können wir viele Botschaften beobachten. Beispielsweise vermitteln uns zusammengekniffene Augen Zweifel, ein offener Blick dagegen signalisiert die Bereitschaft zuzuhören.

Aufgerissene Augen können Überraschung, aber auch Furcht ausdrücken. Geschlossene Augen lassen vermuten, dass unser Gegenüber gerade eigenen Gedanken nachhängt und momentan nicht bereit ist, weitere Informationen aufzunehmen. Ein gesenkter Blick lässt auf Nachgeben schließen.

Das Hochziehen einer Augenbraue bedeutet meistens Skepsis, die aber auch durchsetzt sein kann mit Spott und Abwertung. Das Hochziehen beider Augenbrauen drückt vornehmlich Überraschung oder Erstaunen aus.

Der Blickkontakt ist in der Kommunikation besonders wichtig. Wer ständig den Blicken anderer ausweicht, vermittelt Unsicherheit. Ein starrer, zu lang andauernder Blickkontakt wird zumeist als Konfrontation empfunden. Beim angemessenen Blickkontakt gibt es einen Wechsel zwischen Hinschauen und Wegschauen. Gute Redner und souveräne Gesprächspartner blicken Zuhörer beim Sprechen an und senken den Blick zwischendurch immer kurz, um die Gedanken zu sammeln. Als Zuhörer sollten Sie ständig den Blickkontakt halten, um zu zeigen, dass Sie aufmerksam zuhören. Redner achten in der Regel mit kurzen Kontrollblicken darauf, ob Sie noch mit Interesse bei der Sache sind.

Ohne Blickkontakt lässt sich nur schwer eine Beziehung zum Gesprächspartner herstellen. Die Kommunikationsprozesse werden empfindlich gestört. Blickkontakt ist eine wesentliche Voraussetzung, um eine Brücke zu anderen Menschen zu schlagen. Die Macht der Augen erkennen Sie auch daran, dass Sie es selbst dann merken, angesehen zu werden, wenn Sie in eine andere Richtung schauen. Sie brauchen jemandem nur lange genug auf den Hinterkopf zu starren, um ihn dazu zu veranlassen, sich zu Ihnen umzudrehen.

Die Pupillengröße der Augen ist jedoch nur bedingt aussagekräftig. Physiologische Prozesse wie Reaktionen auf Lichteinfall oder Medikamenteneinnahme überstrahlen oft die Reaktionen auf Gesprächspartner. Eine plötzliche Vergrößerung der Pupillen kann natürlich Interesse demonstrieren. Aber seien Sie hier mit vorschnellen Deutungen vorsichtig.

Um Ihnen den Einfluss Ihrer Augen und des Blickkontakts deutlich zu machen, haben wir eine Übung für Sie zusammengestellt. Schärfen

Sie anhand dieser Übung Ihre Wahrnehmung für die Wichtigkeit und Macht des Blickkontakts.

### Übung: Die Wirkung Ihres Blickes

Lernen Sie in dieser Übung, die Wirkung Ihres Blicks einzuschätzen. Sie werden mit Ihren Augen zwei verschiedene körpersprachliche Signale senden und auf die Reaktionen achten.

**Der intensive Blick.** Machen Sie sich bewusst, dass durch einen Blick Kontakt aufgebaut werden kann. Probieren Sie aus, ob Sie mit Ihrem Blick Aufmerksamkeit erzielen können. Versuchen Sie, einen Kontakt herzustellen, bevor sich Ihre Blicke mit denen eines anderen gekreuzt haben.

Sehen Sie in einer geeigneten Situation, beispielsweise in der Kantine, im Café oder auf einer Party, eine Person, die gerade nicht zu Ihnen schaut, bewusst längere Zeit an. Beobachten Sie, ob diese Person bemerkt, dass Sie Kontakt aufnehmen wollen. Wenn die Person ihre Aufmerksamkeit nicht intensiv auf andere Dinge oder Menschen richtet, wird sie sich nach einer gewissen Zeit zu Ihnen umdrehen. Ob Sie dann den Kontakt durch Niederschlagen der Augen abbrechen oder mit einem Lächeln auf die Aufnahme eines Gespräches hinsteuern, überlassen wir Ihnen.

**Irritationen.** Im zweiten Teil der Übung werden Sie sehen, dass ein Abbruch des Blickkontaktes auch zu einem Abbruch der Kommunikation führen kann. Kurze Zeitspannen des Wegsehens werden Gesprächspartner ebenso tolerieren wie das zeitweilige Schließen der Augen. Sehen Sie aber längere Zeit an einer Person vorbei, die gerade mit Ihnen spricht, wird sie ihren Redefluss unterbrechen. Lernen Sie, nach welcher Zeit des Wegsehens die Kommunikation empfindlich gestört wird.

Beginnen Sie damit, dass Sie im Gespräch immer wieder für einen kurzen Augenblick den Blickkontakt unterbrechen. Weiten Sie anschließend die Phasen des Wegsehens aus, bis Sie letztendlich den Kopf abwenden und bewusst in eine andere Richtung sehen. Lernen Sie zu erkennen, wann der andere in seinem Gesprächsfluss stockt und Zeichen der Irritation zeigt.

Diese Übung sollten Sie auf jeden Fall in privaten Situationen machen, damit Sie eine eventuelle Verärgerung Ihres Gesprächspartners auffangen und wieder auflösen können. Erklären Sie Ihrem Gegenüber nach dem Experiment, dass Sie sich gerade mit Körpersprache beschäftigen und lernen möchten, bewusster zu kommunizieren.

## Die Stirn

Die Informationen, die »von der Stirn abzulesen sind«, sind meistens gekoppelt an einen bestimmten Augenausdruck. Wer die Augen weit aufreißt, wird seine Stirn in waagerechte Falten legen. Dies kann bedeuten, dass die dem Geschehen gewidmete Aufmerksamkeit groß ist und weitere Informationen benötigt werden.

Bei zusammengekniffenen Augen ergeben sich senkrechte Stirnfalten zwischen den Augenbrauen. Vielleicht zweifelt Ihr Gegenüber Ihre Informationen an, bleibt aber konzentriert und versucht, sich eine eigene Meinung zu bilden. In einigen Fällen können senkrechte Stirnfalten auch generelle Ablehnung, Protest oder Wut ausdrücken.

Die Signale, die von der Stirn allein ausgehen, sind meistens zweideutig. Senkrechte Stirnfalten können auf Ablehnung hindeuten. Es kann aber auch sein, dass die Person gerade nur stark konzentriert ist. Nicht zuletzt könnte Ihr Gegenüber auch nur versuchen, seinen Blick scharf zu stellen, beispielsweise weil etwas unleserlich ist, er seine Brille vergessen hat oder gerade geblendet wird.

## Die Nase und die Wangen

Auch beim Naserümpfen entstehen senkrechte Stirnfalten. In diesem Fall liegen zwei körpersprachliche Signale vor und die Deutung wird etwas aussagekräftiger. Ein Mensch, der die Nase rümpft, versucht missliebige Eindrücke von der Wahrnehmung auszusperren: Ihm »stinkt etwas«. Es ist wahrscheinlich, dass Widerwillen oder Unbehagen vorliegen.

Das Gegenteil, besonderes Interesse, könnte vorliegen, wenn die Nasenflügel gebläht werden. Dabei gibt es natürlich Abstufungen. Es kann sein, dass jemand seine Umwelt über Geruchseindrücke intensiver wahrnehmen möchte. Es kann aber auch sein, dass Begierde ausgedrückt wird. Zum Beispiel kann man beim intensiven Flirten das Aufblähen der Nasenflügel häufig beobachten. Analog zu den geblähten Nüstern eines Hengstes scheint damit sexuelles Interesse geäußert zu werden.

Die besondere Erregung, die über das Blähen der Nasenflügel ausgedrückt wird, kann aber auch negative Empfindungen widerspiegeln. Denn auch bei Zorn beben oft die Nasenflügel. Das »Zittern vor Wut« erfasst auch die Nase und die Wangen.

Bei der Beobachtung der Wangen können Sie abgesehen von dem schon erwähnten Zittern Rötungen wahrnehmen. Ähnlich wie bei den Pupillen sollte man hier physiologische Gründe beachten, wenn plötzliche Veränderungen auftreten. Begegnen Sie jemandem mit roten Wangen, könnte er gerade aus der Kälte ins Warme gekommen sein, einen hohen Blutdruck haben, aber auch Freude verspüren. Am ehesten wird über rote Wangen ein gewisses Maß an Aufregung vermittelt. Röten sich die Wangen im Verlaufe eines Gespräches, ist der Grad der Aufregung plötzlich gestiegen. Ihr Gegenüber könnte sich ertappt fühlen oder ihm könnte etwas peinlich sein. Aber hier müssen Sie noch andere körpersprachliche Signale hinzuziehen, um keine falschen Schlüsse zu ziehen.

### Der Mund und das Kinn

Der Mund ist nicht nur zum Sprechen da. Über die Mundpartie werden auch noch andere Signale gesendet, die gedeutet werden können. Der Mund ist ein zentrales Mitteilungselement der Mimik. Über den Spannungsgrad der Mundpartie werden viele unterschiedliche Eindrücke vermittelt. Geläufige Redewendungen lauten: »Da bleibt vor Staunen der Mund offen«, »Man beißt sich vor Wut auf die Lippen« oder »Jemand zeigt ein entwaffnendes Lächeln«.

Das Lächeln ist eine Mitteilung, die auf den ersten Blick zu sehen ist. Ob jemand ein Lächeln zeigt und damit seiner Umwelt aufgeschlossen gegenübersteht oder ob jemand missmutig Kontakt ablehnt, ist sofort zu erkennen. Signalisiert wird dies durch die Richtung, in die die Mundwinkel gezogen werden. Beim Lächeln zeigen die Mundwinkel nach oben, bei einem missmutigen Ausdruck nach unten.

Viele Menschen steuern die Richtung ihrer Mundwinkel ganz bewusst. Ein Lächeln kann deshalb auch falsch wirken, wenn die Mundwinkel nicht entspannt, sondern verkniffen in die gewünschte Richtung gezogen werden. Aus dem verkniffenen Lächeln können Sie nicht unbedingt schließen, dass man Ihnen wohlgesonnen und freundlich gegenübersteht. Dieses aufgesetzte Lächeln kann durchaus antrainiert sein. Der Betreffende zeigt keine momentane Stimmungslage, sondern eine Maske.

Verkniffene Lippen lassen ganz allgemein auf innere Anspannung schließen. Werden die Lippen zusammengepresst, ist die Bereitschaft für eine weitere Auseinandersetzung mit der Situation eher gering. Die aufeinandergepressten Lippen sollen verhindern, dass uns Informationen erreichen. Eine Ursache für diese Abschottung kann auch Überforderung sein. Manchmal folgt auf zusammengekniffene Lippen ein Weinkrampf, der die Hilflosigkeit untermauert.

Beißen sich Menschen auf die Unterlippe, wird nicht nur die Situation abgelehnt, in der sie sich gerade befinden. Es ist auch zu vermuten, dass sie wütend und zornig sind. Ihnen fehlen Verhaltensalternativen, und oft ärgern sie sich dann über sich selbst. Wenn der Biss auf die Unterlippe von zuckenden Mundwinkeln begleitet wird, steht die Person höchstwahrscheinlich kurz vor einem Wutausbruch.

Bei einem freundlichen Lächeln ist der Mund oft leicht geöffnet, dies zeigt eine Erwartungshaltung an. Man freut sich auf das, was kommen wird, und steht Entwicklungen aufgeschlossen gegenüber. Wird der Mund weit geöffnet, ist die Person wahrscheinlich erstaunt. Schnappen Menschen mit geöffnetem Mund nach Luft, signalisieren sie Empörung. Der geöffnete Mund bei geschlossenen Lippen zeigt jemanden, der gerade »ein langes Gesicht« macht. Wird dann noch das

Kinn zurückgeschoben, soll Erstaunen gepaart mit Ablehnung ausgedrückt werden.

Wird das Kinn bei geschlossenem Mund und geschlossenen Lippen vorgeschoben, soll Durchsetzungsfähigkeit demonstriert werden. Hier steht der Beginn einer Konfrontation im Raum, und Vorsicht ist angesagt.

Ein weit geöffneter Mund bei gleichzeitig geöffneten Lippen und hängendem Kinn wirkt debil. Jegliche Konzentration ist von der Person abgefallen. Komplexe Sachverhalte sind nicht mehr zu vermitteln.

Zeigt jemand seinem Gegenüber die Zähne, muss davon ausgegangen werden, dass eine gewisse Angriffslust vorliegt. Besonders deutlich wird dies, wenn bei geschlossenem Mund die Lippen gebleckt werden, sodass die Zähne deutlich sichtbar sind. Auch ein Lächeln, das die Zähne sehr weit entblößt, demonstriert eher Überlegenheit als freundliches Entgegenkommen.

Wenn sich jemand mit der Zungenspitze über die Lippen fährt, scheint die Person Vorfreude zu empfinden. Die Lippen werden sozusagen in Erwartung kommender Genüsse befeuchtet. Dieses Verhalten sensibilisiert für sinnliche Wahrnehmungen. Dieser Mensch genießt die momentane Situation und ist für nüchterne Fakten in dieser Situation nicht besonders empfänglich.

Das Befeuchten der Lippen wird oft auch in Verbindung mit einer Schnute gezeigt. Die Lippen werden aufgestülpt, um auch die sensiblen inneren Bereiche der Lippen mit der Außenwelt in Kontakt zu bringen. Nicht immer demonstriert eine Schnute jedoch Genussabsichten. Eine Schnute ist auch zu sehen, wenn etwas begutachtet oder überprüft werden soll. Dies kann bis zum Protest reichen. Jemand »schmollt vor sich hin«, wenn er Verdrossenheit oder Trotz ausdrücken möchte.

Um Ihre Sensibilität für Gesichtsausdrücke zu schärfen, sollten Sie die nachfolgende Übung machen. Probieren Sie an sich selbst aus, wie unterschiedliche Eindrücke auf Ihrem Gesicht abzulesen sind. Stellen Sie sich vor, wie Ihre Mimik auf andere wirkt.

## Übung: Ihre Mimik

Vielen Menschen ist gar nicht bewusst, mit welcher Mimik sie auf bestimmte Stimmungslagen reagieren. Könnte es für Ihre Mitmenschen einen Anlass zu Missverständnissen geben? Lächeln Sie unsicher, wenn Sie eigentlich verstimmt sind? Blecken Sie Ihre Zähne, obwohl Sie sich eigentlich freuen? Wirken Sie, wenn Sie wütend sind, eher konzentriert? Sie brauchen keinen Schauspielkurs, um zu Ihrer Mimik einen besseren Zugang zu finden.

Stellen Sie sich vor einen Spiegel, und versuchen Sie, die anschließend aufgeführten Stimmungslagen mit Ihrer Mimik auszudrücken.

**Wut:** Stellen Sie sich vor, bei welchem Anlass Sie das letzte Mal richtig wütend waren. Drücken Sie diese Wut in Ihrem Gesicht aus.

**Erstaunen:** Wenn Sie versuchen, Erstaunen ausdrücken, kann es Ihnen weiterhelfen, dabei Worte wie »Wirklich?«, »Ist nicht wahr?« oder »Wow!« auszusprechen.

**Ablehnung:** Spontane Ablehnung nur durch die Mimik zu vermitteln, fällt den meisten Menschen schwer. Wir sind meistens zu nett zu anderen. Nehmen Sie abwehrend gehobene Hände zu Hilfe und rücken Sie Ihr Kinn bewusst ein. Dann wird es Ihnen leichter gelingen, Ablehnung nachzuempfinden.

**Freude:** Achten Sie auf Ihren individuellen Ausdruck der Freude. Freude muss nicht immer überschäumend sein. Stellen Sie sich vor, dass Sie eine/n gute/n Freund/in nach langer Zeit wiedersehen.

**Zustimmung:** Beschränken Sie sich nicht nur darauf zu nicken, schauen Sie sich genau an, was Ihre Mimik bei Zustimmung widerspiegelt.

**Interesse:** Sehen Sie sich im Spiegel interessiert an, wie interessant es sein kann, Interesse zu sehen. Anders ausgedrückt, machen Sie es einmal umgekehrt: Zeigen Sie nicht das Pokerface, sondern ehrliches Interesse.

## Gestik

Unter Gestik sind Arm, Hand- und Fingerbewegungen zu verstehen. Die Gesten, die wir ausführen, haben eine große Aussagekraft und können uns dabei helfen, Wortäußerungen zu unterstreichen, wichtige Argumente zu betonen und Aufmerksamkeit zu gewinnen. Gesten haben jedoch auch ohne begleitende Worte eine eigenständige Mitteilungsfunktion. Die über Gesten vermittelten Aussagen stehen oft sogar im Widerspruch zu sprachlichen Aussagen.

Auf Gesten reagieren Menschen in der Regel unmittelbar. Das Tippen an die Stirn oder der demonstrativ ausgestreckte Mittelfinger wird mit Sicherheit nicht übersehen und kann Ihnen durchaus eine Beleidigungsklage einbringen. Die meisten Gesten rufen sicherlich nicht ganz so drastische Reaktionen hervor. Dennoch werden sie in jedem Falle registriert werden und ihnen wird auch stets eine bestimmte Aussage zugesprochen werden.

Damit sich die Vielfalt der Gesten kategorisieren lässt, unterscheiden wir Aggressionsgesten, Unsicherheitsgesten und Kooperationsgesten. Die Gesten aus diesen drei Kategorien sind in Gesprächssituationen besonders aussagekräftig. Aber Vorsicht: Auch hier lassen sich manche Gesten mehreren Kategorien zuordnen und werden nur im Zusammenhang mit anderen Signalen verständlich. Beispielsweise können vor der Brust verschränkte Arme sowohl Aggression als auch Unsicherheit anzeigen. Auch erhobene Hände mit dem Gesprächspartner zugewandten Handflächen können sowohl Kooperationsbereitschaft als auch den Wunsch nach einer höheren Aufmerksamkeit signalisieren.

### Kooperationsgesten

Einige Gesten im Gespräch lassen den Rückschluss zu, dass Ihr Gegenüber sich besondere Aufmerksamkeit von Ihnen wünscht oder selbst einen Vorschlag machen möchte. »Friedensangebote« werden üblicherweise mit der offenen Hand präsentiert. Dies soll zeigen, dass »die Waffen« aus der Hand gelegt sind und man sich mit guten Absichten an den anderen wendet. Auch das Händeschütteln dient dem Zweck, sich gegenseitig zu versichern, dass man in friedlicher Absicht kommt. Das Händeschütteln ist eine gesellschaftliche Konvention geworden, die wahre Absichten überdecken kann. Nur weil Ihnen jemand bereitwillig die Hand gibt, heißt dies nicht, dass er auch mit Ihnen kooperieren wird. Verweigert Ihnen jemand den Handschlag, können Sie dagegen sicher sein, dass Sie mit deutlichen Spannungen zu rechnen haben.

Der Händedruck unterliegt einer gewissen Erwartungshaltung. Ein zu lascher Händedruck kann genauso wie ein zu kräftiger Händedruck unangemessen sein und Anlass zu Spekulationen geben. Für den Gesprächsverlauf ist der Händedruck jedoch nicht besonders aussagekräftig. Interessanter ist es, ob jemand versucht, Sie von Anfang an »über den Tisch zu ziehen«. In diesem Fall wird er Ihre Hand sehr nah an sich heranziehen. Wer den Arm bei der Begrüßung dagegen sehr weit ausstreckt und dabei das Ellenbogengelenk durchdrückt, wird wahrscheinlich distanziert ins Gespräch gehen. Er lässt den Gesprächspartner nicht so leicht »an sich heran«.

Klopft man Ihnen zur Begrüßung auf die Schulter, muss auch dies nicht ausschließlich freundlich gemeint sein. Die von oben auf Ihre Schulter herabkommende Hand könnte auch dazu dienen, Sie in den Boden zu rammen, damit Sie beispielsweise in der Firmenhierarchie dort bleiben, wo Sie sind. Freundschaftlicher ist das leichte Tätscheln des Schulterblattes. Ein zu heftiger Schlag ins Kreuz kann allerdings auch der Versuch sein, Sie aus dem Gleichgewicht zu bringen. Wird Ihnen die Hand auf den Rücken gelegt und ein gleichmäßiger Druck in eine bestimmte Richtung ausgeübt, beispielsweise zu dem Ihnen angebotenen Sitzplatz hin, können Sie davon ausgehen, dass Ihr Gesprächspartner die Absicht hat, das Gespräch zu bestimmen.

Einen Hinweis auf Kooperationsbereitschaft sehen Sie, wenn Ihnen offene Handflächen präsentiert werden. Streckt man Ihnen die Arme mit nach oben gerichteten Handflächen entgegen, möchte Ihr Gegenüber entwaffnende Offenheit demonstrieren. Die auf Schulterhöhe gehaltenen, Ihnen zugewandten Handflächen sind zwar auch als Stoppsignal gedacht und sollen ausdrücken »Bis hierhin und nicht weiter«, die kooperative Atmosphäre bleibt aber bestehen. Sie erhalten eine zweite Chance, den Gesprächspartner zu überzeugen.

Offene Handflächen können auch gezeigt werden, um eine Aufforderung an andere zu richten, damit diese einen eigenen Beitrag zum Gespräch liefern. Dies ist vor allem dann der Fall, wenn die Hände in Bauchhöhe gehalten werden und die Handflächen dabei nach oben zeigen. Weist jemand mit den Fingerspitzen einer Hand in die offene Handfläche der anderen Hand, erwartet er, dass man ihm entgegenkommt oder besondere Zugeständnisse macht.

Offene und abweisende Handbewegungen werden auch oft kombiniert. Beispielsweise kann damit in Diskussionen ein zu langer Beitrag abgeblockt und gleichzeitig das Wort an jemand anderen erteilt werden. Werden die vor dem Körper gehaltenen Handflächen auf und ab bewegt, versucht jemand gerade, verschiedene Aspekte gegeneinander abzuwägen. Dies zeigt Ihnen, dass er sich noch nicht sicher ist, seine Entscheidung steht noch aus. Weitere Argumente von Ihrer Seite könnten dann den Ausschlag in eine bestimmte Richtung geben.

Reibt Ihr Gesprächspartner die Handflächen aneinander, könnte dies in einer entspannten Gesprächsatmosphäre ein Hinweis auf seine Zufriedenheit oder eine gewisse Vorfreude sein. Positive innere Einstellungen sollen durch das Händereiben verstärkt werden.

Sehen Sie, dass jemand im Gespräch immer wieder mit den Fingerspitzen die Daumenkuppe berührt, kann es sein, dass er sich gerade anfeuert. Die Bereitschaft weiterzumachen ist vorhanden. Bei Tennisspielern ist diese Geste ab und zu zwischen den Ballwechseln zu sehen, oft wird noch dazu auf die Fingerkuppen gepustet, um sich weiter zu motivieren. Der Spannungsbogen soll gehalten werden. Eine konstruktive Auseinandersetzung soll konzentriert weitergeführt werden.

**Übung: Offene Handflächen**

Probieren Sie einmal die kooperative Wirkung offener Handflächen aus. Wenn Sie Ihrem Gegenüber die Handflächen präsentieren, dokumentieren Sie, dass Sie keinen Angriff beabsichtigen. Dies bedeutet aber nicht, dass Ihr Gegenüber mit Ihnen alles machen darf, was er möchte. Bleiben Sie auch in der Kooperation standhaft und vertreten Sie Ihre Interessen. Dazu müssen Sie keine Aggressionsgesten einsetzen. Lernen Sie die Abstufungen von kooperativen Handzeichen kennen.

Setzen Sie sich das Trainingsziel, in einem ausgewählten Gespräch bewusster mit offenen Handflächen zu operieren. Zeigen Sie Ihrem Gegenüber Ihre Handflächen, wenn Sie ein Angebot machen. Wenden Sie ihm die erhobenen Handflächen zu, wenn Sie ihm signalisieren wollen: »Bis hierhin und nicht weiter!« Befinden Sie sich in einem Zwiespalt, können Sie eine Hand erheben und den anderen Arm mit offener Hand Ihrem Gesprächspartner entgegenstrecken. Fühlen Sie sich in einer Entscheidung unsicher, können Sie die vor der Brust gehaltenen und mit der Innenseite auf Ihr Gegenüber gerichteten Hände von links nach rechts schwenken. Die Bewegung ähnelt einem Scheibenwischer, der die Sicht für Sie klarer machen soll. Finden Sie einen Vorschlag völlig unakzeptabel, können Sie ihn mit offener Handfläche langsam, aber deutlich zu Ihrem Gesprächspartner zurückschieben.

## Haltung

Stehen Sie »mit beiden Beinen im Leben«? Können Sie »den Standpunkt wechseln«? Hat man Ihnen schon einmal »die kalte Schulter gezeigt«? Die Haltung, die Menschen einnehmen, zeigt, wie sie zu anderen und zu sich selbst stehen. Durch die Art und Weise, wie jemand sitzt, steht oder geht, werden viele Informationen übermittelt. Es lohnt sich, einmal genauer hinzusehen. Sympathie und Interesse lassen sich an der Haltung genauso ablesen wie Ablehnung oder Desinteresse.

## Sitzen

Beim Sitzen ist aussagekräftig, wo jemand sitzt, wie er sitzt und in welcher Weise er seine Haltung verändert. Durch die Sitzposition können Statusunterschiede ausgedrückt werden. Thront Ihr Gesprächspartner auf dem Chefsessel und weist Ihnen einen einfachen Besucherstuhl zu, müssen Sie vermuten, dass er versuchen wird, Überlegenheit zu demonstrieren.

Auch Distanziertheit oder der Wunsch nach Nähe lassen sich an Sitzpositionen ablesen. Wird Wert auf Distanz gelegt, wird man auf eine Barriere zwischen sich und dem Gesprächspartner achten und sich frontal gegenüber setzen. Nicht nur die Barriere zwischen den Gesprächspartnern, beispielsweise durch einen Schreibtisch, wird die Gesprächssituation verschärfen, sondern auch die frontale Sitzhaltung. Eine frontale Gesprächsposition baut auch im Sitzen Spannungen auf. Ein Weg zur Reduzierung dieser Anspannung ist, die Sitzhaltung etwas zu öffnen und sich leicht schräg zur Tischplatte zu setzen.

Bei einer Sitzhaltung über Eck lässt sich schon körperlich ein Schulterschluss besser bewerkstelligen. Die frontale Sitzhaltung ist aufgelöst, die Gesprächspartner begegnen sich in einer offeneren Sitzhaltung. Die Gesprächssituation ist nicht von vornherein belastet, und Gemeinsamkeiten lassen sich viel besser herausarbeiten. Bei größeren Konferenzen kann man an einem herkömmlichen Tisch natürlich nicht alle Gesprächsteilnehmer zueinander über Eck setzen. Abhilfe schafft hier der runde Tisch, der schon durch die Sitzanordnung für eine kooperative Atmosphäre sorgt. Es fällt leichter, alle Gesprächspartner im Blick zu behalten und damit in das Gespräch zu integrieren.

Die Sitzposition ist nur der erste Hinweis darauf, in welcher Atmosphäre ein Gespräch vermutlich verlaufen wird. Weitere Schlüsse lassen sich aus der eingenommenen Körperhaltung ziehen. Oft ist die Haltung im Sitzen aussagekräftiger als die Position, vor allem natürlich dann, wenn es keine Alternativen für eine bestimmte Sitzposition gibt, beispielsweise weil nur eine Sitzmöglichkeit in einem Raum vorhanden ist.

Sitzt Ihr Gegenüber nur auf der vorderen Stuhlkante und beugt sich dabei leicht vor, fühlt er sich unwohl und möchte am liebsten die Flucht ergreifen. Vielleicht hat er noch einen anderen Termin, den er wahrnehmen möchte, vielleicht fühlt er sich von der Situation überfordert, oder er sieht keinen Grund mehr, noch lange weiterzureden.

Drückt sich jemand dagegen förmlich in den Stuhl hinein, indem er sich mit den Händen an den Armlehnen festklammert und die Füße um die Stuhlbeine schlingt, fühlt er sich wahrscheinlich hilflos, ausgeliefert und »in die Enge getrieben«. Der Stuhl fungiert für ihn dann als eine Art Rettungsanker und gibt ihm Halt in einer ungewissen Situation.

Weit auseinandergespreizte Beine bei Männern sind eine Dominanzgeste. Wie ein Pavian möchte sich jemand durch das Zurschaustellen seiner Genitalien Respekt verschaffen und hofft, dadurch »zum Chef auf dem Affenfelsen« zu werden. Frauen nehmen diese Haltung gewöhnlich nicht ein, ganz selten wird sie zur Provokation eingesetzt.

Werden die Beine so übereinandergeschlagen, dass der Fußknöchel des abgewinkelten oberen Beines auf dem Knie des unteren Beines aufliegt, handelt es sich um eine abgemilderte Variation der gespreizten Sitzhaltung. Der quer gelegte Unterschenkel kann als Barriere gegenüber dem Gesprächspartner gesehen werden. Aus dieser Haltung heraus kann man sich auch nur schwer zu seinem Gegenüber hinüberbeugen. Eine gewisse Distanz zum Gesprächspartner bleibt somit gewahrt. Dadurch soll Selbstsicherheit ausgedrückt werden. Eine vorgefasste Meinung wird dann nur schwer zu ändern sein. Es kommt erst wieder »Bewegung ins Gespräch«, wenn die Beinhaltung geändert wird.

Frauen schlagen die Beine häufig so übereinander, dass die Kniekehle des oberen Beines auf dem Knie des unteren Beines aufliegt. Aus dieser Haltung kann man nur schwer Schlüsse ziehen, da es sich um eine konventionelle Sitzhaltung handelt. Für Frauen, die einen Rock tragen, ist es außerdem die einzige gesellschaftlich anerkannte Beinhaltung. Schlagen Männer die Beine eng übereinander, könnte mit einer gewissen Verschlossenheit zu rechnen sein.

Bei einer Sitzposition nebeneinander oder schräg zueinander kann durch das Übereinanderschlagen der Beine auch Zuwendung oder Ablehnung sichtbar gemacht werden. Das heißt, dorthin, wo die Oberschenkel-Innenseite des übergeschlagenen Beines zeigt, ist auch die Sympathie gerichtet. Sitzt jemand rechts von Ihnen und schlägt sein linkes Bein über, ist seine Aufmerksamkeit nicht auf Sie gerichtet. Entwickelt sich ein nettes Gespräch, wird er das rechte Bein überschlagen und sich Ihnen mit dem Oberkörper zuwenden. Die Innenseite des Oberschenkels ist also nur ein Indikator. Wichtiger ist, ob jemand Ihnen den Oberkörper zudreht, denn bei echter Zuwendung wird nicht nur der Kopf herumgedreht, es folgt auch der Oberkörper. Besonders anschaulich lässt sich dies mit dem Begriff »Nase-Nabel-Kontakt« ausdrücken: Erst wenn Nase und Nabel auf einer Linie liegen und Ihnen zugewandt sind, können Sie mit ungeteilter Aufmerksamkeit rechnen.

Einige Menschen verändern dauernd ihre Sitzposition und rutschen auf dem Stuhl herum. Dies deutet auf Nervosität und innere Anspannung hin. Die Konzentration auf die Gesprächsinhalte wird ihnen schwer fallen. Das durch fahrige Bewegungen dokumentierte Aufmerksamkeitsdefizit-Syndrom bezeichnete man früher mit dem Schlagwort »Zappelphilipp«. Hier hindern Gedankensprünge, Konzentrationsmängel und innere Unruhe die Informationsaufnahme.

Mit Aufmerksamkeit für Ihre Äußerungen können Sie dagegen rechnen, wenn Ihr Gegenüber aufrecht und ruhig im Stuhl sitzt. Bei Punkten, die ihn besonders interessieren, wird er sich aus dieser aufrechten Haltung leicht in Ihre Richtung beugen. Lehnt sich Ihr Gesprächspartner sehr weit vor, hat er wahrscheinlich eine Anmerkung zu machen oder möchte eine Nachfrage an Sie richten.

Dennoch müssen Sie auch bei einer entspannten Sitzhaltung Ihres Gesprächspartners aufpassen: Dies ist nicht immer mit Konzentration gleichzusetzen. Entspannt aussehende Sitzhaltungen, wie das Liegen im Stuhl, können auch bedeuten, dass jemand sich aus dem Gespräch verabschiedet und abgeschaltet hat. Lümmelt sich jemand demonstrativ im Stuhl, wird er die Situation und Ihre Gesprächsbeiträge wohl nicht sonderlich ernst nehmen.

Hebt jemand im Gespräch kurz das Gesäß an, um sich anschließend betont gerade hinzusetzen, baut er Körperspannung auf. Er möchte deutlich machen, dass die Diskussion oder die Entscheidung ab jetzt vorangetrieben werden sollte. Beispielsweise wenn der Small Talk beendet und in die eigentlichen Verhandlungen eingestiegen werden soll.

### Übung: Ihre Sitzhaltung im Gespräch

Beobachten Sie sich selbst. Sitzen Sie wirklich entspannt, wenn Sie sich entspannt fühlen? Schränken Sie im Sitzen unnötig Ihre Bewegungsfreiheit ein? Ist es schon einmal passiert, dass Ihnen im Gespräch ein Bein eingeschlafen ist? Wie oft verändern Sie in Gesprächen Ihre Sitzhaltung? Können Sie verspannte Haltungen wieder auflösen?

Wenn Sie sich über Ihre Sitzhaltungen Klarheit verschafft haben, sollten Sie versuchen, Ihre Sitzposition in Gesprächen des Öfteren ruhig, aber bewusst zu verändern. Schlagen Sie die Beine übereinander, stellen Sie nach einiger Zeit aber wieder beide Fußsohlen auf den Boden. Lehnen Sie sich vor und lassen Sie dabei Ihre Unterarme auf den Oberschenkeln aufliegen. Richten Sie sich dann aber auch wieder auf und rücken Sie mit Gesäß und Rücken dicht an die Stuhllehne. Ändern Sie auch Ihre Ausrichtung: Je nachdem, welches Bein Sie überschlagen, werden Sie sich entweder nach links oder nach rechts ausrichten. Richten Sie sich im Gespräch immer wieder auf. Strecken Sie den Brustkorb heraus und ziehen Sie die Schultern zurück.

Beobachten Sie dabei die Reaktionen Ihres Gesprächpartners genau und versuchen Sie, atmosphärische Veränderungen des Gesprächsverlaufs – sowohl von Ihnen als auch von Ihrem Gegenüber ausgehend – zu registrieren.

## Stehen

Unsere Standhaltung sagt viel über unsere momentane Befindlichkeit aus, aber auch darüber, wie wir zu jemandem stehen. Nur die allerwenigsten Menschen erfreuen mit ihrer Haltung den geschulten Blick des Orthopäden. Selten wird bewusst Spannung aufgebaut, um Kopf, Hals, Schultern und Becken in einer Linie zu halten. Bei einem »festen Standpunkt« ist das Körpergewicht gleichmäßig auf Fußballen und Ferse verteilt.

Die meisten Menschen sind ständig etwas aus dem Gleichgewicht. Wer beispielsweise das Kinn in die Höhe reckt und den Brustkorb herausstreckt, kippt immer etwas nach vorne und verlagert dann das Gewicht auf die Fußballen. Bei dieser Haltung ist die Neigung groß, auf den Fußspitzen zu wippen, wenn man mit anderen redet. Diese Form der Selbsterhöhung wirkt auf Mitmenschen meistens überheblich. Sie ruft gelegentlich den schadenfrohen Wunsch hervor, diese Person einmal »auf die Nase fallen« zu sehen.

**Abbildung 1: Wo ist mein inneres Gleichgewicht?**

Menschen, die ihre Schultern nach vorne fallen lassen, einen runden Rücken machen und die Knie leicht beugen, sacken förmlich in sich zusammen und geraten dadurch schnell in Rücklage. Bei ihnen liegt das Gewicht mehr auf der Ferse. Sie wirken so, als würden sie gleich nach hinten überkippen. Dadurch wirken sie unsicher und verleiten andere Menschen dazu, sie mit kurzen Angriffsimpulsen endgültig aus dem Gleichgewicht zu bringen.

Auch das Stehen auf den Außenkanten der Füße lässt Unsicherheit vermuten. Die mangelnde Bodenhaftung legt nahe, dass ein fester Standpunkt fehlt. Häufig zu beobachten ist auch die Verlagerung des Gewichts auf ein Bein. Die durchgehende Einnahme einer seitlichen Schieflage lässt auf eine einseitige Ausrichtung schließen. Die Person wirkt unbeweglich und wenig daran interessiert, sich mit einer anderen Sicht der Dinge als ihrer eigenen auseinanderzusetzen.

Anders verhält es sich, wenn jemand bewusst Stand- und Spielbein einsetzt. In diesem Fall trägt ebenfalls ein Bein die Hauptlast des Gewichtes, das andere wird in leichter Schrittstellung aufgesetzt. Anders als bei der seitlichen Schieflage werden Stand- und Spielbein aber häufig gewechselt. Die Person kann sich schnell neu orientieren, sich auf andere Sichtweisen einstellen und bleibt in ihren Reaktionen flexibel.

Stehen beide Beine parallel und wird ständig von einem Fuß auf den anderen getreten, fühlt sich die Person eher unwohl und möchte sich nicht festlegen lassen. Dieselbe Deutung gilt, wenn Menschen ein Pendeln des Oberkörpers um die Längsachse zeigen. Auch in diesem Fall erscheint die Person unentschlossen.

Auch die Haltung in Bezug auf andere ist aussagekräftig. Bestimmt haben Sie schon die Erfahrung gemacht, dass ein frontales Gegenübertreten von Unbekannten bedrohlich wirkt: Im Unterschied zum Gegenübersitzen an einem Tisch fehlt hier eine Barriere, und es entsteht schnell eine Konfrontation. Der Fluchtweg ist versperrt. Einer der Gesprächspartner muss ausweichen, um der Situation die Schärfe zu nehmen.

Im Gegensatz zum frontalen Gegenübertreten baut eine Annäherung von der Seite nicht so viel Spannung auf. Sie gibt dem Gegenüber Gelegenheit, mit einer Kopfwendung zu überprüfen, wer sich nähert. Ist man bereit, sich auf ein Gespräch einzulassen, wird der Körper dem Kopf folgen. Sobald Sie sehen, dass man Ihnen Nase und Nabel zuwendet, wissen Sie, dass ernsthafte Gesprächsbereitschaft besteht.

Wer sich Ihnen mit breit gespreizten Beinen gegenüberstellt, wirkt so, als ob er nicht bereit ist, auch nur eine Handbreit von seiner Meinung abzurücken. Werden bei dieser Haltung auch noch die Hände hinter dem Rücken verschränkt, bleiben die Gesprächsabsichten Ihres Gegenübers undurchsichtig. Er bietet Ihnen zwar Brust und Bauch ungeschützt dar, aber Sie wissen nicht, ob er hinter seinem Rücken »einen Angriff« vorbereitet.

Häufig sieht man, dass Menschen ihre Hände in die Hüften stemmen. Auf diese Weise versuchen sie, sich größer zu machen, als sie sind, um sich mehr Eindruck zu verschaffen. Das Aufplustern ist auch im Tierreich zu beobachten: Eine imposantere Erscheinung soll Wirkung hinterlassen. Bei Menschen ist diese Haltung häufig zu sehen, wenn sie ihren Willen durchsetzen wollen oder sich nicht genügend berücksichtigt fühlen.

Einigen Menschen scheint es ein Bedürfnis zu sein, sich dauernd irgendwo festzuhalten, beispielsweise an Tischkanten, Stuhllehnen oder Rednerpulten. Sie suchen eine Art Ankerplatz in der rauen See der Kommunikation, um nicht von vorherrschenden Strömungen abgetrieben zu werden. Ihre Bereitschaft, anderen die Stirn zu bieten, ist wahrscheinlich nicht sehr ausgeprägt. Eine gewisse Ängstlichkeit führt dazu, dass man festen Halt lieber durch Festhalten erzielen will. Halt suchende Menschen verschanzen sich auch gerne hinter Titeln oder ihrem Status in der Hierarchie. Sie betreiben Meinungsbildung weniger als offene Auseinandersetzung, sondern eher als Vortrag angeblich unumstößlicher Fakten.

Anlehnungsbedürftige Menschen nehmen gerne die unbeteiligte Beobachterposition ein. Wer sich gegen die Wand oder eine Säule lehnt, versucht sich dem Geschehen zu entziehen. Er möchte sich tarnen. Am liebsten würde er einem Chamäleon gleich die Farbe der Wand annehmen, um nicht aufzufallen. Diese Menschen müssen Sie erst aus der

Reserve locken, bevor Sie sich ernsthaft mit ihnen auseinandersetzen können.

Man muss sich nicht immer auf das Niveau seines Gegenübers begeben. Wenn Sie körpersprachlich ein Autoritätsgefälle herstellen wollen, können Sie Größenunterschiede nutzen. Es geht hier nicht um unterschiedliche Körpergrößen, sondern darum, dass Sie stehen bleiben können, wenn Sie mit einem sitzenden Gesprächspartner reden. Wenn Sie etwas weiter von Ihren Zuhörern entfernt sind, wie zum Beispiel bei einer Schulung oder in einem Seminar, wird durch die stehende Haltung des Referenten gegenüber den sitzenden Teilnehmern deutlich gemacht, wer die Leitungsfunktion hat. Dies führt üblicherweise nicht zu Kommunikationsproblemen.

Anders sieht es aus, wenn Sie nah neben jemandem stehen, der sitzt. Geben Sie »von oben herab« Anweisungen, müssen Sie mit Widerstand rechnen. Auch wenn Sie sich herabbeugen, um auf gleiche Augenhöhe zu kommen, herrscht noch keine Gleichheit: Ihr Gesprächspartner wird sich unter Druck gesetzt fühlen. Wollen Sie eine entspannte Situation herbeiführen, beispielsweise in einem Kundengespräch, müssen Sie Ihre Hüfte absenken, um Ihrem Gegenüber mit geradem Oberkörper in die Augen sehen zu können. Am einfachsten ist es natürlich, Sie setzen sich ebenfalls hin. Sie können sich aber auch hinhocken oder etwas in die Knie gehen. Den Kniefall sollten Sie sich aber nur für besonders romantische Stunden aufheben. Im Geschäftsleben werden Ihre Gesprächspartner hoffentlich nicht verlangen, von Ihnen angebetet zu werden.

In der nachfolgenden Übung werden Sie lernen, eine Grundhaltung einzunehmen, die standfest und sicher wirkt. In diese Haltung sollten Sie immer wieder zurückkehren, wenn Sie spüren, dass Sie unsicher werden oder ungünstige Positionen einnehmen.

### Übung: Sichere Standhaltung

Erarbeiten Sie sich einen Bezugsrahmen für einen sicheren Stand. Wenn Sie sich die idealtypische Haltung vergegenwärtigen, werden Sie Fehlhaltungen leichter erkennen können. Lernen Sie, welche Körperspannung Sie für einen festen Stand aufbauen müssen.

Stellen Sie sich ohne Schuhe aufrecht hin. Die Füße positionieren Sie in Hüftbreite mit ungefähr einer Handbreit Raum zwischen den Knöcheln. Die Fußspitzen zeigen ganz leicht nach außen. Spüren Sie Ihrem Gleichgewicht nach: Neigen Sie eher dazu, nach vorne oder nach hinten zu kippen? Achten Sie auch auf Ihre am Körper herabhängenden Arme. Bei den meisten Menschen werden sich die Hände jetzt vor den Oberschenkeln befinden. Bringen Sie nun die Arme auf eine Linie mit einer gedachten Hosennaht. Nehmen Sie die Schultern zurück, bis zumindest der kleine Finger mittig am Oberschenkel anliegt.

Ihre Brust wird sich durch das Zurückziehen der Schultern vorwölben. Nehmen Sie nun Ihren Kopf etwas zurück, aber nur so weit, dass sich keine Spannung im Hals aufbaut. Sie sollten kein Doppelkinn bilden. Um zu verhindern, dass das Becken zu weit nach hinten kippt und Sie in ein Hohlkreuz geraten, spannen Sie die Gesäßmuskulatur und die Bauchmuskeln kräftig an. Verteilen Sie Ihr Körpergewicht gleichmäßig auf Fußballen und Ferse.

Sie stehen jetzt in der sogenannten Ballettgrundhaltung. Es ist durchaus anstrengend, diese Position längere Zeit zu halten. Spüren Sie intensiv dem Anspannungsgrad der einzelnen Muskelgruppen nach. In Zukunft werden Sie es viel eher merken, wenn Ihre Körperhaltung aus dem Ruder läuft. Die standfeste Grundhaltung ist für Sie ein sicherer Ankerplatz.

Versuchen Sie, in diese Haltung zurückzukehren, wenn Sie merken, dass Sie unsicher werden und in sich zusammenzusacken, oder wenn Sie das Bedürfnis verspüren, sich anzulehnen oder festzuhalten.

## Kopfhaltungen

An der Kopfhaltung lassen sich viele körpersprachliche Hinweise ablesen. Wenn Sie mit einer Person sprechen, sind Kopf, Hals und auch die Schultern eigentlich ständig in Ihrem Blickfeld. Sie müssen Ihre Aufmerksamkeit nicht besonders ausrichten, um Signale wahrzunehmen.

Ein hoch erhobener Kopf lässt Siegesgewissheit oder Überheblichkeit vermuten. Diese Person ist sich ihrer Sache sicher, sie legt den empfindlichen Hals frei, da sie keine Gegenwehr vermutet.

Hängt der Kopf bei gesenktem Blick ohne Spannung in der Nackenmuskulatur mit dem Kinn auf der Brust, liegt der Schluss nahe, dass jemand aufgegeben hat und sich in sein Schicksal fügt. Wird der Kopf mit angespannter Nackenmuskulatur stark nach vorne geneigt, soll das Kinn ebenfalls den Adamsapfel schützen. Hier ist jemand nicht bereit aufzugeben. Der Blick fixiert den anderen und dem Gegner wird die Stirn geboten. Im Gespräch hat wahrscheinlich ein Aspekt Ablehnung hervorgerufen. Der Herausgeforderte fühlt sich bemüßigt, dagegen anzugehen.

Auch hochgezogene Schultern sollen den Hals, diesmal die empfindlichen Halsschlagadern, schützen. Wer die Schultern hochzieht, weiß momentan nicht weiter. Werden die Schultern nicht abwechselnd hochgezogen und fallen gelassen, sondern bleiben über einen längeren Zeitraum hochgezogen, fühlt sich die Person sehr unsicher und hat begonnen, sich einzuigeln.

Wird der Kopf schräg gehalten, traut man dem Gegenüber keine Bosheiten zu. Das Bloßlegen der Halsschlagader signalisiert Vertrauen und Zuneigung. Wenn der Kopf seitlich von Schulter zu Schulter geschwenkt wird, ist man sich noch nicht über Zustimmung oder Ablehnung sicher. Es wird noch abgewogen, wie man weiter vorgehen soll.

Ein Rückzug ohne die Bereitschaft, die eigene Position aufzugeben, deutet sich an, wenn der Kopf nach hinten eingerückt wird. Es ist dann deutlich ein Doppelkinn zu sehen, der Blick wirkt erstaunt oder skeptisch. Ihrem Gegenüber passt gerade etwas überhaupt nicht, er ist aber nicht bereit, klein beizugeben, und bleibt deswegen an seinem Platz stehen.

Die Blickrichtung zeigt an, wohin die Aufmerksamkeit gerichtet ist. Dreht man im Gespräch den Kopf von Ihnen weg, konzentriert sich Ihr Gegenüber gerade auf andere Dinge. Dies muss keine Abwendung von Ihnen oder dem Gespräch bedeuten. Vielleicht hängt Ihr Gegenüber gerade einem Gedanken nach, den er vor seinem inneren Auge passieren lässt, und versucht, sich ein eigenes Bild zu machen. Aber auch wenn er weiter zuhört, wird die Aufmerksamkeit für Ihre Wortäußerungen stark eingeschränkt sein.

Nickt Ihr Gegenüber im Gespräch mit dem Kopf, ist dies nicht zwangsläufig als zustimmendes Nicken zu deuten. Das Nicken im Gespräch ist eher eine Aufforderungsgeste, die den Gesprächspartner zum Weitermachen animieren soll. Es ist damit noch nicht gesagt, dass Ihre Äußerungen begeisterte Zustimmung finden. Man räumt Ihnen hauptsächlich Platz für die Darstellung Ihrer Meinung ein. Vielleicht möchte Ihr Gegenüber einfach höflich sein, hört in Wirklichkeit aber nur »mit einem Ohr« zu.

Das Kopfschütteln ist eindeutiger: Ihre Meinung trifft auf Widerstand. Seinen Ursprung hat das Kopfschütteln in der Warnung vor ungeeigneter Nahrung. Ein unangenehmer Geschmack veranlasst dazu, den Kopf hin und her zu schütteln, um anderen Anwesenden zu zeigen, dass die aufgenommene Essprobe ungenießbar ist. Auch Argumente, die man nicht schlucken mag, und Ansichten, die einen bitteren Nachgeschmack hinterlassen, rufen Kopfschütteln hervor. Man ist nicht bereit, »die bittere Pille zu schlucken«.

### Gehen

Wie jemand sich bewegt, lässt auch gewisse Rückschlüsse darauf zu, wie er an Aufgaben »herangeht« und wie groß seine Bereitschaft ist, auf andere »zuzugehen«. Möchte jemand mit Ihnen oder einer Situation lieber nicht konfrontiert werden, wird er versuchen, sich um sie »herumzudrücken«. Bereits bei der Begrüßung wird er nicht auf direktem Wege auf Sie zugehen, sondern Ausweichbewegungen machen und nur mit kleinen Schritten auf Sie zukommen.

Anders sieht es aus, wenn Ihnen jemand beschwingt und mit großen Schritten in einer aufrechten Körperhaltung entgegenkommt. Dies vermittelt Tatkraft und lässt darauf schließen, dass Probleme unumwunden angegangen werden sollen.

Geht jemand mit eingezogenem Brustkorb und nach vorn gezogenen Schultern, scheint er bedrückt zu sein. Schwierigkeiten lasten auf ihm. Der Druck seiner Umgebung macht es ihm schwer, richtig durchzuatmen. Ihm fehlt die Kraft, sich durchzusetzen.

## Distanzzonen

Menschen erwarten, dass bei einem persönlichen Kontakt gewisse Mindestabstände zu ihnen eingehalten werden. Dieser eingeforderte Mindestabstand ist abhängig davon, wie vertraut Menschen miteinander sind, aber auch, in welchem Kulturkreis sie aufgewachsen sind.

Nicht nur ein Mindestabstand, sondern auch eine Mindestnähe muss bei der zwischenmenschlichen Kommunikation beachtet werden. Aus zu großer Entfernung lässt sich kein persönlicher Kontakt aufbauen, denn bei einer zu großen Distanz können körpersprachliche Signale nur noch eingeschränkt wahrgenommen werden. Das feine Mienenspiel, geringfügige Veränderungen in der Haltung und grazile Gesten können dann nicht mehr analysiert werden. Die Absichten eines zu weit entfernten Menschen bleiben im Dunkeln. Normalerweise werden wir einer Kontaktaufnahme über größere Distanz reserviert gegenüberstehen. Nur wenn wir einen vertrauten Menschen in der Ferne erblicken, sind wir bereit, seinen ausladenden Gesten Aufmerksamkeit zu schenken und uns ihm zu nähern.

Versuchen wir einen Kontakt aus zu großer Entfernung aufzubauen, riskieren wir, dass uns der Angesprochene mit Absicht übersieht. Es besteht für ihn keine Notwendigkeit, auf uns einzugehen, da wir ihn nicht gezielt ansprechen können und nur allgemeine Aufmerksamkeitsgesten wie Winken verwenden können. Der von uns Angesprochene kann immer vorgeben, dass ihm nicht klar war, ob unsere Gestik ihm galt.

Um einen ersten Kontakt herstellen zu können, müssen Sie in die Wahrnehmungsdistanz Ihres Gegenübers gelangen. Das heißt, Sie müssen sich ihm auf weniger als ungefähr sechs Meter nähern. Die Wahrnehmungsdistanz erstreckt sich von etwa zwei bis sechs Meter um eine Person herum. In dieser Zone finden oberflächliche soziale Kontakte statt, für ernsthafte Gespräche ist diese Distanz zu groß. Typisch für Kontakte in der Wahrnehmungsdistanz sind ritualisierte Handlungen, beispielsweise das Zuwinken in der Kantine oder auf dem Parkplatz, kombiniert mit dem Austausch von Höflichkeitsfloskeln.

Ein intensiver Informationsaustausch gelingt nur dann, wenn Sie sich in der Kontaktzone befinden. Diese Kontaktzone beginnt bei circa zwei Metern Abstand zu einem Menschen und endet bei circa 80 Zentimetern. In dieser Zone werden üblicherweise Gespräche geführt. Körpersprachliche Signale sind hier unmittelbar wahrzunehmen. Beraten Sie einen Kunden, sprechen Sie mit einem Kollegen oder erklären Sie einem Mitarbeiter eine Aufgabe, geschieht dies immer innerhalb in der Kontaktzone.

In unserem Verhalten gibt es noch archaische Muster: Beispielsweise achten wir darauf, dass wir uns Fluchtmöglichkeiten offenhalten und nicht durch einen plötzlichen Angriff überrascht werden können. Daher versuchen wir stets, einen Mindestabstand zu unseren Gesprächspartnern zu wahren. Der Maßstab ist dabei, dass wir uns jemanden zur Not mit ausgestrecktem Arm »vom Leibe halten« können. Ein näheres Heranrücken als auf Armlänge wird schnell als Bedrohung, zumindest aber als unangenehm empfunden. Die Armlänge Abstand definiert die Intimsphäre. Ein Abstand von 60 bis 80 Zentimetern um eine Person herum ist ihre Schutzzone.

Ein Eindringen in diese Schutzzone wird nur Menschen gestattet, mit denen man vertraut ist. Gute Bekannte legen sich im Gespräch schon mal die Hand auf die Schulter oder berühren sich am Oberarm. In geschäftlichen Beziehungen sollten Sie mehr Zurückhaltung walten lassen. Rücken Sie nicht zu nah an Gesprächspartner heran, Sie gefährden sonst einen reibungslosen Ablauf des Gespräches. Kommunikationsprozesse werden empfindlich gestört, wenn Sie sich zu kumpelhaft verhalten.

In öffentlichen Situationen, in denen die Intimsphäre nicht gewahrt werden kann, findet eine Umdeutung der anderen Anwesenden von Individuen zu Unpersonen statt. Sie werden dann wie Luft behandelt. In überfüllten Bussen oder im Fahrstuhl registriert man zwar unangenehm die unmittelbare Nähe anderer Personen. Das Eindringen in die Intimsphäre wird hier aber nicht als Angriff gewertet, da man den anderen einen auf sich gerichteten Handlungsimpuls abspricht. In diesen Situationen wird ein Eindringen in die Intimsphäre nicht als Bedrohung verstanden. Allerdings gibt es auch hier Grenzen: Werden wir im Gedränge angerempelt oder womöglich betatscht, empfinden wir dies als Missachtung unserer persönlichen Integrität und werden mit deutlichem Unmut oder einem Gegenangriff reagieren.

Damit die Intimsphäre auch dann gewahrt bleiben kann, wenn sehr oft ein Kontakt zu Fremden aus nächster Nähe hergestellt werden muss, werden üblicherweise Sicherheitsstopps eingerichtet: Kartenverkäufer sitzen in einem Kartenhäuschen, Flugtickets bekommen Sie über einen Schalter gereicht und in Apotheken verkauft man Ihnen das gewünschte Medikament über den Tresen. So bleibt trotz nächster Nähe eine Schutz bietende Barriere zwischen den Geschäftspartnern bestehen.

Distanzlosigkeit ist in geschäftlichen Beziehungen ein stark belastender Faktor. Geschäftspartner reagieren sehr ungehalten, wenn man ihnen zu nah auf die Pelle rückt. Müssen Sie nahe an Ihr Gegenüber herantreten, um beispielsweise etwas zu überreichen oder ihn mit einem Handschlag zu begrüßen, sollten Sie danach wieder einen Schritt zurücktreten. Verharren Sie nicht in seiner Intimsphäre, räumen Sie sie wieder und nehmen Sie eine angemessene Distanz ein. Denken Sie immer an die Armlänge Abstand.

Es ist eine Kunst, sich im Gespräch so viel Vertrauen zu erarbeiten, dass vom Gesprächspartner Distanzverletzungen in einem gewissen Maße toleriert werden. Dies gelingt Ihnen jedoch nicht, wenn Sie mit unkontrollierten Körpersignalen die Beziehungsebene trüben und Abwehrgesten und Missfallenskundgebungen Ihres Gegenübers nicht als solche identifizieren können.

Um Positionen »anzunähern«, bietet es sich auch in Geschäftskontakten ab und zu an, den Abstand zum Gesprächspartner bewusst zu verringern. Achten Sie dabei aber stets auf die körpersprachlichen Signale, die Ihnen vermitteln, ob Ihre Nähe toleriert oder abgelehnt wird. Das Wechselspiel zwischen Nähe und Distanz kann für besonderes Interesse an Ihnen und Ihren Angeboten sorgen. Es bleibt aber immer eine Gratwanderung, die volle Konzentration auf die Reaktionen Ihres Gesprächspartners von Ihnen erfordert.

Auch zum Aspekt Distanzzonen möchten wir Ihnen eine Übung vorschlagen. Probieren Sie aus, wie sich Verletzungen der Schutzzone auf Menschen auswirken. Registrieren Sie dabei die Reaktionen der Menschen, deren Intimsphäre Sie hierbei antasten.

**Wenn Sie mehr lesen möchten:** Christian Püttjer & Uwe Schnierda, *Geheimnisse der Körpersprache. Mehr Erfolg im Beruf,* Frankfurt/New York 3. Auflage 2003.

## Roger Fisher & William L. Ury: Verhandeln

Erzielen Sie Win-Win-Situationen mit dem Harvard-Konzept

Mit Ihrem Chef diskutieren Sie über eine Gehaltserhöhung, mit Kollegen über die Aufgabenverteilung bei einem schwierigen Projekt, mit Kunden über das Honorar bei einem neuen Auftrag – ob Sie wollen oder nicht: im Berufsleben müssen Sie verhandeln. Jede Verhandlung ist anders als die anderen, aber die Grundelemente ändern sich nicht: Für Praktiker sämtlicher Berufsgruppen hat sich das sachbezogene Verhandeln als die wirksamste Methode bewährt, um Differenzen auszuräumen und zu einer gemeinsamen Lösung zu finden

## Nicht um Positionen feilschen

Egal, ob es bei Verhandlungen um Verträge, Familienstreitigkeiten oder um Friedensgespräche zwischen Nationen geht, routinemäßig verfallen die Menschen in ein Feilschen um Positionen. Jede Seite nimmt einen bestimmten Standpunkt ein, kämpft dafür und macht dann Zugeständnisse, damit ein Kompromiss zustande kommt. Klassisches Beispiel für ein solches Spiel ist das Feilschen zwischen einer Käuferin und dem Inhaber eines Trödelladens:

**Tabelle 4**

| Käufer | Verkäufer |
|---|---|
| Wie viel wollen Sie für diese Messing-schüssel haben? | |
| | Die ist schön antik, nicht wahr? Ich schätze, für 190 Euro könnte ich sie verkaufen. |
| Aber sehen Sie doch – die ist ja ganz verbeult. Ich gebe Ihnen 40 Euro. | |
| | Was?! Ich bin für ein seriöses Angebot gern zu haben. Das hier ist aber wohl nicht Ihr Ernst? |
| Gut, bis zu 50 Euro kann ich geben. Aber 190 Euro kommen nicht infrage. Machen Sie mir einen realistischen Preis. | |
| | Sie feilschen aber wirklich hart, junge Frau. 150 Euro in bar, einverstanden? |
| 65 Euro. | |
| | Die Schüssel kostet mich doch selbst viel mehr. Machen Sie mir doch ein seriöses Angebot. |
| 95 Euro. Das ist mein höchstes Angebot. | |
| | Haben Sie die Gravur auf der Schüssel gesehen? Nächstes Jahr sind solche Stücke das Doppelte von dem wert, was Sie heute bezahlen. |

Und so geht es immer weiter. Vielleicht werden sie sich einigen, vielleicht auch nicht.

Jede Verhandlungsweise sollte man am besten aufgrund von drei Kriterien bewerten: Sie sollte eine vernünftige Übereinkunft zustande bringen – sofern Übereinkunft möglich ist. Sie sollte effizient sein. Und sie sollte das Verhältnis zwischen den Parteien verbessern oder zumindest nicht zerstören. (Eine vernünftige Übereinkunft kann man folgendermaßen definieren: Die legitimen Interessen jeder Seite werden in höchstmöglichem Maße erfüllt; eine gerechte Lösung bei Interessenkonflikten; sie ist von Dauer und stellt Beteiligten auch die Interessen der Allgemeinheit in Rechnung.)

Die häufigste Verhandlungsform, wie das Beispiel von eben illustriert, besteht darin, dass in einer gewissen Abfolge Positionen eingenommen – und wieder aufgegeben – werden.

Die Einnahme von Positionen, die bei dem Käufer und dem Geschäftsinhaber, ist für manche Zwecke bei Verhandlungen durchaus nützlich. Sie zeigt der anderen Seite, was Sie wollen. Sie liefert einen Fixpunkt in einer ansonsten unsicheren und drängenden Situation; und sie kann eventuell Bedingungen für eine annehmbare Übereinkunft setzen. Aber das alles ist auch auf andere Weise erreichbar. Feilschen um Positionen verfehlt die Grundkriterien einer klugen, effizienten und gütlichen Einigung.

## Positionsgerangel provoziert unkluge Einigungen

Verhandelnde, die um Positionen feilschen, tendieren dazu, sich schließlich in dieser Position selbst zu fangen. Je deutlicher Sie Ihre Position machen und dann gegen Angriffe verteidigen, um so stärker sind Sie selbst daran gebunden. Je mehr Sie die Gegenseite davon überzeugen, dass Sie Ihre Ausgangsposition nicht ändern können, um so schwerer wird es dann, dies doch noch zu tun. Ihr Ego, Ihr Ich, identifiziert sich mit Ihrer Position. Und nun haben Sie ein Interesse daran, Ihr »Gesicht zu wahren« (indem Sie künftige Handlungen auf Ihre früheren Positionen abstimmen), und es wird immer unwahrscheinlicher, dass eine Übereinkunft dann noch die ursprünglichen Interessen der Parteien in vernünftigen Einklang bringen kann.

Wie das Gerangel um Positionen Verhandlungen behindern kann, zeigte sich deutlich beim Abbruch der Gespräche unter Präsident Kennedy über ein umfassendes Verbot von Atomversuchen. Es gab da eine kritische Frage: Wie viele Inspektionen auf dem jeweils gegnerischen

Territorium sollten der Sowjetunion und den Vereinigten Staaten gestattet sein, um Ermittlungen über verdächtige seismische Vorfälle anzustellen? Die Sowjetunion stimmte schließlich drei Inspektionen zu. Die Vereinigten Staaten beharrten auf mindestens zehn. Die Gespräche brachen ab, in der Auseinandersetzung um Positionen. Und das, obwohl noch keiner wusste, ob »Inspektion« bedeutete, dass eine Einzelperson sich einen Tag dort umsehen soll, oder ob hundert Leute einen ganzen Monat lang uneingeschränkt ihre Nase überall hineinstecken dürfen. Beide Parteien hatten kaum Versuche unternommen, einen Inspektionsablauf zu entwerfen, der das Interesse der Vereinigten Staaten, Nachprüfungen anzustellen, abstimmte mit dem Wunsch beider Länder, die Einmischung so gering wie möglich zu halten.

Je mehr Aufmerksamkeit man den Positionen widmet, um so weniger dringt man zu den dahinter liegenden Problemen der Parteien vor. Übereinkunft wird immer unwahrscheinlicher. Jede erreichte Vereinbarung spiegelt dann eher eine mechanische Aufteilung unterschiedlicher End-Positionen wider als eine sorgfältig ausgetüftelte Lösung unter Berücksichtigung legitimer Interessen der Parteien. Das Ergebnis ist häufig eine Übereinkunft, die für beide Seiten weniger befriedigend ist, als es tatsächlich möglich wäre.

### Feilschen um Positionen ist ineffizient

Mit der Standardmethode des Verhandelns mag man eine Übereinkunft erzielen (wie bei dem Preis für die Messingschüssel) oder einen Abbruch provozieren (wie bei der Zahl der gegenseitigen Inspektionen). In jedem Fall nimmt der Vorgang beträchtliche Zeit in Anspruch.

Das Feilschen um Positionen bringt Regungen hervor, die eine Klärung hinauszögern. Bei einem solchen Streit um Positionen trachten Sie danach, Chancen für Regelungen zu Ihren Gunsten dadurch zu verbessern, dass Sie mit einer extremen Position beginnen und eigensinnig daran festhalten, dass Sie die Gegenseite über Ihre wahre Position täuschen und kleine Zugeständnisse nur insoweit machen, als sie für den

Fortgang der Verhandlungen notwendig sind. Die Gegenseite verfährt ebenso. All das behindert eine baldige Einigung. Je extremer die anfänglichen Positionen und je kleiner die Zugeständnisse, um so mehr Zeit und Mühe wird es kosten herauszufinden, ob eine Einigung überhaupt möglich ist.

Dieses Standardbeispiel erfordert auch eine große Zahl individueller Entscheidungen, da jeder Verhandlungspartner immer wieder neu bestimmen muss, was er anbietet, was er zurückweist, wie viele Zugeständnisse er machen muss. Entscheidungen zu fällen ist schwierig und in jeder Hinsicht zeitraubend. Nun bedeutet jede Entscheidung nicht nur ein Zugeständnis der anderen Seite gegenüber, sondern bringt auch den Zwang zu künftigem Nachgeben mit sich; also hat der Verhandelnde wenig Anreiz zur Eile. Verschleppen, Drohen mit Abbruch, Mauern und andere derartige Taktiken werden daher ganz allgemein angewandt. Die Sache wird damit in die Länge gezogen; dabei aber wachsen die Kosten für eine Übereinkunft und das Risiko, dass man zu keiner Vereinbarung kommt.

## Positionsgerangel birgt Gefahren für künftige Beziehungen

Das Feilschen um Positionen wird zum Willenskampf. Jeder Verhandelnde versichert, was er will und was er nicht will. Die Aufgabe, gemeinsam eine annehmbare Lösung zu suchen, wird leicht zum Gefecht. Jede Seite versucht, durch bloße Willenskraft die andere zur Änderung ihrer Positon zu veranlassen. »Ich gebe nicht nach. Wenn du mit mir ins Kino gehen willst, dann in den ›Malteser Falken‹ – oder wir gehen gar nicht.« Ärger und Verstimmung kommen auf, weil sich die eine Seite ohne Berücksichtigung der eigenen legitimen Interessen dem unbeugsamen Willen der anderen unterworfen sieht. Das Feilschen um Positionen belastet so die Beziehung zwischen den Parteien und zerstört sie mitunter gar. Unternehmen, die jahrelang zusammengearbeitet haben, trennen sich, Nachbarn reden nicht mehr miteinander. Der bittere Nachgeschmack solcher Zusammenstöße kann ein Leben lang weiterwirken.

## Sind mehr als zwei Parteien an Verhandlungen beteiligt, ist Feilschen um Positionen noch schlechter

Man kann Verhandlungsstile so untersuchen, als wären stets nur zwei Partner daran beteiligt. Sie und die »Gegenseite«. Das ist bequem; nur sind in Wirklichkeit eben meist mehr als nur zwei Personen in die Verhandlungen verwickelt. Schon am Verhandlungstisch sind möglicherweise mehrere Parteien anwesend, außerdem kann jeder Partner auch Hintermänner, Vorgesetzte, Ausschüsse oder Komitees um sich haben, mit denen er auskommen muss. Je mehr Leute an einer Verhandlung beteiligt sind, um so mehr erschwert das Feilschen um Positionen eine Einigung.

Wenn, wie bei vielen Konferenzen der Vereinten Nationen, gar 150 und mehr Delegationen verhandeln, ist das Gerangel um Positionen nahezu unmöglich. Da können alle »Ja« sagen – nur einer sagt »Nein«, und das reicht. Gegenseitige Konzessionen sind schwierig: wem gegenüber macht man sie denn? Tausende von bilateralen Absprachen kommen bei einer multilateralen Übereinkunft zu kurz. In solchen Situationen treibt Positionsgerangel lediglich zur Bildung von Koalitionen zwischen Parteien mit partiell gemeinsamen Interessen, die aber wiederum oft eher symbolischer als substanzieller Art sind. In den Vereinten Nationen kommen dann Verhandlungen zwischen »dem« Norden und »dem« Süden oder »dem« Osten und »dem« Westen dabei heraus. Jede dieser Gruppen besteht aus vielen Mitgliedern, und da ist die Entwicklung einer gemeinsamen Position besonders schwer. Schlimmer noch: Wenn in schmerzlichen Prozessen endlich eine gemeinsame Politik erarbeitet und abgesegnet wurde, kommt man noch schwerer davon wieder herunter. Die Änderung einer einmal eingenommenen Position wird noch problematischer, wenn die im Hintergrund Beteiligten die eigentlich Entscheidenden sind, die trotz ihrer Abwesenheit vom Verhandlungsort ihre Zustimmung geben müssen.

### Nett sein ist auch keine Lösung

Vielen Menschen ist der hohe Preis bewusst, den hartes Streiten um Positionen erfordert. Die Konsequenzen, die es für die Parteien und ihre Beziehungen hat, hoffen sie durch einen freundlicheren Verhandlungsstil vermeiden zu können. Sie sehen in der Gegenseite nicht ihre Widersacher, sondern betrachten sie als Freunde. Statt Siegestore zu bejubeln, betonen sie die Notwendigkeit, Übereinkünfte zu erzielen. Solch weiche Verhandlungsart besteht darin, schrittweise Angebote und Zugeständnisse zu unterbreiten, der anderen Seite zu trauen, nett zu sein und Konfrontationen zu vermeiden.

Die folgende Übersicht illustriert zwei Stilarten im Feilschen um Positionen, die weiche und die harte. Die meisten Menschen meinen, dass sie in ihrer Verhandlungsstrategie nur zwischen diesen beiden Stilarten wählen können. Wenn Sie die Übersicht ansehen, können Sie bestimmen, ob Sie eher zur harten oder weichen Art neigen, oder ob Sie vielleicht irgendwo einen Mittelweg suchen.

### Welche Rolle würden Sie im Feilschen um Positionen übernehmen?

Tabelle 5

| Weich | Hart |
| --- | --- |
| Die Teilnehmer an der Verhandlung betrachten einander als Freunde | Die Teilnehmer sehen sich als Gegner |
| Ziel ist eine Übereinkunft mit der Gegenseite | Ziel ist der Sieg über die Gegenseite |
| Konzessionen werden zur Verbesserung der Beziehungen gemacht | Konzessionen werden zur Voraussetzung der Beziehung selbst |
| Gütliche Einstellung zu den Menschen und Problemen | Harte Einstellung zur den Menschen und Problemen |
| Vertrauen zu den anderen | Misstrauen gegenüber den anderen |
| Bereitwillige Änderung der Position | Beharren auf der eigenen Position |

| Angebote werden unterbreitet | Es erfolgen Drohungen |
|---|---|
| Die Verhandlungslinie wird offengelegt | Die Verhandlungslinie bleibt verdeckt |
| Einseitige Zugeständnisse werden um der Übereinstimmung willen in Kauf genommen | Einseitige Gewinne werden als Preis für die Übereinkunft gefordert |
| Suche nach der einzigen Antwort, welche die *anderen* akzeptieren | Suche nach der einzigen Antwort, die *ich* akzeptiere |
| Bestehen auf einer Übereinkunft | Bestehen auf der eigenen Position |
| Willenskämpfe werden zu vermeiden gesucht | Der Willenskampf muss gewonnen werden |
| Starkem Druck wird nachgegeben | Starker Druck wird ausgeübt |

Der weiche Verhandlungsstil betont die Wichtigkeit des Aufbaus und der Pflege von Beziehungen. Das geschieht vor allem bei Verhandlungen innerhalb von Familien und zwischen Freunden. Oft zeitigt das auch tatsächlich schnelle und wirkungsvolle Ergebnisse. Wenn jeder mit dem anderen freundlich und zuvorkommend umgeht, wird eine Übereinkunft wahrscheinlicher, jedoch muss dies nicht unbedingt auch eine vernünftige Übereinkunft sein. Allerdings muss es auch nicht immer so tragisch ausgehen wie in der folgenden Geschichte eines armen Ehepaares, in der die liebende Frau ihr Haar verkauft, um für ihren Mann eine schöne Uhrkette zu besorgen, während der uneingeweihte Mann seine Uhr verkauft, um einen wunderbaren Kamm für die Haare seiner Frau zu erstehen. Dennoch droht jede Verhandlung, bei der den gegenseitigen Beziehungen ein hoher Rang eingeräumt wird, eine recht verschwommene Übereinkunft hervorzubringen.

Ernster noch ist eine andere Gefahr: Durch weiches und freundliches Verhandeln werden Sie leichte Beute für jeden, der seinerseits hart um Positionen kämpft. Beim Streit um Positionen ist die harte Linie der weichen überlegen. Wenn der eine hart feilscht und auf Konzessionen besteht, gar zu Drohungen greift, und der weiche Verhandlungspartner Konfrontationen vermeiden will und auf Übereinkünfte hofft, entscheidet sich das Spiel zugunsten des harten Partners. Eine Übereinkunft wird dabei herauskommen, es wird jedoch keine vernünftige sein. Sie wird mit Sicherheit für den harten Positionskämpfer vorteilhafter sein als für den weichen. Wenn Sie anhaltendem Positionsfeilschen mit sanftem Verhalten antworten, werden Sie wahrscheinlich auch noch Ihr letztes Hemd verlieren.

## Es gibt eine Alternative

Wenn Ihnen die Wahl zwischen Hart und Weich beim Streit um Positionen nicht zusagt, können Sie den ganzen Vorgang verändern.

Verhandeln spielt sich auf zwei Ebenen ab. Einerseits bezieht es sich auf die Substanz, den Verhandlungsgegenstand. Auf der anderen Ebene rückt der Prozess des Umgehens mit dieser Substanz in den Brennpunkt des Verhandelns, die Verfahrensweise. Die erste Verhandlungsebene betrifft etwa Ihr Gehalt, Bedingungen eines Mietvertrags oder einen zu entrichtenden Preis. Die zweite Verhandlungsebene zielt auf die Art, wie Sie die Kernfrage behandeln wollen: weich oder hart um Positionen feilschen oder sonst auf irgendeine andere Weise. Diese zweite Verhandlungsebene ist gewissermaßen ein Spiel ums Spiel – ein »Meta-Spiel«. Jeder Zug innerhalb einer Verhandlung ist nicht nur ein Schritt, der die Miete, das Gehalt oder eine andere Kernfrage betrifft; er strukturiert auch gleichzeitig die Regeln Ihres Spiels mit. Man kann damit die Verhandlungen in der bisherigen Bahn halten; man kann aber damit auch einen Gegenzug auslösen, der das ganze Spiel ändert.

Diese zweite Verhandlungsebene entzieht sich weitgehend der Kenntnis, weil sie offenbar nicht im Bereich bewusster Entscheidungen liegt. Erst wenn man mit einem Ausländer verhandelt, der vielleicht noch dazu einen anderen kulturellen Hintergrund hat, steht man häufiger vor der Notwendigkeit, allgemein anerkannte Vorgehensweisen für die substanziellen Fragen zu erarbeiten. Bewusst oder nicht: Mit jedem Zug, den Sie tun, verhandeln Sie auch über die Regeln des Verhandlungsablaufs bzw. der Verfahrensweise, auch wenn sich ein solcher Zug ausschließlich auf die Sache selbst zu beziehen scheint.

Die Antwort auf die Frage, ob man lieber weich oder lieber hart um Positionen feilschen sollte, lautet: weder das eine noch das andere. Ändern Sie das Spiel. Im schon genannten Harvard Negotiation Project haben wir eine Alternative zum Feilschen um Positionen entwickelt, eine Verhandlungsmethode, die mit effizienten und gütlichen Verfahrensweisen ausdrücklich auf vernünftige Ergebnisse abzielt. Wir nennen dies *sachbezogenes Verhandeln* oder *Verhandeln nach Sachlage* (principled negotiation bzw. negotiation on the merits). Es beruht im Wesentlichen auf vier Grundaspekten.

Diese vier Punkte bestimmen eine, unter allen denkbaren Umständen anwendbare, offene und ehrliche Verhandlungsmethode. Jeder dieser vier Aspekte bezieht sich auf ein Grundelement des Verhandelns und zeigt deutlich, wie man damit umgehen soll.

**Die vier Grundaspekte des sachbezogenen Verhandelns**
- Menschen: Menschen und Probleme getrennt voneinander behandeln!
- Interessen: Nicht Positionen, sondern Interessen in den Mittelpunkt stellen!
- Möglichkeiten: Vor der Entscheidung verschiedene Wahlmöglichkeiten entwickeln!
- Kriterien: Das Ergebnis auf objektiven Entscheidungsprinzipien aufbauen!

Der erste Punkt bezieht sich darauf, dass menschliche Wesen keine Roboter sind. Wir haben starke Emotionen, aber häufig sehr unterschiedliche Vorstellungen und haben Schwierigkeiten, uns klar zu verständigen. Üblicherweise werden Emotionen mit der objektiven Sachlage des Problems versponnen. Wenn dann noch Positionen eingenommen werden, verschlimmert das die Sache weiter, denn das Ich der Menschen identifiziert sich mit ihren Positionen. Vor jeder Erörterung der Sachlage sollte daher das »menschliche Problem« abgelöst und getrennt davon behandelt werden. Bildlich gesprochen sollten sich die Partner Seite an Seite sehen, wie sie gemeinsam das Problem angehen – und nicht, wie sie aufeinander losgehen. Erste Voraussetzung also: *Menschen und Probleme getrennt behandeln.*

Der zweite Punkt soll die Beeinträchtigungen beseitigen, die durch Konzentration auf Positionen entstehen, damit bei der Verhandlung, die jeweils dahinterstehenden Interessen befriedigt werden können. Verhandlungspositionen verdecken oft das, was Sie wirklich wollen. Ein Kompromiss zwischen Positionen berücksichtigt höchstwahrscheinlich nicht die menschlichen Bedürfnisse, die zu eben diesen Positionen geführt haben. Der zweite Grundaspekt heißt also: *Konzentration auf Interessen, nicht auf Positionen.*

Der dritte Punkt bezieht sich auf Möglichkeiten, optimale Lösungen selbst unter Druck zu erzielen. Wenn Ihr Gegner bei Ihrer Entscheidung anwesend ist, so schmälert das Ihre eigenen Aussichten. Grenzlinien und die Suche nach der *einen* richtigen Lösung behindern jegliche Kreativität. Entgehen Sie diesen Zwängen. Ziehen Sie sich eine bestimmte vereinbarte Zeit zurück und denken Sie über die ganze Palette möglicher Lösungen nach, die alle gemeinsamen Interessen berücksichtigen und unterschiedliche Anliegen miteinander in Einklang bringen. Daher Punkt drei: Vor dem Versuch, ein Übereinkommen abzuschließen, *nach Möglichkeiten für gegenseitigen Nutzen suchen.*

Wo Interessen einander unmittelbar widersprechen, erreicht möglicherweise ein Verhandlungspartner ein für ihn günstiges Ergebnis einfach durch Sturheit. Unzugänglichkeit wird damit belohnt, und willkürliche Ergebnisse kommen dabei heraus. Einem solchen Verhandlungspartner treten Sie am besten mit der Erklärung entgegen, dass sein einseitiges Gerede hier nicht genüge, und dass eine Übereinstimmung fairen Maßstäben entsprechen müsse, die wiederum unabhängig vom bloßen Willen der einen oder anderen Seite sind. Das heißt nicht, dass die Bedingungen nur auf Prinzipien beruhen müssen, die Sie auswählen, sondern nur, dass die Lösung von fairen Maßstäben bestimmt wird, etwa durch den Marktwert oder eine Expertenmeinung, durch Sitten, Rechtsnormen etc. Diskutiert man diese Kriterien (anstatt der Wünsche der Parteien), so muss am Ende keine von ihnen »nachgeben«: Einer fairen Lösung können sich beide unterwerfen.

Vierter Punkt daher: *Auf der Anwendung neutraler Beurteilungskriterien bestehen.*

In der folgenden Tabelle ist das harte bzw. weiche Feilschen um Positionen der Methode des sachbezogenen Verhandelns gegenübergestellt. Darin sind die vier Punkte dieser Methode kursiv hervorgehoben.

Die vier Grundvoraussetzungen sachbezogenen Verhandelns sind relevant von dem Moment an, wo Sie über die Sache nachzudenken beginnen – bis hin zu dem Zeitpunkt, wo eine Übereinkunft erreicht ist oder Sie den Versuch aufgeben. Dieser gesamte Zeitraum teilt sich in drei Abschnitte ein: Analyse, Planung, Diskussion.

**Tabelle 6**

| Problem | | Lösung |
|---|---|---|
| *Welche Rolle würden Sie im Feilschen um Positionen übernehmen?* | | *Ändern Sie das Spiel – Verhandeln Sie sachbezogen* |
| **Weich** | **Hart** | **Sachbezogen** |
| Die Teilnehmer an der Verhandlung sind Freunde | Die Teilnehmer sind Gegner | Teilnehmer sind Problemlöser |
| Ziel: Übereinkunft mit der Gegenseite | Ziel: Sieg über die Gegenseite | Ziel: vernünftiges, effizient und gütlich erreichtes Ergebnis |
| Konzessionen werden zur Verbesserung der Beziehung gemacht | Konzessionen werden als Voraussetzung der Beziehungen gefordert | *Menschen und Probleme getrennt behandeln* |
| Weiche Einstellung zu Menschen und Problemen | Harte Einstellung zu Menschen und Problemen | Weich zu den Menschen, hart in der Sache |
| Vertrauen zu den anderen | Misstrauen gegenüber den anderen | Unabhängig von Vertrauen oder Misstrauen vorgehen |
| Bereitwillige Änderung der Position | Beharren auf der eigenen Position | *Konzentration auf Interessen, nicht auf Positionen* |

| Angebote werden unterbreitet | Drohungen erfolgen | Interessen erkunden |
|---|---|---|
| Die Verhandlungslinie wird offengelegt | Die Verhandlungslinie bleibt verdeckt | Verhandlungslinie vermeiden |
| Einseitige Zugeständnisse werden um der Übereinkunft willen in Kauf genommen | Einseitige Vorteile werden als Preis für die Übereinkunft gefordert | *Möglichkeiten für gegenseitigen Nutzen suchen* |
| Suche nach der einzigen Antwort, die die anderen akzeptieren | Suche nach der einzigen Antwort, die ich akzeptiere | Unterschiedliche Wahlmöglichkeiten suchen; erst danach entscheiden |
| Bestehen auf einer Übereinkunft | Bestehen auf der eigenen Position | *Bestehen auf objektiven Kriterien* |
| Willenskämpfe werden vermieden | Der Willenskampf muss gewonnen werden | Ein Ergebnis unabhängig vom jeweiligen Willen zu erreichen suchen |
| Starkem Druck wird nachgegeben | Starker Druck wird ausgeübt | Vernunft anwenden und der Vernunft gegenüber offen sein; nur sachlichen Argumenten und nicht irgendwelchem Druck nachgeben |

Während der *Analyse* versuchen Sie lediglich, die Situation zu erkennen. Sie holen Informationen ein, ordnen sie und denken darüber nach. Sie sollten die menschlichen Probleme betrachten, die den parteiischen Vorstellungen, abweisenden Gefühlen und manch unklarer Verständigung zugrunde liegen: Darüber hinaus sollten Sie auch Ihre eigenen Interessen ebenso wie die der Gegenseite bestimmen. Am besten notieren Sie sich schon mal Ihre Wünsche und Möglichkeiten und legen Kriterien fest, die sich als Basis für eine Übereinkunft eignen. Während der *Planungsperiode* haben Sie erneut mit denselben vier Elementen zu tun. Dabei sollten Sie nun Vorstellungen entwickeln und entscheiden, was zu tun ist. Auf welche Weise behandeln Sie die menschlichen Probleme am besten? Welche Ziele sind erreichbar? Am besten entwickeln sie zusätzliche Wahlmöglichkeiten und Kriterien, zwischen denen Sie entscheiden können.

Auch während der *Diskussion* – wenn die Parteien miteinander verhandeln und auf eine Lösung hinarbeiten – eignen sich dieselben vier Elemente am besten als Verhandlungsgrundlage. Unterschiedliche Vorstellungen sowie Frustrationsgefühle, Ärger, Kommunikationsschwierigkeiten, all das kann man erkennen und artikulieren. Jede Seite sollte die Interessen der anderen verstehen lernen. Gemeinsam kann man dann Wahlmöglichkeiten entwickeln, die für beide Parteien vorteilhaft sind und Übereinkünfte auf der Grundlage objektiver Prinzipien suchen, um die entgegengesetzten Interessen zu versöhnen.

Alles in allem: Anders als beim Feilschen um Positionen bringt die Methode des sachbezogenen Verhandelns durch die Einbeziehung grundlegender Interessen, durch gegenseitig befriedigende Zielvorstellungen und faire Entscheidungsmaßstäbe eine *vernünftige Übereinkunft* hervor. Man erreicht damit einen steigenden Konsens gemeinsamer Entscheidung und zwar auf *effiziente Art und Weise* – ohne all die hohen Unkosten, die dadurch entstehen, dass man sich zuerst in einer Position eingräbt, um sich hernach wieder auszubuddeln. Trennt man die Behandlung der Menschen von der Behandlung des Problems, so kann man den Partner unmittelbar und ausdrücklich als menschliches Wesen angehen. Dadurch wird dann auch eine *gütliche* Übereinkunft möglich.

## Drei Punkte zum Schluss

### 1. Sie wussten das doch schon immer

In dem Buch *Das Harvard-Konzept* steht nichts, was Sie nicht schon mehr oder weniger aus eigenem Erleben wussten. Wir wollten weitverbreitete Erfahrungen und das allgemeine Empfinden so organisieren, dass ein brauchbarer Handlungs- und Denkrahmen dabei herauskam. Je mehr sich diese Vorstellungen mit Ihren Kenntnissen und Ihrer Intuition decken, um so besser. Wir haben diese Methode gewieften Anwälten und erfahrenen Geschäftsleuten vermittelt, und diese haben uns gesagt: »Jetzt wird mir erst richtig klar, was ich immer getan habe, und warum das alles funktioniert hat«, und: »Ich weiß, dass das, was Sie sagen, richtig ist, weil es mir irgendwie schon bewusst war.«

## 2. Lernen durch Erfahrung

Ein Buch kann Sie stets nur in eine gewisse erfolgversprechende Richtung lenken. Indem es Ihnen Ihre eigenen Ideen und Ihr Tun bewusst macht, kann es Ihr Lernen unterstützen.

Aber niemand außer Ihnen selbst kann Sie zum Experten machen. Wenn Sie ein Buch über Aerobic oder Fitness-Training lesen, sind Sie noch lange nicht fit. Und wenn Sie etwas über Tennis, Schwimmen, Fahrrad fahren oder Reiten lesen, werden Sie noch lange kein Meister darin. Beim Verhandeln ist das nicht anders.

## 3. »Siegen«

1964 spielten ein amerikanischer Vater und sein zwölfjähriger Sohn im Londoner Hyde-Park Frisbee. In England war das damals noch ziemlich unbekannt, und eine Anzahl von Spaziergängern schauten der Sache zu. Dann trat ein Engländer mit einem klassischen Homburg auf dem Kopf an die beiden heran und fragte den Vater: »Tut mir leid, wenn ich störe. Ich habe Ihnen eine Viertelstunde zugesehen. Wer von Ihnen wird denn gewinnen?«

In den meisten Fällen ist es ziemlich unangebracht, Verhandlungspartner zu fragen »Wer gewinnt denn?« – so unangebracht, wie wenn man bei einer Heirat nach dem Sieger fragen würde. Sollten Sie sich das wirklich fragen, dann haben Sie, jedenfalls was Ihre Heirat angeht, die wichtigste Verhandlung tatsächlich verloren – die Verhandlung über die gültigen Spielregeln, über die Art, einander zu behandeln und über Ihre gemeinsamen und auch unterschiedlichen Interessen.

*Das Harvard-Konzept* handelt davon, wie man dieses wichtige Spiel »gewinnt« – wie man nämlich das Verfahren zur Überwindung von Differenzen zwischen den Menschen verbessert. Um besser zu sein, sollte das Verfahren natürlich auch gute und konkrete Resultate aufweisen. Das Gewinnen in Sachfragen ist dabei sicher nicht das einzige Ziel. Umgekehrt geht es aber auch nicht darum, zu verlieren. Theorie und Praxis belegen, dass die Methode des sachbezogenen Verhandelns auf lange Sicht ebenso gute oder gar bessere inhaltliche Resultate zeigt als jede andere Verhandlungsstrategie. Darüber hinaus aber wird sie effizienter sein und hinsichtlich der menschlichen Beziehungen weniger Nachteile verursachen. Wir selbst finden die Methode praktisch und hoffen, dass es Ihnen ebenso gehen wird.

Das soll nicht heißen, dass man seine Verhaltensweisen so leicht ändern kann, dass man ohne weiteres die Emotionen von den Sachbezügen trennen oder gar andere Menschen dazu veranlassen kann, gemeinsame Probleme in vernünftigen Lösungsschritten zu bearbeiten. Sie sollten sich von Zeit zu Zeit daran erinnern, dass der erste angepeilte Gewinn darin bestehen muss, eine bessere Verhandlungsmethode zu finden – einen Weg nämlich, der Sie nicht zur Wahl zwingt zwischen der Befriedigung, das Gewünschte zu bekommen, und dem Gefühl, ein netter Mensch zu sein. Sie können beides haben.

**W**enn Sie mehr lesen möchten: Roger Fisher & William L. Ury, *Das Harvard-Konzept. Der Klassiker der Verhandlungstechnik*, Frankfurt/New York 22. Auflage 2004.

## Jürgen Lürssen: Schriftlich kommunizieren, Telefonieren, mit Zahlen umgehen

### Setzen Sie die wichtigsten Tools effektiv ein

In diesem Kapitel geht es um die wichtigsten »Handwerkzeuge« für den beruflichen Alltag. Mit diesen müssen Sie souverän umgehen können, um einerseits Kompetenz auszustrahlen, andererseits möglichst effektiv (wirkungsvoll) und effizient (maximales Ergebnis in gegebener Zeit) zu arbeiten.

Beim Thema »schriftliche Kommunikation« im ersten Abschnitt geht es um alle drei Aspekte gleichermaßen. Wenn Sie die Regeln der schriftlichen Kommunikation beherrschen, dokumentieren Sie damit Kompetenz, und es erhöht Ihre Chancen, mit dem Schriftstück das zu erreichen, was Sie wollen.

Im zweiten Abschnitt wird der Umgang mit Zahlen behandelt. Sie sind zwar kein Managementwerkzeug im engeren Sinne, wie etwa das Telefon, wohl aber in einem weiteren Sinne. Denn Zahlen haben für die tägliche Arbeit eine überragende Bedeutung. Wer als kompetent gelten will, muss deshalb gut mit ihnen umgehen können.

Im dritten Abschnitt geht es dann um das technische Werkzeug Telefon. Das Ziel ist, Ihnen aufzuzeigen, wie Sie es möglichst effektiv und effizient in Ihrer Arbeit einsetzen ■

## Wirkungsvolle schriftliche Kommunikation

Die schriftliche Form war schon immer und bleibt auch in Zukunft (E-Mail!) im Geschäftsleben eine wichtige Art der Kommunikation. Man kann unterscheiden zwischen externem Schriftverkehr, wie Angeboten oder Geschäftsbriefen, und internen Schreiben, wie Memos, Hausmitteilungen oder Entscheidungsvorlagen. In allen Fällen sollten Sie sich gut schriftlich ausdrücken können, denn:

**Jedes Schreiben ist die Visitenkarte des Absenders.** Nutzen Sie die Chance, mit schriftlichen Äußerungen einen guten Eindruck zu machen. Dies gilt natürlich besonders, wenn Mitglieder des höheren Managements zu Ihren Adressaten gehören. Das, was Sie sagen und wie Sie es ausdrücken, sagt etwas über Ihre intellektuelle und sprachliche Kompetenz aus, aber auch über Ihre Arbeitseinstellung. Wenn Sie unstrukturiert schreiben und unverständlich formulieren, wird man Ihre Fähigkeit bezweifeln, klar und logisch zu denken. Wenn Sie schlampig schreiben und das Ergebnis von Rechtschreib- und Grammatikfehlern durchsetzt ist, wird man entweder annehmen, dass Sie sich keine Mühe gegeben haben oder – fast noch schlimmer – dass sie es nicht besser können.

Geben Sie sich auch Mühe beim Abfassen von E-Mails. Es wird zwar gelegentlich die Auffassung vertreten, bei E-Mails komme es nicht auf die Form an, zum Beispiel seien durchgehende Kleinschreibung und Rechtschreibfehler akzeptabel. Dem ist aber nicht so. Fehler fallen hier genauso unangenehm auf wie bei allen anderen Schreiben, zumal viele E-Mails zu Dokumentationszwecken ausgedruckt werden.

**Was Sie geschrieben haben, können Sie nur schwer wieder zurücknehmen.** Wenn Sie etwas Falsches oder Fehlerhaftes geschrieben oder sich im Ton vergriffen haben, dann steht es da schwarz auf weiß. Im mündlichen Gespräch ist es viel einfacher, sich zu korrigieren, etwas zurückzunehmen oder im Einzelfall sogar abzustreiten, es so gesagt zu haben. Dies ist ein weiterer Grund, sich bei schriftlichen Äußerungen Mühe zu geben. Und darum sollten Sie auch nie unter emotionaler Anspannung schreiben. Bei wichtigen Schreiben empfiehlt es sich, vor dem Abschicken eine Nacht darüber zu schlafen und sich den Inhalt am nächsten Morgen noch einmal kritisch durchzulesen. Es ist immer wieder erstaunlich, wie viele Verbesserungsmöglichkeiten man dann noch entdeckt.

## ■ Verteilerfragen

Jedes innerbetriebliche Schreiben hat einen Verteiler. Dieser setzt sich zusammen aus zwei Arten von Adressaten, dem (oder den) direkt Angeschriebenen und demjenigen (oder denjenigen), der das Schreiben nur in Kopie zur Kenntnis (»z. K.«, bzw. »Cc« oder »Bcc« bei E-Mail) erhält.

Der direkt Angeschriebene ist derjenige, den das Schreiben in erster Linie betrifft. In der Regel soll das Schreiben ihn dazu bewegen, irgendetwas zu tun, zum Beispiel eine bestimmte Entscheidung zu treffen, eine bestimmte Arbeit auszuführen oder einem Vorschlag zuzustimmen. Wenn Sie eine einzelne Person direkt anschreiben, dann ist klar, wer reagieren muss. Wenn Sie hingegen mehrere Personen anschreiben, muss aus Ihrem Schreiben hervorgehen, was genau Sie von jedem Einzelnen erwarten. Sonst kann leicht eine Situation entstehen, in der keiner reagiert, weil jeder Einzelne denkt, ein anderer werde es schon machen.

Diejenigen, die das Schreiben nur zur Kenntnis erhalten, brauchen dagegen nichts zu tun, außer eben den Inhalt zur Kenntnis zu nehmen. Ihre z.-K.-Liste sollte *immer* ihren direkten Vorgesetzten enthalten, darüber hinaus – je nach Umständen – höhere eigene Vorgesetzte und die Vorgesetzten des oder der Angeschriebenen.

Sie sollten Ihrem Chef von *jedem* Schriftstück beziehungsweise jeder E-Mail, das oder die Sie versenden, eine Kopie zukommen lassen, weil Sie ihn über alle Ihre Aktivitäten jederzeit auf dem Laufenden halten sollten. Dies hat für Sie nur Vorteile:

- Sie dokumentieren dadurch Ihren Fleiß und Ihre Anstrengungen. Wenn Sie einen Auftrag gerade übernommen haben, zeigen Sie Ihrem Chef, dass Sie die Aufgabe ohne Verzögerung in Angriff genommen haben.
- Andererseits ist es natürlich für Ihren Vorgesetzten (und damit auch für Sie) vorteilhaft, wenn er gut informiert ist. So kann er zum Beispiel plötzliche Anfragen seines Chefs prompt beantworten – etwas, was auch von ihm erwartet wird. Denn im anderen Fall müsste er

zunächst bei Ihnen Details nachfragen. Dies könnte bei seinem Vorgesetzten leicht den Eindruck erwecken, Ihr Chef wisse nicht genau, was in seiner Abteilung passiert, er habe also seine Abteilung »nicht im Griff«.

■ Sollten Sie mit Ihrem Schreiben einen Fauxpas oder gar einen gravierenden Fehler begangen haben, so wird dies auf Sie, aber auch auf Ihren Chef zurückfallen. Auch in einem solchen Fall ist es besser, wenn Ihr Chef schon vorab durch Kopie über das Schreiben informiert ist und nicht erst durch die Reaktion der Adressaten aus allen Wolken fällt.

■ Und schließlich: Wenn Sie Ihren Chef nicht permanent informieren, kann er leicht das Gefühl bekommen, Sie wollten ihn übergehen, selbst wenn Sie das überhaupt nicht beabsichtigt haben. Sie sollten Ihren Chef also wirklich über alles informieren, immer nach dem Motto »Lieber zu viel als zu wenig«. Wenn er dann bestimmte Informationen, wie etwa Routineberichte, nicht mehr erhalten möchte, wird er es Ihnen schon sagen.

Achten Sie darauf, dass Ihr z.-K.-Verteiler vollständig ist. Wenn Sie jemanden vergessen, verärgern Sie ihn, weil er nicht informiert wird. Ferner sollte Ihr Verteiler nach dem Rang in der Hierarchie sortiert sein, der Ranghöchste zuoberst. Innerhalb einer Rangstufe empfiehlt sich eine alphabetische Sortierung. Bei manchen E-Mail-Programmen müssen Sie darauf achten, die »Cc«-Liste von vornherein in der richtigen Reihenfolge einzugeben, da nachträgliche Änderungen mühselig sind.

### Regeln für gutes Schreiben

Wenn Sie im Geschäftsverkehr gut schreiben wollen, müssen Sie einige Regeln beachten. Diese ergeben sich aus den Anforderungen an geschäftliche Schreiben aller Art: Ihr Inhalt soll sachlich richtig, verständlich und möglichst knapp formuliert sein. Das bedeutet im Einzelnen:

**Richtigkeit und Präzision.** Ihre Aussagen sollten sachlich richtig und eindeutig formuliert sein. Achten Sie auch auf die Logik: Was Sie schreiben, muss folgerichtig und in sich widerspruchsfrei sein. Versuchen Sie, besonders bei längeren Schriftstücken, den Inhalt gedanklich klar und nachvollziehbar zu strukturieren.

Drücken Sie sich immer präzise aus, indem Sie eine konkrete Ausdrucksweise verwenden. Vermeiden Sie Klischees und Phrasen wie beispielsweise »nichts unversucht lassen«, »etwas auf den Markt werfen« oder »zum Kern der Sache kommen«. Eine solche Redeweise klingt blumig und unprofessionell – und damit inkompetent.

Äußern Sie auch nie Vermutungen, wenn Sie eigentlich die Fakten kennen müssten. Schreiben Sie nicht: »Ich glaube, der Wettbewerb hat noch kein Produkt, das mit unserem vergleichbar wäre«, sondern: »In den neuesten Katalogen der Wettbewerber X, Y und Z habe ich kein vergleichbares Produkt gefunden.« Und nennen Sie die Fakten immer so konkret wie möglich. Beispiel: »Der Umsatz stieg im vergangenen Geschäftsjahr gegenüber dem Vorjahr um 12,3 Prozent« und nicht »der Umsatz ist stark gestiegen«. Kurzum: Je präziser und konkreter Ihre Sprache ist, desto kompetenter wirken Sie auf andere. (Dies gilt übrigens nicht nur für schriftliche, sondern natürlich auch für mündliche Äußerungen.)

**Klarheit und Verständlichkeit.** Bemühen Sie sich um eine klare und verständliche Ausdrucksweise. Bilden Sie kurze Sätze und vermeiden Sie Schachtelsätze. Achten Sie auch auf eine möglichst einfache Satzstellung. Verwenden Sie so wenig Fremdwörter wie möglich. Setzen Sie nur solches Fachvokabular ein, von dem Sie annehmen können, dass alle Adressaten (also auch die aus anderen Abteilungen) es verstehen. Mit anderen Worten: Bemühen Sie sich um einen einfachen, leicht zu lesenden Schreibstil.

**Kürze.** Formulieren Sie alles so kurz und knapp wie möglich. Konzentrieren Sie sich auf das Wesentliche, das heißt, lassen Sie alles weg, was für die Zielsetzung, die Sie mit dem Schreiben verfolgen, unwichtig ist. Vermeiden Sie auch unnötige Wörter und rein dekorative Phrasen.

**Grafiken und Tabellen.** Wann immer möglich, verwenden Sie Grafiken zur Veranschaulichung Ihrer Aussagen. Häufig werden Sie Zahlen zur besseren Übersichtlichkeit in Tabellenform darstellen wollen. Achten Sie dabei darauf, dass Ihre Tabellen keine überflüssigen, sondern nur unbedingt notwendige, aussagekräftige Zahlen enthalten – je weniger, desto besser.

## Entscheidungsvorlagen

Unternehmen unterscheiden sich nach der Wichtigkeit, die sie der schriftlichen internen Kommunikation beimessen. Aber es trifft generell zu, dass eine Entscheidung umso eher auf der Grundlage einer schriftlich formulierten Empfehlung getroffen wird, je wichtiger sie für das Unternehmen ist. Investieren Sie deshalb in derartige Ausarbeitungen viel Mühe und Zeit. Lassen Sie sich gegebenenfalls von jemand anderem helfen. Bedenken Sie, dass in der Regel nicht nur Ihr Chef, sondern auch das höhere Management die Vorlage liest. Sie haben damit die Chance, in den oberen Etagen durch Fachkompetenz auf sich aufmerksam zu machen.

Entscheidungsvorlagen sollten folgenden Anforderungen genügen:

- Ihre Entscheidungsvorlage muss eine eindeutige Handlungsempfehlung enthalten.
- Ihre Vorgesetzten müssen Ihre Handlungsempfehlung verstehen.
- Sie müssen Ihre Begründung, das heißt Ihre Annahmen und Argumente, nachvollziehen können.
- Sie müssen das Gefühl haben, dass es keine andere, bessere Handlungsalternative gibt, also dass die vorgeschlagene Entscheidung unter den gegebenen Umständen die optimale ist.

Die typische Struktur einer Entscheidungsvorlage:

**1. »Executive Summary«.** Besonders bei längeren Ausarbeitungen empfiehlt es sich, Ihre Empfehlung zusammen mit einer kurzen (normalerweise ein bis zwei Seiten langen) Zusammenfassung Ihrer Hauptargumente an den Anfang zu stellen. Hiermit ersparen Sie dem Topmanagement, alle Details lesen zu müssen. Außerdem strukturiert eine solche Zusammenfassung die spätere Diskussion besser.

**2. Analyse der Lage und der Problem-Ursachen.** Am Anfang jeder Ausarbeitung müssen Sie die aktuelle Lage darstellen und erklären, wie sie entstanden ist. In aller Regel bedeutet die aktuelle Situation ein Problem (sonst gäbe es ja nichts zu entscheiden). Es gilt also zunächst, die Fakten zu benennen, das heißt die Symptome des Problems. Bevor Sie aber eine Lösung vorschlagen, müssen Sie die Ursachen für das Problem analysieren, also eine Diagnose erstellen. Des Weiteren müssen Sie eventuell noch zusätzliche Hintergrundinformationen geben, die für das Verständnis der Situation von Bedeutung sind.

Häufig bietet es sich an, die Lagebeschreibung durch eine Prognose darüber zu ergänzen, was passieren würde, wenn *nichts* getan wird. Hierfür müssen Sie gewisse Annahmen über die Zukunft treffen, zum Beispiel dass ein bestimmter Trend unverändert fortbestehen wird.

**3. Festlegung der Ziele.** Vor dem Hintergrund der beschriebenen Situation und ihrer Ursachen müssen nun die zu erreichenden Ziele benannt werden. Die Ziele müssen realistisch, konkret, messbar und mit einem Endtermin versehen sein.

**4. Empfehlung von Maßnahmen (einer Strategie).** Hierbei gibt es zwei verschiedene Vorgehensweisen. Im ersten Fall schlagen Sie nur eine Maßnahme beziehungsweise ein Maßnahmenpaket vor. Das ist dann Ihre Empfehlung. Sie sollten neben den Vorteilen Ihrer Empfehlung auch die möglichen Nachteile und Risiken sowie die voraussichtlichen Kosten aufzeigen. Dies demonstriert, dass Sie sich mit der Problematik gründlich auseinandergesetzt haben. Außerdem können Sie so mögliche Gegenargumente von vornherein entkräften oder zumindest herunterspielen.

Im anderen Fall schlagen Sie zwei oder mehr alternative Strategien vor, von denen Sie aber eine am Ende empfehlen müssen. Auch hier sollten Sie für jede Strategie die Vor- und Nachteile darstellen und abwägen, einschließlich der jeweiligen Kosten. Der Vorteil dieser Vorgehensweise liegt darin, dass Sie Ihren Vorgesetzten eher das Gefühl geben, dass es keine weitere Handlungsalternative gibt. Insofern kann es im Einzelfall sinnvoll sein, Alternativen, an die Sie gar nicht glauben, künstlich zu konstruieren, nur um sie dann in Ihrer Ausarbeitung zu verwerfen.

**5. Nächste Schritte.** Abschließend sollten Sie aufzeigen, welche Einzelschritte als Nächstes unternommen werden müssen, falls Ihr Vorschlag angenommen wird.

**Tipp: Erfolgreich schriftlich kommunizieren**
- Geben Sie sich viel Mühe bei der Abfassung von Schreiben aller Art, denn: Jedes Schreiben ist Ihre Visitenkarte. Geschriebenes lässt sich nur schwer wieder zurücknehmen.
- Beachten Sie die Regeln für den Verteiler.
- Schicken Sie Ihrem Chef eine Kopie von jedem Ihrer Schreiben.
- Beachten Sie die Regeln für gutes Schreiben und für die Erstellung von Entscheidungsvorlagen ■

## Wie Sie mit Zahlen richtig umgehen

Je weiter Sie in Ihrer beruflichen Laufbahn aufrücken, desto wichtiger werden Zahlen. Jeder betriebliche Vorgang lässt sich im Prinzip in Zahlen darstellen, und jede Unternehmensentscheidung basiert auf Annahmen, die in Zahlen ausgedrückt werden. In letzter Konsequenz geht es nämlich bei jeder Entscheidung im Management immer um die zwei gleichen Fragen: Erstens, was kostet es? Und zweitens, was bringt es? Und diese Fragen lassen sich nur durch Zahlen beantworten. Insofern ist ein sicherer Umgang mit Zahlen eine wesentliche Voraussetzung für fachliche Kompetenz.

Nachfolgend finden Sie einige Tipps für den Umgang mit Zahlen.

## Lernen Sie die wichtigsten Zahlen auswendig

Sie sollten die wichtigsten Zahlen für Ihren Bereich im Kopf parat haben, um sie bei Bedarf in ein Gespräch einfließen zu lassen. Üblicherweise handelt es sich um Umsatz-, Kosten- und Gewinngrößen, und zwar nicht nur für Ihre eigene Firma, sondern auch für die wichtigsten Wettbewerber beziehungsweise die ganze Branche. Wichtiger noch als Einzelwerte sind Zahlen, die das Verhältnis zweier anderer Zahlen ausdrücken, wie beispielsweise der Umsatz oder die Kosten pro Beschäftigtem. Mit ihnen lassen sich leichter Vergleiche zwischen ansonsten unterschiedlichen Bereichen ziehen, etwa zwischen den verschiedenen Abteilungen eines Unternehmens. Außerdem verändern sich die meisten Relationen im Zeitablauf nicht so stark wie die zugrunde liegenden Einzelwerte.

## Legen Sie ein »fact book« an

Da die meisten Menschen nicht alle wichtigen Zahlen und Fakten im Kopf behalten können, empfiehlt sich die Anlage eines »fact book«. Dabei handelt es sich um eine Unterlagensammlung, in der alle für Ihren Arbeitsbereich wesentlichen Statistiken, Budgets und Bilanzen (aber auch Verträge, Protokolle und sonstige wichtige Dokumente) in Kopie abgeheftet sind. Wenn Sie über einen Laptop verfügen, kann dies natürlich auch in elektronischer Form geschehen. Hiermit sind Sie in allen Besprechungen jederzeit in der Lage, wichtige Fakten zu nennen. Dies allein gibt Ihnen schon eine gewisse Kompetenz. Außerdem können Sie in Besprechungen auch die Aussagen anderer auf Richtigkeit überprüfen und gegebenenfalls korrigieren.

### Seien Sie kritisch gegenüber allen Zahlen

Legen Sie gegenüber Zahlen, die Sie in Memos oder Berichten lesen oder die in Meetings präsentiert werden, ein grundsätzliches Misstrauen an den Tag. An der Volksmund-Weisheit »Traue keiner Statistik, die du nicht selbst gefälscht hast« ist viel Wahres dran. Denn Zahlen und Statistiken stellen – wie erwähnt – die Grundlage jeder Entscheidung dar. Wer eine Entscheidung herbeiführen will, wird deshalb seine Zahlen immer so aufbereiten, dass sie seinen Vorschlag stützen. Zwischen einseitiger, aber im Kern immer noch wahrer Darstellung von Zahlen und ihrer schlichten Fälschung verläuft eine nicht immer klar erkennbare Trennlinie. Darüber hinaus gibt es in Statistiken oder Kalkulationen häufig auch Ungereimtheiten, die schlichtweg auf Schlamperei beruhen.

Prüfen Sie also zunächst immer, ob die Zahlen korrekt gerechnet und dargestellt sind. Prozentwerte müssen sich auf hundert addieren. Spalten- und Zeilensummen müssen stimmen. Selbst wenn Sie den genauen Wert einer Zahl nicht kennen: Prüfen Sie, ob die Größenordnung überhaupt stimmen kann. Wie schnell passiert es, dass eine Zahl eine Null zu viel oder zu wenig hat! Wenn Sie zum Beispiel in einer Besprechung derartige Rechenfehler in einer Präsentation entdecken und aufzeigen, zeigen Sie damit nicht nur Ihre eigene Kompetenz, sondern Sie stellen auch erfolgreich die Kompetenz des Vortragenden infrage. (Deshalb sollten Sie bei Besprechungen *immer* einen Taschenrechner dabei haben.) Denn wenn nur *eine einzige Zahl* nicht stimmt, bekommt jeder sofort Zweifel an der Qualität aller übrigen Zahlen. Wer garantiert einem denn, dass da nicht noch mehr Fehler verborgen sind?

Aber Achtung: Dieses Spiel funktioniert genauso andersherum! Seien Sie deshalb extrem genau, wenn Sie selbst Zahlen anderen präsentieren oder sonstwie kommunizieren. Rechnen Sie alles mehrfach nach. Wenn Sie Zahlen präsentieren wollen, die für Ihre Zuhörer sehr überraschend sein werden, dann sollten Sie auch Ihre Quellen auf Korrektheit überprüfen. Nichts ist peinlicher und schadet Ihrem fachlichen Ruf mehr, als wenn Ihnen vor versammelter Mannschaft die eigenen Zahlen »um die Ohren gehauen werden«.

## Prüfen Sie die Annahmen

Nach der rechnerischen Prüfung der Zahlen anderer sollten Sie immer auch die Annahmen kritisch analysieren, die diesen zugrunde liegen. Dies gilt vor allem für alle Schätzungen, also Zahlenwerte, die erst in der Zukunft eintreffen werden. Und alle betrieblichen Entscheidungen betreffen zwangsläufig die Zukunft. Hier gibt es keine objektiven Zahlen, sondern nur subjektive Einschätzungen, die auf mehr oder weniger wahrscheinlichen Annahmen beruhen. Prüfen Sie, wie plausibel die Annahmen erscheinen. Rechnen Sie selbst aus, wie sich die Ergebnisse verändern, wenn man die Annahmen verändert. Und wenn Sie mit genauso plausiblen Annahmen zu völlig anderen Ergebnissen kommen, wird man annehmen, dass Sie das Feld, um das es geht, ebenso beherrschen wie der andere – vielleicht sogar besser.

## Untermauern Sie Ihre Argumente mit Zahlen

Ein weiterer Aspekt zum Thema Zahlen ist ebenfalls wichtig: Jedes Argument, das Sie vorbringen – egal, auf welche Art und in welchem Zusammenhang –, wirkt fundierter und hat deshalb mehr Gewicht, wenn es durch Zahlen untermauert ist. Dies ist selbst dann der Fall, wenn Ihr Argument auch ohne Quantifizierung für jeden Betrachter unmittelbar nachvollziehbar und glaubhaft ist. Wenn Sie zum Beispiel Ihrem Chef einen Vorschlag machen, wie durch eine Neuorganisation der Arbeitsabläufe Kosten eingespart werden könnten, dann sollten Sie versuchen, diese Einsparung zu beziffern, auch wenn es ganz offensichtlich ist, dass Ihre Idee diesen Effekt haben wird.

## Die Illusion der Präzision

Beim Umgang mit Zahlen gibt es einen wichtigen psychologischen Effekt, dem sich kaum jemand entziehen kann. Je präziser, das heißt je krummer eine Zahl, desto mehr glauben wir ihr. Der Grund liegt darin, dass wir instinktiv wissen, dass glatte Zahlen in der Wirklichkeit nur selten vorkommen. Daraus ziehen wir unbewusst den unzutreffenden Schluss, das krumme Zahlen richtiger sind als glatte.

Das gilt gerade auch für Zahlen, die man so genau gar nicht wissen kann, weil sie entweder mit statistischen Fehlern behaftet sind oder weil sie als Schätzungen die Zukunft betreffen. So klingt »68,7 Prozent« bei einem Marktforschungsergebnis glaubhafter als »70 Prozent«. Und wenn Sie etwa behaupten: »Wir werden mit dem neuen Produkt im kommenden Jahr einen Umsatz von 97 600 Euro erzielen«, dann klingt das glaubhafter, als wenn Sie von »circa 100 000 Euro« sprechen. Im Falle von Schätzungen, wie im zweiten Beispiel, suggeriert die präzise Zahl außerdem, dass man sich sehr viel Mühe für eine ganz genaue Planung gemacht hat.

**Tipp: Mit Zahlen richtig umgehen**
- Erkennen Sie die große Bedeutung von Zahlen im Berufsalltag.
- Lernen Ihre wichtigsten Zahlen auswendig.
- Für alle anderen Zahlen legen Sie sich ein »fact book« an.
- Seien Sie sehr kritisch gegenüber allen Zahlen, die von anderen stammen.
- Überprüfen Sie alle Zahlen, die Sie kommunizieren wollen, vorher sehr genau.
- Beachten Sie die Illusion der Präzision

## So telefonieren Sie effizient

### Bereiten Sie sich vor

Bevor Sie ein Telefonat führen, sollten Sie sich über Ihre Zielsetzung im Klaren sein. Diese kann auch darin bestehen, nur ein wenig über

Innerbetriebliches oder Persönliches zu plaudern, um den Kontakt zu pflegen und inoffizielle Informationen zu erhalten. In der Regel ist die Zielsetzung aber mit Ihren konkreten Aufgaben verbunden. Was also wollen Sie mit dem Anruf erreichen: eine Information oder eine Meinungsäußerung oder eine Zustimmung zu etwas oder was sonst? Wenn Sie das Gespräch mit einer klaren Zielsetzung beginnen, werden Sie sich automatisch auf die Dinge konzentrieren, die dafür relevant sind.

Jedes Telefonat sollten Sie wie einen Gesprächstermin ansehen. Entsprechend müssen Sie es vorbereiten, indem Sie beispielsweise alle benötigten Unterlagen griffbereit vor sich liegen haben, bevor Sie anrufen. Auch sollten Sie sich vorher einige Stichworte notieren, damit Sie beim Telefonieren keinen Punkt vergessen.

### Wer anruft, kontrolliert das Gespräch

Wenn man jemanden anruft, ist es meistens üblich, mit ein wenig Small Talk zu beginnen und nicht gleich mit der Tür ins Haus zu fallen. Vielen fällt es aber schwer, diese Einstiegsphase kurz zu halten. Sie verschwenden zu viel Zeit, bevor sie auf den Grund ihres Anrufs eingehen. Ein ungeschriebenes Gesetz besagt, dass derjenige, der anruft, den Inhalt und Ablauf des Gesprächs zumindest am Anfang weitgehend bestimmen darf. Nutzen Sie dies aus und kommen Sie schnell zum Punkt, wenn Sie jemanden anrufen, indem Sie Ihre Gesprächsabsicht nennen. Anderenfalls verschwenden Sie Zeit – einmal Ihre eigene, zum anderen aber häufig auch die Ihres Gesprächspartners. Der Anrufer darf ebenfalls das Ende des Telefonats bestimmen. Auch hier können Sie Zeit sparen, wenn Sie der Anrufer sind. Wer anruft, hat also auch mehr Kontrolle über den Zeitverbrauch.

### Achten Sie auf den Tonfall Ihrer Stimme

Obwohl der andere Ihre Mimik und Körpersprache nicht sehen kann, so verrät doch Ihre Stimme sehr viel über Ihre augenblickliche Verfassung und Ihre Einstellung zum anderen. Ob Sie sich über das Telefonat freuen oder sich vom anderen gestört fühlen, ob Sie den anderen mögen oder ablehnen – all dies kann man in Ihrer Stimme hören, wenn Sie sich nicht absichtlich verstellen. Achten Sie also auf den Tonfall Ihrer Stimme, und setzen Sie Ihre Stimme bewusst ein, um bestimmte Dinge nonverbal zu kommunizieren. Man hört sogar ein Lächeln durch das Telefon!

Was man am anderen Ende der Leitung ebenfalls hört: Wenn Sie nebenbei etwas anderes tun, etwa Ihren Schreibtisch aufräumen oder etwas in den Computer eintippen. Durch so etwas fühlt sich der andere missachtet und in seiner Bedeutung herabgesetzt. Deshalb und weil Sie dem Gespräch besser folgen können, sollten Sie sich immer voll und ganz auf Ihren Gesprächspartner konzentrieren. Eine weitere Regel der Höflichkeit und des Anstands lautet: Wenn Sie einen Mithörlautsprecher einschalten wollen, bitten Sie den anderen vorher um Erlaubnis.

### Ungelegene Anrufe

Wenn Sie angerufen werden, nehmen Sie das Gespräch nur entgegen, wenn Sie allein am Schreibtisch sind. Befinden Sie sich gerade im Gespräch mit einem Besucher, rufen Sie lieber zurück. Es macht einen unhöflichen Eindruck, den anderen warten zu lassen, während Sie telefonieren. Wenn Sie aber trotzdem das Gespräch annehmen wollen, bitten Sie Ihren Besucher vorher um Entschuldigung für die Unterbrechung. Signalisieren Sie dann dem Anrufer, dass Sie gerade in einer Besprechung sind, und bitten Sie ihn, sich kurz zu fassen.

Auch wenn Ihnen der Anruf aus anderen Gründen sehr ungelegen kommt, lassen sie es lieber klingeln oder bitten Sie einen Kollegen, für Sie abzunehmen. Es ist besser, in guter Stimmung zurückzurufen, als völlig entnervt ein Gespräch anzunehmen.

### Bitten Sie nicht um Rückruf

Häufig werden Sie die Person nicht erreichen, die Sie anrufen wollen. Stattdessen geht jemand anderes an den Apparat, oder Sie landen bei ihrer Mailbox. Die meisten Menschen bitten in dieser Situation um einen Rückruf. Wenn Sie viel im Betrieb unterwegs sind, wird der andere häufig vergebens versuchen, Sie zurückzurufen. Dann sind Sie wieder an der Reihe zurückzurufen, und so weiter. Manchmal bedarf es mehrerer Versuche beider Seiten, bis man endlich zueinander findet.

Dieses zeitraubende Verfahren lässt sich abkürzen: Bitten Sie einfach nicht um einen Rückruf, sondern fragen Sie danach, wann Ihr Gesprächspartner erreicht werden kann, und lassen Sie ihm ausrichten, dass Sie ihn zu dieser bestimmten Zeit anrufen werden. Wenn dem anderen auch nur ein bisschen an dem Gespräch mit Ihnen liegt, wird er mit großer Wahrscheinlichkeit zu dem angekündigten Zeitpunkt erreichbar sein, da er Ihren Anruf erwartet. Er wird vielleicht sogar seine Termine um diesen Zeitpunkt herum legen. Da Sie freiwillig ein zweites Mal anrufen wollen, verpflichten Sie den anderen psychologisch in gewisser Weise, zum Zustandekommen des Gesprächs seinen Teil beizutragen.

Sie sollten immer versuchen, mehrere Telefonate in Zeitblöcken zusammenfassen. Dies gilt natürlich gleichermaßen für Rückrufe wie für Erstanrufe. Lassen Sie einen Block nicht zu lang werden, sonst besteht die Gefahr, dass Sie schlecht erreichbar sind (je nach Einstellung Ihrer Telefonanlage denken Ihre Anrufer: »dauernd besetzt« oder »geht keiner ran«). Zwei Blöcke à 30 bis 60 Minuten, einer am Vormittag, einer am Nachmittag, haben sich bewährt.

### Telefonnotizen

Während eines jeden Telefonats sollten Sie alle wichtigen Punkte mitschreiben. Nur so werden Sie sich später an alle Details erinnern. Ruft jemand Sie zum ersten Mal an, notieren Sie auch seinen Namen. Scheuen Sie sich nicht, noch einmal nach dem Namen zu fragen, wenn Sie ihn nicht richtig verstanden haben (was häufig der Fall ist), oder ihn buchstabieren zu lassen. Am Ende des Telefonats sollten Sie die getroffenen Absprachen noch einmal zusammenfassen und sich für das Gespräch bedanken. Wie bei einem persönlichen Gespräch sollten Sie anschließend dem anderen ein Kurzprotokoll über die Abmachungen schicken (»Wie heute mit Ihnen telefonisch vereinbart, ...«).

**Tipp: Professionell telefonieren**
- Überlegen Sie sich vor dem Anruf Ihre Zielsetzung.
- Wer anruft, hat mehr Kontrolle über Inhalt und Länge des Gesprächs.
- Achten Sie auf den Tonfall Ihrer Stimme.
- Bitten Sie nicht um Rückruf, sondern richten Sie dem anderen aus, wann Sie zurückrufen werden.
- Notieren Sie sich die wesentlichen Punkte; bestätigen Sie Abmachungen mit einem Kurzprotokoll ■

**W**enn Sie mehr lesen möchten: Jürgen Lürssen, *Knacken Sie die Karrierenuss! Alle Tools, die Sie brauchen*, Frankfurt/New York 2003.

# Martin Scott: Effektiv lesen

## Steigern Sie Ihre Leseleistung

**D**ie Masse des Lesestoffs, den Berufstätige erhalten, scheint von Jahr zu Jahr größer zu werden. Und Lesen taucht immer auf der Liste der Zeitfresser auf. In diesem Kapitel erfahren Sie, wie Sie Ihr Lesepensum gezielt auswählen, Ihre Lesefertigkeiten verbessern und Ihren Arbeitsalltag so effizienter gestalten können ■

## Wie wählen Sie Ihr Lesepensum aus?

Die meisten Berufstätigen lesen offenbar eine bis drei Stunden täglich. Einen großen Teil dieser Zeit lesen sie Schriftstücke, um festzustellen, ob sie diese lesen müssen, und wenn sie damit fertig sind, stellen sie oft fest: »Das hätte ich nicht lesen müssen.«

Denken Sie an folgendes Szenario. Sie waren zwei Wochen in Urlaub oder  auf Dienstreise und kommen an Ihren Schreibtisch zurück. Dort hat sich ein großer Haufen Papier angesammelt. Sie sortieren die Post in einen Stapel mit dringenden und interessanten Angelegenheiten und einen für den Rest. In den nächsten Tagen bearbeiten sie das Dringende und Interessante und neu auf sie zukommende Aufgaben, während der Stapel mit den langweiligen Dingen liegen bleibt und sie anstarrt. Manche nehmen ihn schuldbewusst abends mit nach Hause, doch gelesen wird er so oder so nicht. Nach einigen Wochen (bei manchen sind es Monate) wird Ihnen schließlich klar, dass Sie den ganzen Stapel nie lesen werden. Sie werfen ihn in den Papierkorb, und die Welt bleibt nicht stehen. Müssen Sie solche Dinge im übrigen Jahr also wirklich lesen? Sollten Sie sich nicht sofort eine clevere Lesestrategie aneignen?

Der gesunde Menschenverstand sagt uns, nie eine Arbeit auf sich zu nehmen oder ein Buch zu lesen, ohne sich vorher die Frage zu stellen: »Lohnt dies die Arbeitszeit, die ich dafür opfere?«

Ich vermute, Lesen ist eine der angenehmen Tätigkeiten, auf die wir verfallen, wenn wir die Arbeit gerade eher lustlos betreiben. Es wird zu einem Hobby, und wir hinterfragen nicht mehr, was es eigentlich bringt. Wie viel Zeit verwenden Sie an einem typischen Arbeitstag für berufsbezogene Lektüre? Selbst wenn es nur eine Stunde ist, ergibt dies multipliziert mit fünf Arbeitstagen die Woche und 47 Wochen im Jahr einen beträchtlichen Teil Ihres Lebens. Er könnte sich leicht auf zehn Prozent Ihrer Lebensarbeitszeit belaufen. Erhalten Sie vollen Gegenwert für die ins Lesen investierte Zeit? Lesen Sie planvoll und effektiv?

### Lesen lässt sich delegieren und aufteilen

In manchen Firmen lesen zahlreiche Mitarbeiter jeweils für sich die gleichen Fachzeitschriften und Branchenblätter. Warum wird dies nicht so aufgeteilt, dass ein Mitarbeiter jede Zeitschrift frühzeitig und gründlich für die ganze Abteilung liest? Dieser Mitarbeiter wäre dann dafür verantwortlich, wichtige Meldungen an alle anderen weiterzugeben. Regen Sie diese Verfahrensweise an!

Gibt es in Ihrem Büro die merkwürdige Praxis, dass eine Sekretärin bestimmte Dokumente mit einem sogenannten Umlaufzettel versieht? Das Dokument zirkuliert dann langsam durchs Haus, und wenn Ihr Name wie meiner weit hinten im Alphabet erscheint, ist alles, was Sie erhalten, einen Monat alt.

Dieses System ist antiquiert und unpraktisch. Wer sich keine gesonderte Kopie für jeden Adressaten leisten kann, sollte eine Regel einführen, wonach alle Dokumente mit mehreren Adressaten von jedem in maximal 24 Stunden zu lesen und weiterzugeben sind. Sind Sie zu beschäftigt, um das Dokument zu lesen, dann hängen Sie Ihren Namen unten an die Liste an und geben es ungelesen weiter. Sind Sie nicht im Büro, sollte das Ihre Sekretärin für Sie erledigen. So hat jeder die Chance, Dokumente wenige Tage nach ihrer Ausgabe zu lesen.

### Untersuchen Sie Ihren Lesestoff und werfen Sie so viel wie möglich weg

Es kann durchaus andere Lektüre geben, die für Sie nützlicher ist, zum Beispiel gute Managementbücher. Hören Sie auf jeden Fall damit auf, Dinge zu lesen, nur weil sie auf Ihrem Schreibtisch landen. Entscheiden Sie selbst, was Sie lesen werden.

## Wie »gut« lesen Sie?

Die meisten Berufstätigen, mit denen ich arbeite, sind keine sehr geübten Leser. Sie haben diese lebenswichtige Fertigkeit in der Schule gelernt, im Studium angewandt und sich seitdem nicht weiter darum gekümmert.

Lesen lässt sich aber wie jede andere Fähigkeit entwickeln. Durch Unterricht und Übung kann jeder seine Leseleistung verbessern. Es werden auch viele Kurse für effektiveres Lesen angeboten, doch unter einem Dutzend nutzt vielleicht einer dieses Angebot. Viele Teilnehmer berichten nach Ende eines solchen Kurses, dass er ihnen etwas gebracht oder sogar enorm geholfen habe.

Vor vielen Jahren habe ich ein Buch über effektives Lesen gekauft. Über rund zwei Monate hinweg beschäftigte ich mich zwei bis drei Abende in der Woche etwa eine halbe Stunde damit. Nach diesen beiden Monaten hatte ich meine Lesegeschwindigkeit verdoppelt und meine Leseeffektivität um mehr als 100 Prozent gesteigert.

Wie sieht es mit Ihren Lesefertigkeiten aus? Wissen Sie, wie gut Sie im Vergleich zu anderen sind? Möchten Sie es herausfinden?

Der folgende Test ist ein Fünf-Minuten-Test für schnelles Lesen. Er wurde von Hilda Yoder von der Yoder School in New York entwickelt und erschien ursprünglich auf Englisch in *Organising, Your Job in Management* von Carl Heyel. Der Text umfasst 500 Wörter und ist von durchschnittlicher Schwierigkeit, das heißt vergleichbar mit Texten, wie sie in Zeitungen oder Magazinen erscheinen. Stoppen Sie, wie lange Sie für Ihren Lesedurchgang brauchen, und ermitteln Sie dann Ihre Lesegeschwindigkeit aus dem darauf folgenden Graphen. Lesen Sie in Ihrem normalen Tempo für leichtere Texte wie Zeitungsartikel: Es handelt sich weder um eine technische Beschreibung noch um einen Vertrag.

Da es kein Problem ist, schnell zu lesen, wenn man sich nicht die Mühe macht, das Gelesene zu begreifen, gibt es hinterher einige Fragen zum Verständnis. Lassen Sie sich davon aber nicht aus dem Konzept bringen.

**Test: Wie schnell lesen Sie?**

LOS:

Es ist sehr wahrscheinlich, dass Sie mehr und mehr Schriftstücke in Ihren Aktenkoffer stecken, um sie daheim zu lesen. In fast allen mittleren und höheren Positionen wird der Umfang der »Pflichtlektüre« immer größer.

Trotzdem könnte eine größere Zahl von Führungskräften die Arbeit, die sie auf diese Weise mit nach Hause nehmen, stark begrenzen oder sogar auf null reduzieren. Das Geheimnis: die Entwicklung effektiverer Lesegewohnheiten.

Die Statistik zeigt, dass die Lesefertigkeiten der meisten Führungskräfte unter dem Hochschul-Niveau liegen: Sie erreichen maximal 300 Wörter in der Minute, erfassen einen viel zu geringen Teil des Gelesenen und könnten – in 90 Prozent der Fälle – die Lesegeschwindigkeit mindestens verdoppeln und das Textverständnis erheblich verbessern.

Langsame Leser meinen manchmal, es sei ein Ding der Unmöglichkeit, das Lesetempo zu erhöhen und die geistige Erfassung des Gelesenen zu verbessern. Unter Umständen betrachten sie die Fähigkeit des schnellen

Lesens sogar als ein Geschenk Gottes, das nur wenigen Auserwählten zuteil wird.

Schnelles Lesen hat jedoch nichts mit einer geheimnisvollen göttlichen Segnung zu tun. Die Leseweise eines Menschen ist nichts weiter als eine Gewohnheit. Wer langsam und schlecht liest, kann durch Lernen und Anwendung des Gelernten in der Regel zu einem guten Leser werden.

Eine Möglichkeit, die Lesegewohnheiten zu ändern, ist der Besuch eines guten Seminars oder eines speziellen Kurses. Dadurch können Sie Ihre Lesegeschwindigkeit häufig verdoppeln oder sogar verdreifachen. Zurückzuführen ist dies unter anderem auf die Entwicklung wissenschaftlicher Methoden für die Analyse von Lesefehlern. Im Folgenden soll nur ein Beispiel angeführt werden. Es ist möglich, die Augenbewegungen zu fotografieren. Dies liefert ein grafisches Bild von Faktoren wie der Zahl der Fixationen pro Zeile, der Zahl der Regressionen und der für das Lesen einer bestimmten Zahl von Wörtern benötigten Zeit.

Aber kann man seine Lesefertigkeiten auch allein verbessern, ohne professionelle Hilfe in Anspruch zu nehmen? Ja – wenn man bereit ist, zu lernen und zu üben. Das Lesen eines Buches über die Steigerung der Leseleistung verbessert Ihre Fertigkeiten so wenig, wie das Lesen eines Buches über gymnastische Übungen die Muskeln stärkt.

Folgende Prinzipien kommen bei der Verbesserung der Lesefertigkeiten zum Tragen. Autoritäten haben herausgefunden, dass die meisten Führungskräfte beim Lesen zum Perfektionismus tendieren. Sie lesen jedes einzelne Wort, weil sie Angst haben, etwas zu übersehen. Das Tempo und die Erfassung des Inhalts lassen sich aber durch das Lesen kompletter Gedanken und Ausdrücke verbessern.

Dies erreicht man am besten anhand von Texten durchschnittlicher Schwierigkeit, wie sie in Illustrierten oder leichteren Romanen zu finden sind. Ermitteln Sie, wie viel Sie zum Beispiel in zehn Minuten lesen. Am nächsten Tag versuchen Sie, in der gleichen Zeit mehr zu lesen.

Konzentrieren Sie sich darauf, voranzukommen. Blicken Sie nicht zurück, um etwas nachzulesen, was Sie nicht aufgenommen haben. Am Anfang werden Sie Schwierigkeiten haben, das Gelesene ganz zu verstehen, doch wichtiger ist, dass Sie sich aus alten Lesegewohnheiten herausreißen.

Das Textverständnis können Sie prüfen, indem Sie sich von jemandem über das Gelesene ausfragen lassen. Eine bessere Möglichkeit ist die Lektüre von Büchern, die speziell auf die Verbesserung der Lesefähigkeit ausgerichtet sind. Sie enthalten auch Verständnisfragen zu den Texten.

STOP

Berechnen Sie nun Ihre Lesegeschwindigkeit mithilfe des folgenden Diagramms.

**Abbildung 2: Berechnung der Lesegeschwindigkeit**

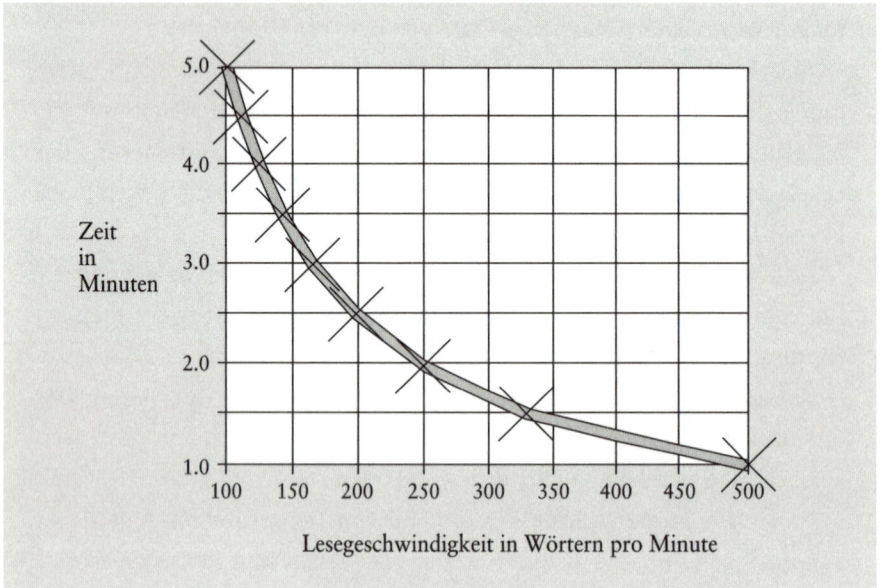

Einige, die diesen Test absolvieren, erreichen nur 180 Wörter in der Minute. Die meisten liegen zwischen 200 und 250 Wörtern, eine beträchtliche Zahl kommt auf 320, und wenige lesen sehr viel schneller. Die schnellsten schaffen meist um die 500 Wörter in der Minute.

Um das Verständnis des eben Gelesenen zu prüfen, kreuzen Sie an, ob die folgenden Aussagen richtig oder falsch sind.

### Test: Was haben Sie verstanden?

| | Richtig | Falsch | |
|---|---|---|---|
| 1. Zur Verringerung ihrer Hausaufgaben müssen Führungskräfte sich bessere Lesegewohnheiten aneignen. | | |  |
| 2. 99 Prozent der Führungskräfte können ihre Leseleistung verbessern. | | | |
| 3. Gut lesen ist eine Sache guter Gewohnheiten. | | | |
| 4. Lesegewohnheiten lassen sich analysieren. | | | |
| 5. Lesetechniken lassen sich einfach dadurch verbessern, dass man sich seiner Schwierigkeiten bewusst wird. | | | |
| 6. Perfektionisten, die jedes Detail erfassen müssen, sind häufig schlechte Leser. | | | |
| 7. Das Lesen lässt sich verbessern, indem man versucht, komplette Gedanken und Ausdrücke zu erfassen. | | | |
| 8. Die beste Möglichkeit, die Leseleistung zu verbessern, ist die tägliche Übung an einem schwierigen Buch. | | | |
| 9. Man muss stets zurückblicken, um übersprungene Gedanken nachzulesen. | | | |
| 10. Das Verständnis lässt sich verbessern, indem man eigens dafür geschriebene Bücher liest. | | | |

### Auswertung

| Richtige Antworten | Note |
|---|---|
| 6 oder weniger | Schlecht |
| 7 | Ausreichend |
| 8 | Gut |
| 9 | Sehr gut |
| 10 | Ausgezeichnet |

## Welche Methoden gibt es für planvolles Lesen?

Ich habe Planung schon mehrfach als einen Schlüssel zu effektiver Zeitnutzung erwähnt. Die Leseplanung ist dafür ein weiteres Beispiel. Ehe man irgendetwas liest, sollte man sich fragen:

■ Welches Ziel habe ich?
■ Was weiß ich bereits?
■ Was suche ich?

So können Sie leichter entscheiden, wie Sie an den Text herangehen und wie schnell Sie ihn lesen werden. Unterschiedliche Texte erfordern unterschiedliche Lesegeschwindigkeit. Studieren Sie eine technische Passage oder überprüfen Sie ein Dokument auf seine Einzelheiten, dann geht dies oft nicht schneller als mit etwa 150 Wörtern in der Minute, und kein Training für effektiveres Lesen kann viel daran ändern. Meinen Beobachtungen zufolge lesen aber viele Menschen, die häufig Texte gründlich und mit Blick auf Details durchgehen müssen, alle anderen Unterlagen im gleichen schleppenden Tempo. Manche Texte sollten aber viel schneller gelesen werden, und wer weiß, was er sucht, kann große Teile einfach überspringen.

Das Überfliegen von Texten ist ein nützlicher Kniff. Bei einem Lesetempo von 3 000 oder mehr Wörtern in der Minute bekommt man gerade so viel mit, dass man entscheiden kann, ob man sich eine Passage näher ansehen muss. Eignen Sie sich die folgenden Regeln an.

### Verschaffen Sie sich stets einen Überblick

Umfangreichere Texte sollten Sie immer erst als Ganzes prüfen, ehe Sie mit dem Lesen beginnen. Überfliegen Sie die Überschriften und Abbildungen, suchen Sie nach einer Zusammenfassung, verschaffen Sie sich einen Überblick über den gesamten Text.

Der Psychologe Tony Buzan, von dem der Bestseller *Use Your Head* stammt, rät dazu, Bücher wie Puzzles zu behandeln. Bei einem Puzzle fängt man nicht oben links an und geht dann in Zeilen vor, sondern man beginnt mit dem interessantesten Merkmal, sucht sich dann das nächstinteressante und so weiter. Monotone Flächen wie Meer und Himmel hebt man sich bis zum Schluss auf. Genauso kann man es bei vielen Sach- und Fachbüchern machen: erst das Interessanteste herauspicken, dann auffüllen, und wenn es langweilig wird, zuklappen und weglegen.

Lesen und Schreiben sind ineffiziente Kanäle der Informationsübertragung. Ein Beispiel: Ich als Autor möchte Ihnen, dem unbekannten Leser, einen als Einheit empfundenen Gedanken vermitteln. Dazu muss ich ihn in eine lineare Abfolge von Wörtern zerlegen, was manchmal sehr beschwerlich ist. Nach Monaten oder Jahren lesen Sie dann diese Wortfolge und konstruieren daraus eine gedankliche Einheit. Wenn wir uns nur schon telepathisch verständigen könnten!

## Schärfen Sie Ihre Konzentration

Viele befürchten, weniger zu verstehen, wenn sie schneller lesen. Untersuchungen haben gezeigt, dass das Gegenteil zutrifft: *Wer normalerweise schnell liest, versteht Texte im Durchschnitt besser als langsame Leser.*

Dies überrascht nicht, wenn wir daran denken, dass der Verstand erheblich schneller arbeitet, als wir das gedruckte Wort aufnehmen können. Lesen wir langsam, wird es dem Verstand langweilig, und er sucht sich eine andere Beschäftigung.

Früher versuchte ich, abends zu lesen. Mein Blick folgte den Zeilen, meine Hand blätterte um, und meine Gedanken waren woanders. Welch unsagbare Zeitverschwendung! Wenn man schon nichts tun will, dann richtig, und wenn man lesen will, dann ebenfalls richtig. Lesen verlangt die volle Konzentration.

### Schluss mit dem Zurückspringen!

Dies ist ein verbreitetes Problem bei langsamen Lesern, vor allem bei denen, die unter 200 Wörtern in der Minute bleiben. Man meint, etwas übersehen zu haben, und springt zurück, um es nachzulesen. Es gibt vor allem zwei Gründe für das Zurückspringen. Zum einen, weil die Konzentration nachgelassen hat. Zum anderen wird beim Lesen das von den Augen wahrgenommene Bild praktisch sofort ans Gehirn übertragen. Doch das Gehirn benötigt manchmal ein, zwei Augenblicke, um die eintreffenden Informationen zu verdauen, unter ähnlichen Informationen einzuordnen und Ihnen rückzumelden, dass es verstanden hat.

In diesem Sekundenbruchteil meint man, etwas ausgelassen zu haben, und blickt zurück. Lassen Sie das bleiben. Solange ihr Verstand bei der Sache ist, können Sie einfach weiterlesen, und Sie werden meistens feststellen, dass Sie alles verstanden haben.

### Bewegen Sie die Augen schneller und richtig

Das ist wieder einer dieser lächerlich einfachen Tipps: Wer schneller lesen will, sollte die Augen schneller bewegen. Es scheint nur äußerst schwierig zu sein, das Tempo allmählich zu erhöhen.

Bewegen Sie die Augen wirklich schneller, dann stellen Sie fest, dass Sie nicht mehr richtig lesen können. Keine Sorge – mit Übung erfassen Sie mehr und mehr der Wörter, und schließlich lernen Sie, auch mit höherer Geschwindigkeit präzise zu lesen. Der Mensch kann nicht sehen, solange sich die Augen bewegen; sie müssen dafür stillstehen. Man kann dies nachprüfen, indem man den Blick langsam quer durch den Raum wandern lässt. Man sieht eine Serie von Standbildern, die zwar sehr schnell aufeinander folgen, aber dennoch als Einzelbilder erkennbar sind. Beim Lesen eines Absatzes betrachten wir also das erste Wort, bewegen die Augen dann ruckartig zum nächsten und so weiter, in einer Folge schneller Fixationen. Schnelleres Lesen resultiert folglich daraus, dass man die für jede Fixation benötigte Zeit und teilweise auch die Zahl der Fixationen verringert.

*Ein guter Trick, die Augen auf Trab zu bringen, besteht darin, das erste oder letzte Wort einer Zeile nicht anzusehen.* Fixiert man ein Objekt, sieht man auch seine Umgebung. Versuchen Sie es. Fixieren Sie das mittlere Wort im folgenden Satz:

Lesen Sie schneller.

Sie sehen den ganzen Satz. Nutzen Sie dieses periphere Sehen, um die Zahl der Fixationen pro Zeile zu reduzieren. Fixieren Sie zu Beginn jeder Zeile das zweite Wort, Sie sehen dabei auch das erste und springen beim vorletzten Wort in die nächste Zeile. Sie werden auch das letzte Wort wahrnehmen.

Langsame Leser führen überdies viele unregelmäßige Augenbewegungen aus. Es ist faszinierend, dabei zuzusehen: Nehmen Sie eine Textseite, stanzen Sie in die Mitte ein Loch und bitten Sie jemanden, den Text zu lesen, während Sie durch das Loch den Augenbewegungen folgen.

Ich werde oft gefragt, ob schnelles Lesen einem nicht den Spaß an der Unterhaltungslektüre verderbe. Das klingt, als könnte man die Freude am Gehen verlieren, wenn man fahren lernt. Ich persönlich lese auch zum Vergnügen recht schnell, doch wenn mir etwas besonders gut gefällt, vor allem, wenn es in eleganter Prosa geschrieben ist, verlangsame ich das Tempo schon einmal auf etwa 240 Wörter in der Minute, um die Lektüre voll auszukosten. Nun ergänzen Sie – sofern Sie sich wiedererkannt haben – die folgenden Zeiträuber auf Ihrer Liste:

- Willkommene Unterbrechungen
- Unnötige Unterbrechungen zulassen
- Unwichtige Dinge lesen
- Mangelhafte Lesefertigkeiten
- Ungenügende Konzentration

**Tipp: Die Lesetechnik optimieren**

- Beurteilen Sie die Bedeutung ihrer gewohnten Lektüre und verzichten Sie auf einen Teil des weniger wichtigen Lesestoffs.
- Planen Sie Ihre Lektüre, und stecken Sie sich klare Ziele, ehe Sie sich hineinstürzen.
- Entfalten Sie Ihre Lesefertigkeiten, damit Sie manche Texte sehr viel schneller lesen können.
- Lernen Sie, unterschiedliche Texte mit unterschiedlichem Tempo zu lesen

**Wenn Sie mehr lesen möchten:** Martin Scott, *Zeitgewinn durch Selbstmanagement. So kriegen Sie Ihre neuen Aufgaben in den Griff,* Frankfurt/New York 2001.

# Lothar J. Seiwert: Ganzheitliches Zeit- und Lebensmanagement

## Bringen Sie Beruf und Privates in Balance

»Dafür habe ich im Moment leider keine Zeit!« – Wie oft haben wir diese Entschuldigung schon gehört oder aber selbst gebraucht? Bei vielen Menschen ist das Verhältnis zwischen Berufs- und Privatleben längst völlig außer Balance geraten. Das folgende Kapitel zeigt Ihnen, wie Sie Ihre Zeit besser nutzen und Ihr Leben in Balance halten ■

Ein guter Freund erzählte mir von einem Vorfall, der ihn nachdenklich gestimmt hatte:

»Vor kurzem rief mich ein alter Schulfreund an. Ich hatte schon lange nichts mehr von ihm gehört. Nun liegt er im Krankenhaus – Herzinfarkt mit 43. Seine Frau hätte sich fast von ihm getrennt. Nie hatte er Zeit für sie oder die Kinder, immer ging der Beruf vor. Jetzt endlich denkt er ernsthaft darüber nach, wie er in Zukunft sein Leben sinnvoller gestalten kann.«

Die einseitige chronische Überbetonung eines Lebensbereichs führt zwangsläufig zu Problemen in anderen, ebenso wichtigen Bereichen.

**Das sollten Sie sich merken:** Ganzheitliches Zeit- und Lebensmanagement verfolgt das Ziel, nicht nur Zeit für alle wichtigen Lebensbereiche – Beruf, Familie, Gesundheit und die Frage nach dem Sinn – zu gewinnen, sondern diese vier Bereiche auch in Balance zu bringen und zu halten – Work-Life-Balance ■

Wichtige Anregungen für diesen Ansatz gehen auf Nossrat Peseschkian (www.wiap.de) zurück, der in seinen transkulturellen Untersuchungen vier Einflussfaktoren auf die Balance zwischen Berufs- und Privatleben herausgearbeitet hat:

**Abbildung 3: Das Lebens-Balance-Modell (nach Peseschkian/Seiwert)**

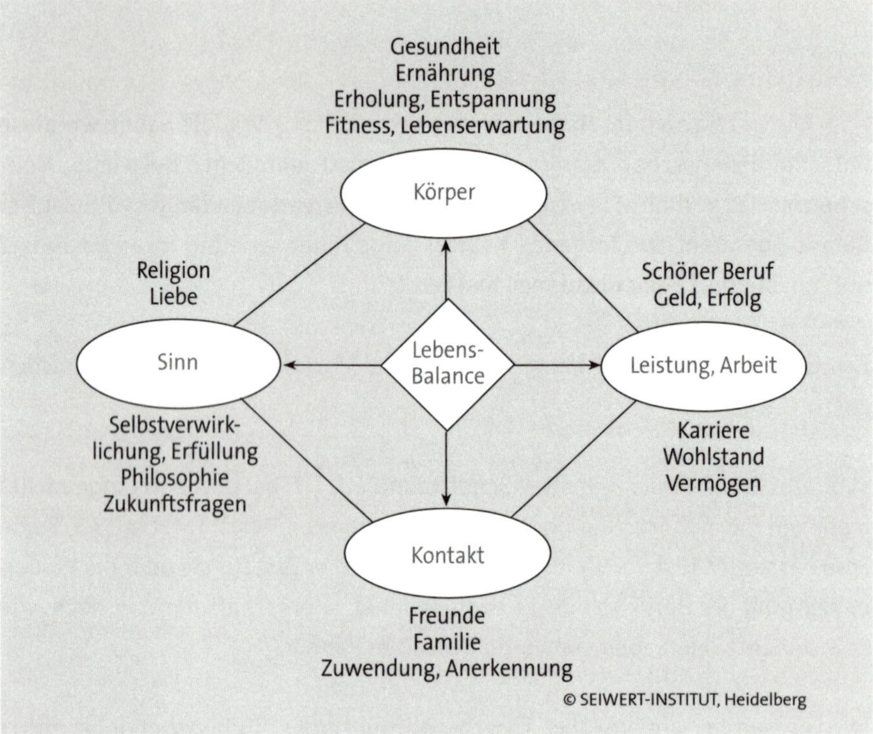

Gesundheit
Ernährung
Erholung, Entspannung
Fitness, Lebenserwartung

Körper

Religion
Liebe

Schöner Beruf
Geld, Erfolg

Sinn

Lebens-
Balance

Leistung, Arbeit

Selbstverwirk-
lichung, Erfüllung
Philosophie
Zukunftsfragen

Karriere
Wohlstand
Vermögen

Kontakt

Freunde
Familie
Zuwendung, Anerkennung

© SEIWERT-INSTITUT, Heidelberg

Die einzelnen Lebensbereiche sind voneinander abhängig. Eine zeitliche Überbetonung des Leistungsbereiches führt zwangsläufig zu einer Vernachlässigung der anderen Bereiche: Durch die einseitige Überbeanspruchung im beruflichen Bereich werden nicht nur private Kontakte vernachlässigt, sondern auch die eigene Gesundheit und die persönliche Sinn- und Wertorientierung. Leistungsfähigkeit und Motivation werden früher oder später rapide absinken. Letztlich wird aus »mehr« eher »weniger«.

## Übung: Betrachten Sie Ihre Lebenssituation

Nehmen wir einmal an, die Summe aller vier Lebensbereiche beträgt 100 Prozent. Blicken Sie jetzt auf Ihre derzeitige Lebenssituation. Betrachten Sie aber nicht Ihre Wunsch-, sondern die tatsächliche Ist-Situation:

Wie viel Prozent Ihrer aktiven Zeit, also Ihrer »Wachzeit« (etwa ein Drittel »Schlafzeit« bleibt unberücksichtigt), Ihrer Energie und Aufmerksamkeit widmen Sie dem Bereich Arbeit und Leistung?

Wie viel Prozent investieren Sie in Ihren Körper und Ihre Gesundheit?

Wie viel Prozent reservieren Sie für Kontakte und private Beziehungen?

Wie viel Prozent räumen Sie der Beschäftigung mit Sinn- und Zukunftsfragen ein?

Teilen Sie die 100 Prozent möglichst spontan und schnell auf die vier Lebensbereiche auf. Je länger Sie tüfteln und überlegen, desto unrealistischer ist das Ergebnis!

Wie steht es um Ihre Lebens-Balance? Im Bereich Leistung/Arbeit finden sich häufig Werte um die 50, 60 oder 70 Prozent, manchmal sogar noch mehr. Dahingegen werden unter der Rubrik Sinn meist nur 5, 10 oder 15 Prozent genannt – wenn überhaupt. Wir leben eben nicht in einer Sinn-, sondern in einer Leistungsgesellschaft.

Da die meisten von uns berufstätig sind, fallen die Werte im Leistungsbereich natürlich entsprechend hoch aus. Diese rein quantitative Ungleichheit ist auf den ersten Blick also ganz normal. Man kann das Balance-Problem nicht einfach rechnerisch lösen, etwa nach der Formel »100 geteilt durch die Anzahl der Lebensbereiche ergibt vier gleiche Teile zu genau 25 Prozent«.

Doch ist erst einmal ein starkes Ungleichgewicht in ein oder zwei Lebensbereichen eingetreten, so wirkt sich dies zwangsläufig auch auf die anderen Bereiche aus:

■ Ein Zuviel im Bereich Leistung/Arbeit kann zu psychosomatischen Störungen im gesundheitlichen Bereich, zu Konflikten im Familien- und Freundeskreis oder sogar zu Sinnkrisen führen.

**Abbildung 4: Persönliche Lebens-Balance**

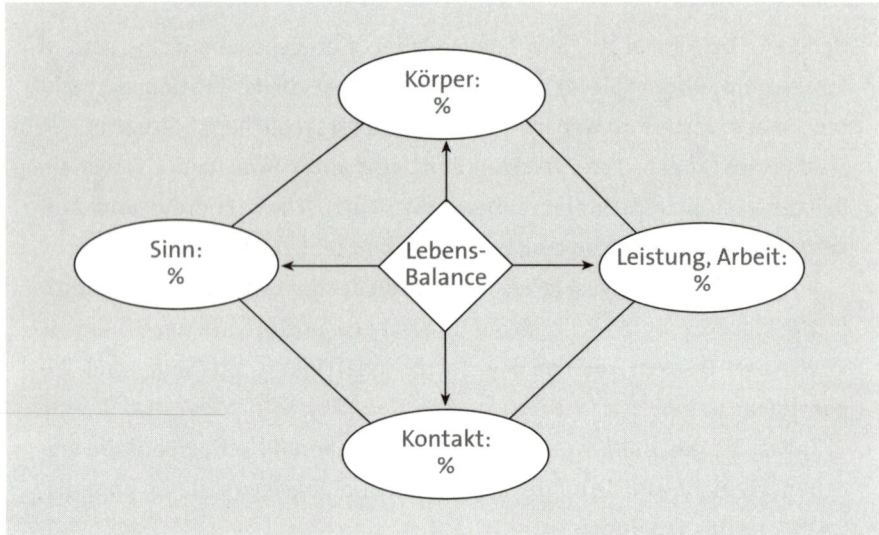

■ Die Folgen einer einseitigen Betonung von Leistung und Körper zeigen sich bei manchem Spitzensportler, der sich von einer Verletzung zur nächsten quält, sein Privatleben vernachlässigt und irgendwann keinen Sinn mehr in diesem eingleisigen, unfreien Tun sieht.

■ Ebenso endet jemand, der einzig und allein nach dem Sinn des Lebens sucht und sich permanent auf dem Bewusstseinserweiterungs-Trip befindet, höchstwahrscheinlich in einer dunklen Sackgasse oder bei einer dubiosen Sekte.

Die persönliche Wohlfühl-Balance im Hinblick auf die vier Lebensbereiche wird höchst unterschiedlich wahrgenommen, und zwar in subjektiver Zeitqualität. Eine Stunde abendlicher Konzertbesuch vergeht wie im Fluge und ist ein wahrer Hochgenuss, wohingegen das Ausfüllen der Unterlagen für die »heißgeliebte« Einkommensteuererklärung einfach kein Ende zu nehmen scheint.

**Das sollten Sie sich merken:** Der Schlüssel zum Erfolg liegt in der Balance zwischen allen vier Lebensbereichen, der Work-Life-Balance ■

In seinen Forschungen zur Psychosomatik, also zu den gesundheitlichen Wechselwirkungen von Psyche, Körper und sozialem Umfeld, betont Nossrat Peseschkian die Notwendigkeit, allen vier Bereichen genügend Zeit und Aufmerksamkeit zu widmen. Nur so kann man körperlichen und seelischen Erkrankungen frühzeitig vorbeugen. Für Peseschkian ergibt sich eine klare Rangordnung der vier Bereiche in den westlichen Industrienationen:

**Rang 1: Leistung.** Hohes Engagement am Arbeitsplatz, ausgeprägtes Verantwortungsgefühl für übernommene Aufgaben und der Wunsch, sich beruflich weiterzuentwickeln, erfordern eine intensive Betonung des Leistungsbereiches.

Keine oder unrealistische Planung, unklare Prioritäten, ineffektive Arbeitsmethodik, Termindruck und ein schlechtes Gewissen wegen liegen gebliebener Aufgaben führen dazu, dass man auch nach Dienstschluss nicht einfach abschalten kann.

Die Folge ist Zeitstress: Probleme und Unerledigtes werden mit nach Hause genommen und machen es nahezu unmöglich, die Freizeit zu genießen. Darunter leiden natürlich die drei übrigen Lebensbereiche.

**Rang 2: Gesundheit.** Gesundheit ist für viele Menschen kein Thema. Erst, wenn wir krank werden, merken wir, wie wichtig Gesundheit ist. Immer mehr Menschen widmen daher – meist gezwungenermaßen – einen erheblichen Teil ihrer Zeit der Erhaltung oder Wiederherstellung ihrer Gesundheit. Allerdings allzu oft unter der Prämisse, noch leistungsfähiger im Beruf zu werden.

**Rang 3: Kontakte.** In unserer Leistungsgesellschaft bleibt nur wenig Zeit für Familie und Partnerschaft oder die Pflege von Freundschaften. Berufliche Verpflichtungen auch nach Dienstschluss und der Zweitcomputer für zu Hause, all das nagt am Zeit-Kapital für unsere sozialen Kontakte.

Immer mehr Menschen sind sich jedoch der drohenden Gefahr von Entfremdung und Isolation bewusst und gehen gezielt dazu über, ihre sozialen Kontakte intensiv zu pflegen.

**Rang 4: Sinnfrage.** Viele Menschen glauben, dass wir der Frage nach den Werten, die unserem Leben Sinn geben, und den Zielen, die wir verfolgen, zu wenig Raum geben. Daher widmen viele der Beschäftigung mit Glaubensfragen und der Zukunft immer mehr Zeit.

In unserer Gesellschaft vollzieht sich ein Wertewandel: Ein sinnerfülltes Leben, Zeit für sich und die Familie werden immer wichtiger. Statt der Überbetonung eines Bereichs werden Balance und Harmonie zwischen allen vier Bereichen angestrebt.

Wir haben jeden Tag nur eine äußerst begrenzte Anzahl von Stunden zur Verfügung. Um in Balance zu bleiben, erfordert jede Ausweitung eines Bereichs die Beschränkung eines anderen, mindestens aber eine bessere Nutzung unseres kostbaren Kapitals Zeit.

**Das sollten Sie sich merken:** Ganzheitliches Zeitmanagement hilft Ihnen, Ihre Zeit besser zu nutzen und Ihr Leben in Balance zu halten

## Prioritäten wöchentlich effektiv planen

Es ist ein Trugschluss zu glauben, wir könnten unsere Zeit managen. Der Begriff »Zeitmanagement« wird im täglichen Sprachgebrauch zwar häufig verwendet, trifft aber vom Wortsinn her überhaupt nicht zu. Zeit verrinnt im Sekunden-, Minuten- oder Stundentakt, ob wir nun wollen oder nicht.

Allerdings haben wir Einfluss auf unsere innere Einstellung zur Zeit. Und: Es liegt hauptsächlich an uns selbst, ob wir gestresst oder gelassen, spontan oder geplant, chaotisch oder diszipliniert mit unserer Zeit umgehen.

Jeder von uns hat sicherlich Probleme damit, seine Zeit auch wirklich zu beherrschen und sinnvoll zu nutzen. Allzu oft werden wir zu Sklaven der Uhr. Doch eigentlich ist es gar nicht so schwer, Herr seiner Zeit zu werden: Der Schlüssel zu einem erfolgreichen Zeitmanagement liegt in der Konzentration auf die wirklich wichtigen Dinge – nur, wer Prioritäten setzt, kann selbstbestimmt mit seiner Zeit umgehen.

**Das sollten Sie sich merken:** Im Grunde genommen haben wir keine Zeitprobleme, sondern Probleme, uns auf die wirklich wichtigen Dinge zu konzentrieren: Erfolgreiches Zeitmanagement ist konsequentes Prioritäten-Management ■

Wer es versteht, Prioritäten zu setzen, hat seine Zeit einfach besser im Griff. Das Grundproblem in Sachen Zeit- und Lebensmanagement liegt darin, dass sich viele Benutzer von Zeitplanbüchern und Anwender von Erfolgsmethoden von den kurzfristigen, unmittelbaren Ereignissen ihres Arbeitsalltages überrollen lassen, anstatt sich auf das Wesentliche zu konzentrieren.

### Wichtig oder dringlich?

Viele Menschen haben den festen Willen, ihre wichtigen langfristigen Ziele, Wünsche und Visionen auch Wirklichkeit werden zu lassen. Doch irgendwie bleiben die großen persönlichen »Leuchttürme« und Leitbilder früher oder später dann doch auf der Strecke und rücken in weite Ferne: Das Tagesgeschehen wird mehr und mehr von dringlichen, aber relativ unwichtigen Dingen beherrscht.

Wer kennt das nicht? Von morgens früh bis abends spät ist man ganz und gar in einen stressigen Arbeitsalltag eingebunden, am Ende des Tages ist man dann fix und fertig und fragt sich: »Habe ich heute etwas wirklich Wichtiges geschafft oder bewegt? Bin ich meinen Zielen ein Stückchen näher gekommen? Was habe ich heute ganz konkret für die Erfüllung meiner Lebensvision getan?« Und von dem langen, anstrengenden Tag bleiben höchstens einige kleine Lichtblicke.

Gelegentlich, meist um den Jahreswechsel, stolpert man dann über seine Lebenspläne und Visionen und seufzt: »Das mache ich ganz bestimmt im neuen Jahr.« Doch auch in den nächsten zwölf Monaten passiert gar nichts, wieder verstreicht ein Lebensjahr und reiht sich brav an das nächste: Am Ende blickt man auf ein ge-fülltes, aber nicht er-fülltes Arbeitsleben, und was bleibt, ist die Frage: »Soll das etwa alles gewesen sein?«

> **Das sollten Sie sich merken:** Die Hauptursache für mangelnde Effektivität im persönlichen Zeit- und Lebensmanagement liegt im täglichen Diktat des Dringlichen. Darunter leidet die konsequente Konzentration auf die wirklich wichtigen Dinge, auf die eigenen Ziele

Das Diktat des Dringlichen – hier stoßen klassische Zeitplanmethoden und Arbeitstechniken geradezu unweigerlich an ihre Grenzen. Sie laborieren nur an den Symptomen, bekämpfen jedoch nicht die wahren Ursachen des Dringlichkeitswahns.

Doch wie kann man herausfinden, welche Dinge und Aufgaben wirklich wichtig sind? Was muss sofort erledigt werden, was kann man auf später verschieben oder aber anderen übertragen? Um den Überblick zu behalten, ist es hilfreich, zwischen »dringlichen« und »wichtigen« Aktivitäten zu unterscheiden. Diese Unterscheidung, die dem amerikanischen General Dwight D. Eisenhower zugeschrieben wird, hat sich als praktische Entscheidungshilfe für eine schnelle Prioritätensetzung bestens bewährt:

- Wichtig sind Zukunft, Werte, Menschen, Ziele, Ergebnisse und Erfolg.
- Dringlich steht für Zeit, Termindruck, Stress, Soforterledigung, Unterbrechungen, Krisen und Probleme.

Folgt man dem Eisenhower-Prinzip, ergeben sich vier Hauptkategorien für ein effektives Prioritätenmanagement.

**Abbildung 5: Prioritäten-Matrix**

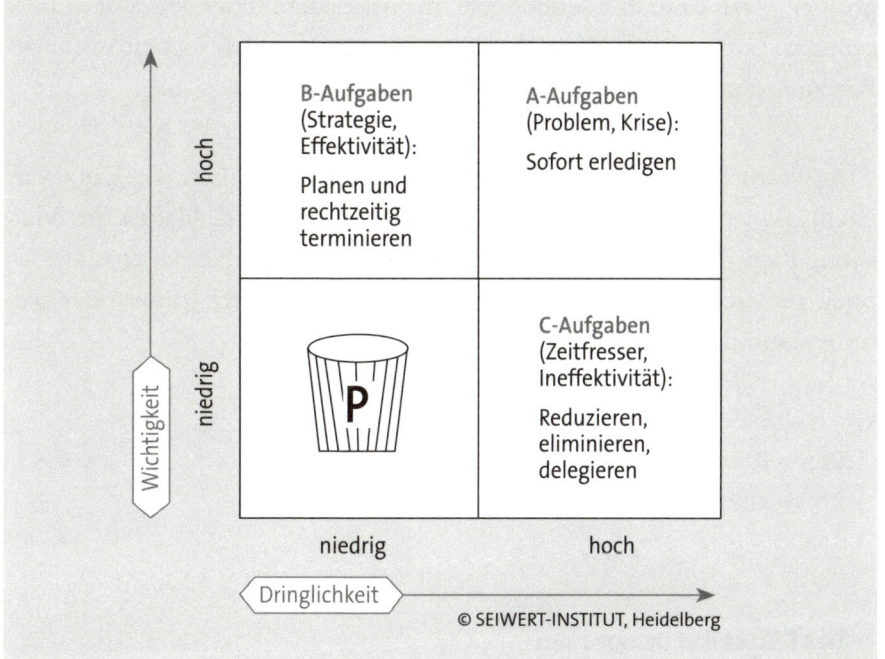

Jeder der Quadranten steht für bestimmte Schlussfolgerungen:

**Quadrant A.** Wichtige und dringliche Aktivitäten, die mit einem festen Termin gekoppelt sind. Diese Dinge müssen sofort und von einem selbst in Angriff genommen werden. Meist handelt es sich um kritische Situationen, Probleme oder gar Krisen, denn eigentlich sollten wir dafür sorgen, dass Wichtiges nicht dringlich wird und dann unter hohem Zeitdruck erledigt werden muss.

**Quadrant B.** Aktivitäten, die wichtig sind, jedoch keinen festen Termin haben. Auch diese Dinge müssen in der Regel von einem selbst erledigt werden. Leider schieben wir diese Aktivitäten oftmals auf die lange Bank, bis sie dann nicht nur wichtig, sondern auch noch dringlich sind und »Hau-ruck«-Aktionen auf den letzten Drücker erfordern. Achten Sie also darauf, diese Aktivitäten besser zu planen und rechtzeitig zu terminieren.

**Quadrant C.** Dringliche, aber unwichtige Aktivitäten nehmen den größten Teil unseres Zeitbudgets in Anspruch. Hier stecken unsere größten Zeitreserven. Versuchen Sie, diese Aktivitäten so weit wie möglich zu reduzieren, zu delegieren oder zu eliminieren.

**Quadrant P.** Alles, was weder wichtig noch dringlich ist, kann vernachlässigt oder in den Papierkorb befördert werden. Haben Sie Mut, Ihren Papierkorb zu benutzen! Stellt sich im Nachhinein etwas doch noch als wichtig oder dringlich heraus, wird Sie sicher früher oder später jemand daran erinnern.

**Das sollten Sie sich merken:** Das Wichtige ist selten dringlich, und das Dringliche ist selten wichtig! ■

### Das Diktat des Dringlichen

Wir alle werden vom Diktat des Dringlichen beherrscht: Dringliche Aktivitäten sind in der Regel mit den Prioritäten und Terminen anderer verbunden, die uns dazu drängen, diese Dinge möglichst schnell zu erledigen. Hinter dringlichen Dingen steckt also immer ein gewisser Druck von außen.

Dieser Druck hat zur Folge, dass wir unsere Prioritäten dem Diktat des Dringlichen unterwerfen: Wir stürzen uns geradezu auf die dringlichen Aufgaben – und für die strategisch wichtigen, aber nicht dringlichen B-Aufgaben bleibt uns häufig einfach keine Zeit. Jeder will alles sofort, am liebsten schon vorgestern!

Natürlich verhalten wir uns meist auch selbst so. Wer wartet schon gerne lange? Wenn wir etwas wollen, dann sofort! Besonders stark sind wir dem Diktat des Dringlichen in unserem Arbeitsalltag unterworfen. Niemand kann es sich leisten, seinen Vorgesetzten oder seine Kunden lange auf etwas warten zu lassen:

- Wenn jemand einen Termin mit Ihnen vereinbaren will, möchte er Sie am liebsten sofort treffen.
- Wenn ein Kunde eine Anfrage stellt, möchte er sie sofort beantwortet haben.
- Wenn Ihnen Ihr Chef eine Aufgabe überträgt, dann will er, dass Sie diese sofort erledigen.
- Wenn Sie wiederum etwas von anderen wollen, dann wollen Sie dies auch sofort.

Wir können uns nicht immer dem Diktat des Dringlichen entziehen. Aber wir können versuchen, uns Freiräume zu schaffen. Setzen Sie den externen Terminen anderer Ihre ganz persönlichen internen Termine entgegen.

> **Tipp: Zeitfenster reservieren**
> Reservieren Sie regelmäßig Zeitfenster oder Termine für sich selbst, und nutzen Sie diese, um sich Ihren Prioritäten und Ihren Zielen zu widmen ■

Wir können unsere Zeit nun einmal nicht vermehren. Doch wir können unsere Prioritäten so setzen, dass wir möglichst viel Zeit für uns und die Dinge, die uns wirklich wichtig sind, gewinnen.

Den größten Teil unserer Zeit widmen wir den unwichtigen, aber eiligen Dingen aus Quadrant C. Wir glauben, dass wir diese Dinge nicht nur selbst, sondern auch noch möglichst schnell erledigen müssen. Nur, wenn Sie hier radikal reduzieren, loslassen, delegieren oder lernen, Nein zu sagen, haben Sie eine Chance, sich auf die Dinge aus Quadrant B, auf die wichtigen Dinge in Ihrem Leben, zu konzentrieren.

Das Geheimnis erfolgreicher Menschen liegt darin, sich beim Ziel- und Zeitmanagement auf die Aktivitäten in Quadrant B zu konzentrieren und so wenig Zeit wie möglich in dringliche, aber unwichtige Dinge aus Quadrant C zu investieren.

Doch egal, wie perfekt Sie auch planen, Sie werden es nie ganz schaffen, keine Aufgaben in Quadrant A zu haben. Es wird immer etwas

**Abbildung 6: Pro-aktive Prioritäten-Matrix: Mehr Zeit für B, weniger Zeit für C**

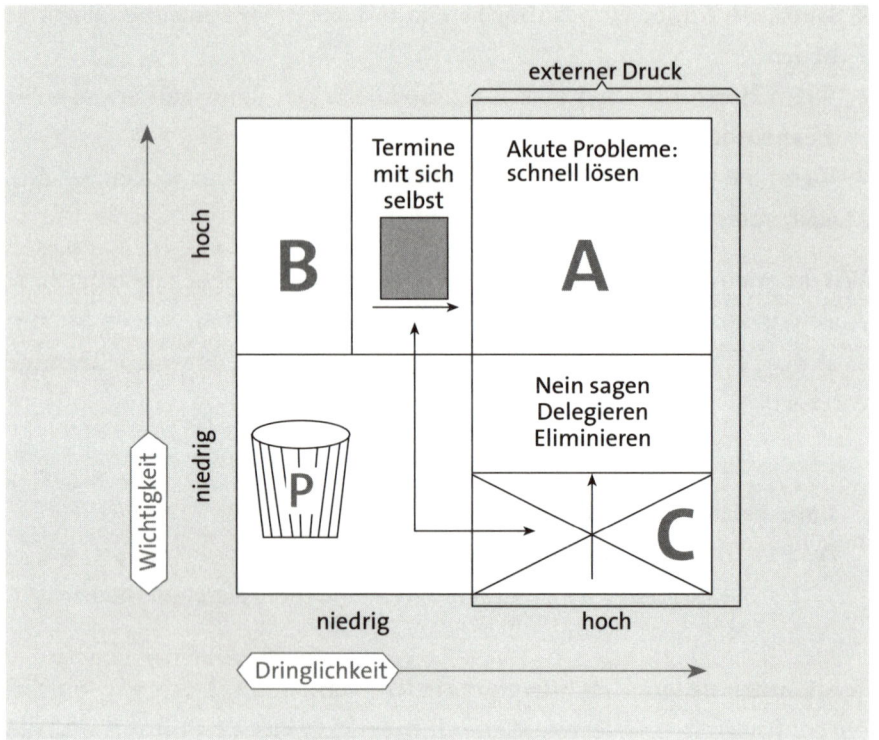

geben, um das Sie sich eigenhändig und sofort kümmern müssen. Meist werden wichtige Angelegenheiten erst dann auch noch dringlich, wenn etwas schiefläuft. Unvorhergesehene Dinge passieren immer wieder. Doch das sind die ganz normalen Unwägbarkeiten des Alltags, frei nach dem Motto »Planung heißt, Zufall durch Irrtum zu ersetzen«. Wenn es Ihnen aber gelingt, sich nicht mehr auf die unwichtigen Aufgaben aus Quadrant C zu konzentrieren, dann gewinnen Sie die Zeit, die Sie brauchen, wenn wichtige Dinge plötzlich dringlich werden.

**Das sollten Sie sich merken:** Bei dringlichen Dingen sollten wir nur reagieren, damit wir bei wichtigen Dingen agieren können ■

Die Konzentration auf das Wichtige und nicht auf das Dringliche ist für das persönliche Zeit- und Zielmanagement also von höchster strategischer Bedeutung.

### Wöchentliche Prioritätenplanung

Damit auch Sie in Zukunft nicht mehr nur re-agieren, sondern auch agieren können, sollten Sie unbedingt an Ihrer ganz persönlichen Prioritätenplanung arbeiten. Die meisten Menschen sind in ihrer persönlichen Zeitplanung und Arbeitsorganisation auf ihren Tagesplan oder Terminkalender und die darin fest verankerten Termine fixiert. Wer jedoch seine Lebensvision, sein Leitbild oder Lebensziel auch wirklich in die Tat umsetzen will, braucht einen Planungshorizont, der weit über kurzfristige Verabredungen hinausgeht.

Wir können unsere Visionen nur Wirklichkeit werden lassen, wenn wir dafür sorgen, dass wir uns auch Zeit für unsere Wünsche und Ziele nehmen – Tag für Tag, Woche für Woche.

Tag für Tag zu planen ist sicherlich ein guter Anfang. Doch laufen wir bei einer reinen Tagesplanung Gefahr, uns von dringlichen Dingen diktieren zu lassen. Wir packen alles, was dringlich ist, in einen Tag und haben einfach keine Zeit mehr für die wirklich wichtigen Dinge. Zudem spiegelt ein einzelner Tag nur einen kleinen Ausschnitt aus unserem Leben wider. Viele Dinge, die uns wichtig sind, kommen darin gar nicht vor. Daher sollten wir uns bei unserer Planung zunächst auf die Woche konzentrieren, zumal hier auch das Wochenende eingeschlossen ist und wir uns einen guten Überblick über all unsere Aktivitäten verschaffen können – Arbeit und Freizeit, Beruf und Privates, Familie und Hobbys.

**Das sollten Sie sich merken:** Tagesplanung verstärkt die Prioritätensteuerung durch Dringlichkeit; Wochenplanung hingegen unterstützt die Konzentration auf das Wichtige ■

Wer es nicht schafft, innerhalb einer Woche etwas für die Dinge zu tun, die ihm wichtig sind, der hat seine Zeit und damit auch sein Leben nicht im Griff. Vielleicht sind es zu viele Aktivitäten, denen jemand nachgeht? Oder er hat sich einfach zu viele Rollen aufgeladen? Vielleicht werden auch keine eindeutigen Prioritäten an der richtigen Stelle gesetzt? Wie dem auch sei: Hier ist die Lebens-Balance nicht im Gleichgewicht!

Natürlich wird es immer wieder Tage und auch die eine oder andere Woche geben, wo Sie sich nicht um Ihre Familie oder Freunde kümmern können, Ihr Hobby einfach zu kurz kommt und Sie keine Zeit für Muße haben. Aber das sollte eine Ausnahme sein und darf keinesfalls zur Regel werden! Vergessen Sie nicht: Entscheidend ist, was am Ende unter dem Strich Ihrer Lebens-Bilanz als Saldo herauskommt.

**Das sollten Sie sich merken:** Wenn Sie weiterhin nur das tun, was Sie momentan tun, erreichen Sie auch nur das, was Sie momentan erreichen ▪

Es gibt viele Dinge, für die wir nur am Wochenende Zeit haben, etwa wenn unsere Kinder oder unser Partner zu Hause sind. Daher schafft die wöchentliche Prioritätenplanung Zeit für unsere Ziele und verbindet Visionen mit Aktionen. Sie schließt die Lücke zwischen

- unseren langfristigen Visionen, Wünschen und Zielen und
- dem kurzfristigen Tagesgeschäft, das meist dem Diktat des Dringlichen unterworfen ist.

Nur wer seine Woche gewissenhaft plant, hat die Möglichkeit, seine langfristigen Ziele, das große Ganze mit dem Tagesgeschehen zu verbinden.

## Wochenplanung in Aktion

Mit der wöchentlichen Prioritätenplanung gelingt Ihnen der Spagat zwischen Vision und Aktion. Entscheidend dabei ist, dass Sie für Ihre wirklich wichtigen Aktivitäten auch entsprechende Zeitfenster reservieren.

Halten Sie sich dabei an das »Kieselprinzip«: Stellen Sie sich ein Gefäß vor, in das Sie im Geiste zunächst die großen Kiesel legen, die für wichtige Prioritäten stehen. Machen Sie Ihr Gefäß aber nur so voll, dass Ihnen auch noch genügend Platz für die weniger wichtigen Dinge wie Kies, Sand und Wasser bleibt.

Eine nach dem Kieselprinzip ausgerichtete Wochenplanung mit Prioritäten und Zeitfenstern für das wirklich Wichtige stellt den Schlüssel für eine ausgewogene Zeit- und Lebens-Balance dar. Und: Wenn Sie das Wichtige nicht nur irgendwo im Hinterkopf haben, sondern es schriftlich festhalten, dann fällt es Ihnen auch wesentlich leichter, Nein zu Unwichtigem und Ja zu den Dingen zu sagen, die Sie Ihren Lebenszielen näher bringen.

Lassen Sie nicht zu, dass Ihnen immer schnell irgendetwas dazwischenkommt. So füllt sich Woche für Woche mit relativ unwichtigen Aktivitäten, und das Wesentliche bleibt wieder einmal auf der Strecke. Blockieren und terminieren Sie – nehmen Sie sich ganz bewusst Zeit für Ihre Lebensziele.

Um den Überblick nicht zu verlieren, können Sie Ihre Woche auch so planen, dass Sie bestimmte Aktivitäten einem ganz bestimmten Wochentag zuordnen.

Wie auch immer Sie vorgehen: Wichtig ist, dass Sie bei aller Planung darauf achten, auch im Tagesgeschehen flexibel zu bleiben: Es geht darum, sich Zeit für die wirklich wichtigen Dinge zu nehmen und langfristig seinen Visionen, Wünschen und Zielen näher zu kommen. Es geht nicht darum, sich sklavisch an einen Plan zu halten.

**Tipp: Planen mit dem Wochen-Kompass**
Bei der praktischen Umsetzung der Wochenplanung hat sich der Wochen-Kompass bewährt. Dieses nützliche Formular berücksichtigt Ihre einzelnen Lebenshüte bei der wöchentlichen Prioritätenplanung. So können Sie jeden einzelnen Bereich Ihres Lebens Woche für Woche planen. Und: Sie können Ihren Wochen-Kompass ganz einfach auf einem schmalen Heftstreifen in einer gelochten Klarsichthülle zwischen den Tages- und Wochenplänen einschlägiger Zeitplanbücher einfügen. So haben Sie Ihren Kompass immer griffbereit ■

**Abbildung 7: Wochenplanung nach Lebenshüten**

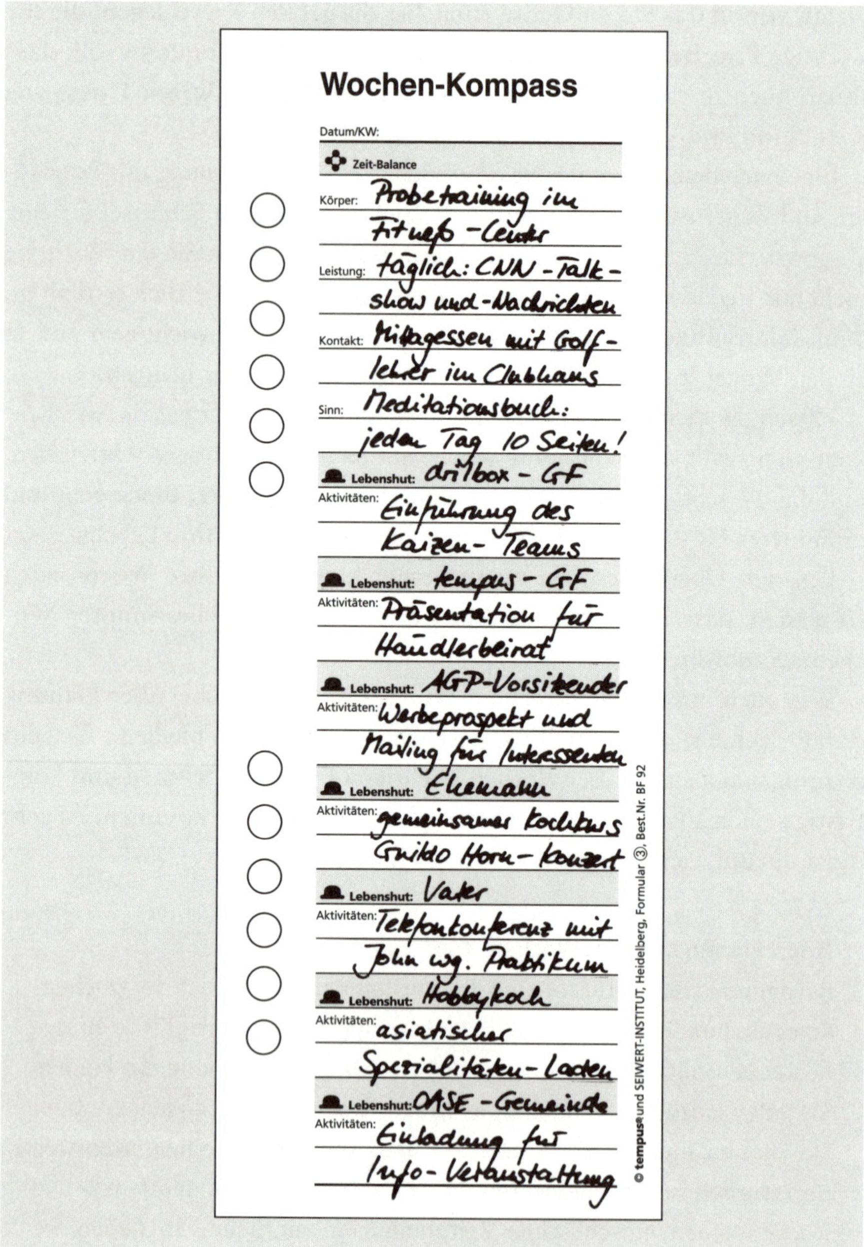

## Wochen-Kompass

Datum/KW:

✚ Zeit-Balance

Körper: Probetraining im Fitness–Center

Leistung: täglich: CNN–Talkshow und Nachrichten

Kontakt: Mittagessen mit Golflehrer im Clubhaus

Sinn: Meditationsbuch: jeden Tag 10 Seiten!

🎩 Lebenshut: drilbox – GF

Aktivitäten: Einführung des Kaizen–Teams

🎩 Lebenshut: tempus – GF

Aktivitäten: Präsentation für Händlerbeirat

🎩 Lebenshut: AGP-Vorsitzender

Aktivitäten: Werbeprospekt und Mailing für Interessenten

🎩 Lebenshut: Ehemann

Aktivitäten: gemeinsamer Kochkurs Guildo Horn–Konzert

🎩 Lebenshut: Vater

Aktivitäten: Telefonkonferenz mit John wg. Praktikum

🎩 Lebenshut: Hobbykoch

Aktivitäten: asiatischer Spezialitäten–Laden

🎩 Lebenshut: OASE–Gemeinde

Aktivitäten: Einladung für Info–Veranstaltung

© tempus und SEIWERT-INSTITUT, Heidelberg, Formular ③, Best.Nr. BF 92

## Abbildung 8: Wöchentliche Prioritätenplanung

# Wochen-Kompass

Datum/KW: _____

♦ Zeit-Balance

Körper: _____

Leistung: _____

Kontakt: _____

Sinn: _____

🎩 **Lebenshut:**
Aktivitäten:

🎩 **Lebenshut:**
Aktivitäten:

🎩 **Lebenshut:**
Aktivitäten:

🎩 **Lebenshut:**
Aktivitäten:

🎩 **Lebenshut:**
Aktivitäten:

🎩 **Lebenshut:**
Aktivitäten:

🎩 **Lebenshut:**
Aktivitäten:

# Vier Schritte zur Zeitsouveränität und Effektivität

① Vision, Leitbild, Lebensziel entwickeln

② Lebenshüte oder Lebensrollen festlegen

③ Wochenprioritäten effektiv planen

④ Tagesarbeit effizient erledigen

✏

© **tempus** und SEIWERT-INSTITUT, Heidelberg, Formular ③, Best.Nr. BF 92

## Tagesarbeit effizient erledigen

Auch wenn Sie genau festgelegt haben, was Sie im Laufe einer Woche erreichen wollen – erst im täglichen Praxistest wird sich erweisen, ob es Ihnen gelingt, sich auch tatsächlich auf das Wesentliche zu konzentrieren.

Prüfen Sie Ihre Wochenplanung Tag für Tag. Nehmen Sie sich jeden Morgen ein paar Minuten Zeit, um Ihre wöchentliche Prioritätenplanung zu überprüfen und Ihre Erfolge zu kontrollieren: Was ist wirklich wichtig, worauf will ich mich heute im Hinblick auf meine Lebensziele konzentrieren?

**Das sollten Sie sich merken:** Wer sich zu viel vornimmt und alles verplant, ist unflexibel, und das führt zwangsläufig zu Stress

Trotz bester Planung, wird Ihnen immer wieder das eine oder andere Unvorhergesehene dazwischenkommen. Das bedeutet dann: flexibel sein und neue Prioritäten setzen.

### Effiziente Tagesorganisation

Ein kritischer Blick auf unseren Arbeitsalltag zeigt, dass sich die meisten von uns überlastet fühlen. Obwohl wir unzählige Überstunden machen, wissen wir abends oft nicht, was wir eigentlich den ganzen Tag über getan haben. Wir haben zwar viel gearbeitet, aber die wirklich wichtigen Dinge sind wieder einmal liegen geblieben. Irgendwie ist uns wie immer etwas Unerwartetes, das keinen Aufschub duldet, dazwischengekommen.

**Zehn typische Zeitsünden**

1. Zu viel auf einmal tun zu wollen.

2. Auf klare Prioritäten verzichten.

3. Zu wenig Zeit für Unvorhergesehenes einplanen.

4. Keine Erholungspausen vorsehen.

5. Chaos auf dem Schreibtisch.

6. Zu wenig Zeit für Telefonate, Gespräche und Korrespondenz reservieren.

7. Unangenehme Aufgaben aufschieben.

8. Unfähigkeit, »Nein!« zu sagen.

9. Alles zu perfekt erledigen wollen.

10. Mangelnde Konsequenz und Selbstdisziplin.

Kommen Ihnen diese Zeitsünden irgendwie bekannt vor? Es liegt ganz an Ihnen, wie Sie mit Ihrer Zeit umgehen: Wenn Sie versuchen, es allen recht zu machen und auf zu vielen Hochzeiten tanzen, werden Sie Ihre Zeit nie in den Griff bekommen! Sie werden sich in Nebensächlichkeiten verlieren und es nie schaffen, sich auf das wirklich Wichtige zu konzentrieren.

**Das sollten Sie sich merken:** Je besser Sie Ihren Tag einteilen und planen, desto besser können Sie ihn für Ihre eigenen Zielvorstellungen nutzen ■

## Sieben Grundregeln zur Tagesplanung

**1. Planen Sie schriftlich.** Notieren Sie alle Aktivitäten, Aufgaben und Termine sofort in Ihrem Zeitplanbuch – das gilt auch für Routineaufgaben und Kleinigkeiten. Nur so behalten Sie den Überblick und können sich auf das Wesentliche konzentrieren.

**2. Planen Sie Ihren neuen Arbeitstag am Vorabend.** So können Sie Ihr Unterbewusstsein sozusagen im Schlaf für sich arbeiten lassen und seine schöpferischen Kräfte über Nacht nutzen. Zudem ersparen Sie sich vor dem Schlafengehen beunruhigende Gedanken darüber, was wohl am nächsten Tag alles auf Sie zukommen wird.

**3. Schätzen Sie Ihren Zeitbedarf und setzen Sie sich Zeitlimits.** Sicher gehen Sie sehr sorgsam mit Ihrem Geld um und kalkulieren geplante Ausgaben im Voraus. Warum tun Sie das nicht auch mit Ihrer Zeit? Vergessen Sie nicht: Zeit ist noch wertvoller als Geld! Die meisten Aufgaben kann man unendlich in die Länge ziehen, daher sollten Sie sich für jede Aktivität ein Zeitlimit setzen. Sie werden sehen: Ein Zeitlimit, das Sie auch beherzigen, kann unglaubliche Reserven freisetzen.

**4. Verplanen Sie nicht den ganzen Tag.** Ein realistischer Tagesplan sollte grundsätzlich nur das enthalten, was Sie an diesem Tag erledigen wollen – und auch können. Unterschätzen Sie Ihren tatsächlichen Zeitbedarf nicht! Verplanen Sie keinesfalls mehr als 60 Prozent Ihres Tages. Halten Sie sich an die Faustregel 60–20–20: Reservieren Sie 60 Prozent Ihrer Zeit für geplante Aktivitäten, 20 Prozent für unvorhergesehene Aufgaben und die berühmt-berüchtigten Zeitdiebe und 20 Prozent für soziale Kontakte. Die Erfahrung wird Ihnen zeigen, was in Ihrem Arbeitsalltag machbar und planbar ist – und was nicht.

**5. Fassen Sie vergleichbare Aufgaben zu Arbeits- und Zeitblöcken zusammen.** Arbeits- und Zeitblöcke geben Ihrem Tag eine erste Grobstruktur. Halten Sie sich aber nicht sklavisch an die Blöcke. Achten Sie unbedingt darauf, flexibel zu bleiben!

So könnten Ihre Arbeits- und Zeitblöcke aussehen:

08.30–10.00 Uhr: Arbeit an einer A-Aufgabe: konzentriertes Arbeiten ohne Unterbrechungen und Anrufe
10.00–11.00 Uhr: Zeit für Kommunikation: Gespräche mit Kollegen, Kunden oder Vorgesetzten, Korrespondenz, Anrufe

11.00–12.00 Uhr: Arbeit an einer A-Aufgabe oder Besprechungen/ Meetings

12.00–13.00 Uhr: Mittagspause

13.00–14.00 Uhr: Arbeit an C-Aufgaben: Ablage, Fachzeitschriften lesen, soziale Kontakte

14.00–15.00 Uhr: Arbeit an einer B-Aufgabe: konzentriertes Arbeiten ohne Unterbrechungen und Anrufe

15.00–16.00 Uhr: Zeit für Kommunikation: Gespräche mit Kollegen, Kunden oder Vorgesetzten, Korrespondenz und Anrufe

16.00–17.00 Uhr: Arbeit an einer B-Aufgabe oder Besprechungen/ Meetings

17.00–17.30 Uhr: Tageskontrolle und Tagesplan: Soll-Ist-Vergleich des Tagesplans (Zielerreichung) und Erstellung des Plans für den nächsten Tag

**6. Stellen Sie Ihre Prioritäten in den Mittelpunkt.** Beginnen Sie immer mit dem Wichtigsten, nicht mit dem Dringlichsten! Fragen Sie sich immer wieder: Was ist wirklich wichtig? Was bringt mich meinen Zielen näher? Und: Was würde passieren, wenn ich etwas nicht tun würde? Lernen Sie, Nein zu sagen, frei nach dem Motto: »Nein sagen, wenn möglich. Ja sagen, wenn nötig.«

**7. Konzentrieren Sie sich auf die positiven Dinge.** Verlieren Sie nicht die Freude an Ihrem Tag! Tun Sie jeden Tag etwas, das Ihnen Spaß macht: Treffen Sie sich mit Freunden, gehen Sie ins Kino, zum Friseur oder gönnen Sie sich ein gutes Essen. Nur wer einen Ausgleich zur täglichen Arbeit schafft, kann dauerhaft erfolgreich sein.

## Abbildung 9: Tagesplan

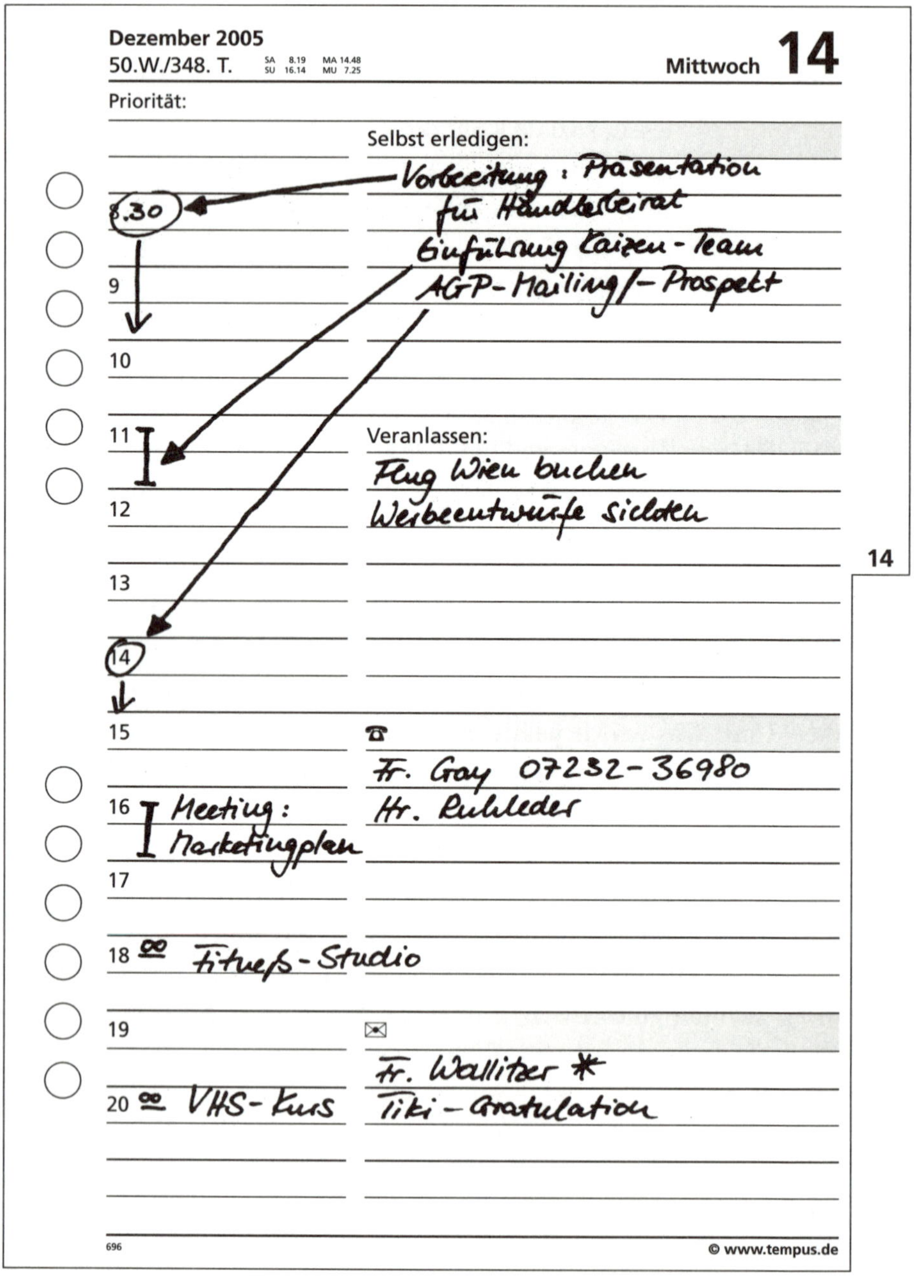

Dezember 2005
50.W./348. T. SA 8.19 SU 16.14 MA 14.48 MU 7.25
Mittwoch 14

Priorität:

8.30
9
10
11
12
13
14
15
16 Meeting: Marketingplan
17
18 Fitneß-Studio
19
20 VHS-Kurs

Selbst erledigen:
Vorbereitung: Präsentation für Händlerbeirat
Einführung Kaizen-Team
AGP-Mailing/-Prospekt

Veranlassen:
Flug Wien buchen
Werbeentwürfe sichten

Fr. Gay 07232-36980
Hr. Ruhleder

Fr. Wallitzer *
Tiki-Gratulation

696 © www.tempus.de

**Tipp: Ein Erfolgstagebuch führen**

Es kostet viel Disziplin, seine Ziele konsequent zu verfolgen. Verschaffen Sie sich Tag für Tag einen Motivationsschub. Beschließen Sie jeden Tag mit Ihrer ganz persönlichen Tagesschau, führen Sie ein Erfolgstagebuch. Notieren Sie jeden auch noch so kleinen Erfolg. So richten Sie Ihren Blick automatisch auf das Positive, auf Ihre Stärken und Erfolgserlebnisse. Und: Wenn Sie wissen, dass Sie Ihr Tun protokollieren und abends Farbe bekennen müssen, fühlen Sie sich Ihren Vorsätzen und Zielen stärker verpflichtet und werden sich wesentlich mehr anstrengen, um Ihre Ziele auch zu erreichen ■

Der beste Platz für Ihr persönliches Erfolgstagebuch ist Ihr Zeitplanbuch. Kopieren Sie einfach die folgende Checkliste, und heften Sie diese in Ihr Zeitplanbuch ein.

**Checkliste: Mein Erfolgstagebuch**

☐ Hat mich der heutige Tag meinen Zielen näher gebracht?
☐ Welche Ziele werde ich in Zukunft noch konsequenter verfolgen?
☐ Was habe ich heute gelernt, und was mache ich in Zukunft anders?
☐ Welche Aktivitäten haben nur Zeit gekostet, aber nichts gebracht?
☐ Wie kann ich mich für meine Erfolge belohnen und es mir gut gehen lassen?

### Sieben Tage für Ihren Erfolg

Wenn Sie Ihr persönliches Erfolgstagebuch jeden Tag gewissenhaft führen, dann sollten Sie die einzelnen Tage nicht isoliert sehen. Nehmen Sie sich die letzten sieben Tage noch einmal zur Hand und werfen Sie einen kritischen Blick auf jeden einzelnen Tag. Haben Sie alles richtig gemacht oder gibt es noch Schwachstellen in Ihrer Planung? Die folgende Checkliste soll Ihnen helfen, Ihre Planung weiter zu optimieren:

## Checkliste: Mein Erfolgstagebuch im Wochenrückblick

|  | Ja | Nein |
|---|---|---|
| **Bin ich mir über meine Lebensvision und meine Lebenshüte/-rollen im Klaren?**<br>Achten Sie darauf, dass Ihre verschiedenen Lebensbereiche in Balance sind. | ☐ | ☐ |
| **Konzentriere ich mich auf die wirklich wichtigen Dinge?**<br>Verlieren Sie sich nicht in Nebensächlichkeiten und denken Sie bitte auch daran, sich nicht nur auf Berufliches, sondern auch auf Persönliches zu konzentrieren. | ☐ | ☐ |
| **Plane ich meine Aktivitäten im Hinblick auf meine Ziele?**<br>Stellen Sie sicher, dass die Dinge, die Sie Tag für Tag tun, Sie Ihren Zielen auch wirklich näher bringen. | ☐ | ☐ |
| **Setze ich klare Prioritäten?**<br>Unterwerfen Sie sich nicht dem Diktat des Dringlichen, erledigen Sie immer die wichtigen Dinge zuerst, und legen Sie Unwichtiges konsequent zur Seite. | ☐ | ☐ |
| **Habe ich Zeitdiebe und Störfaktoren im Griff?**<br>Planen Sie ausreichend Zeit für Unvorhergesehenes ein, und haben Sie den Mut, Nein zu sagen. | ☐ | ☐ |
| **Erledige ich meine Aufgaben diszipliniert?**<br>Unterteilen Sie schwierige Aufgaben in kleine Schritte, aber schieben Sie Unangenehmes auf keinen Fall lange vor sich her. | ☐ | ☐ |
| **Ziehe ich regelmäßig Bilanz und genieße meine Erfolge?**<br>Überprüfen Sie Ihre Planung, seien Sie dabei kritisch, vergessen Sie aber nicht, Erfolge zu feiern und sich auch gebührend zu belohnen! | ☐ | ☐ |

»Carpe diem!« – Nutze den Tag! Aber nutzen Sie Ihren Tag nicht allein, um in weniger Zeit immer mehr zu leisten. Vergessen Sie nie: Die Antwort auf den Tempo-Trend unserer Zeit muss eine ausgewogene Zeit-Balance zwischen beruflichen Anforderungen und persönlichen Lebenszielen sein. Nutzen Sie Zeitmanagement als Schlüssel zur Work-Life-Balance.

**W**enn Sie mehr lesen möchten: Lothar J. Seiwert, *Wenn du es eilig hast, gehe langsam. Mehr Zeit in einer beschleunigten Welt*, Frankfurt/New York 12. Auflage 2008.

Auch auf englisch erschienen: *Slow Down to Speed Up. How to manage your time and rebalance your life*, Frankfurt/New York 2008.

# Werner Tiki Küstenmacher & Lothar J. Seiwert:
# Organisation im Büro

### Vereinfachen Sie Ihren Arbeitsplatz mit der simplify-Methode

**D**er größte Stressfaktor für unsere Seele ist die Mehrfachbelastung. Das gilt für unser gesamtes Tun. Wenn Sie nicht wissen, wo Sie anfangen wollen, dann kommen Sie nicht voran. Wenn Sie nicht wissen, wo Sie an Ihrem Arbeitsplatz hinlangen sollen, vergeuden Sie Ihre Zeit mit Suchen und schaffen Chaos in Ihrem Gehirn. Wir zeigen Ihnen nun, wie Sie Ihren Arbeitsplatz nach ein paar einfachen Regeln aufräumen ∎

## simplify-Idee 1: Ent-wirren Sie Ihren Arbeitsplatz

Wenn Sie beim Blick auf Ihre Arbeitsfläche bereits die Krise bekommen und das dort gewachsene Chaos einen für Sie undurchdringlichen Dschungel darstellt, sollten Sie zunächst zu den hier vorgestellten Methoden greifen. Die weiter unten beschriebene Vier-Quadranten-Methode ist als Notaktion für besonders hartnäckiges Schreibtisch-Chaos tausendfach bewährt.

Übrigens: Wenn Sie meinen, so viel zu tun zu haben, dass Sie fürs Aufräumen auf dem Schreibtisch *keine* Zeit haben, sollten Sie es gerade tun! Selbst wenn die Aktion zwei bis drei Stunden dauert (mehr sind es selten, das wird meist überschätzt) – die investierte Zeit lohnt sich, denn danach haben Sie den Kopf frei. Sie fühlen sich besser, sind motivierter und arbeiten die durchs Aufräumen »verlorene« Zeit schnell wieder herein.

## Die Leertisch-Methode

»Ein bisschen« aufräumen bringt nichts. Auf einer Ecke des Schreibtischs Ordnung schaffen, in einem Regal Sachen von rechts nach links sortieren, das wird zwar immer wieder einmal stattfinden – wirkungsvoll aufräumen aber können Sie nur nach dem Prinzip »ganz oder gar nicht«. Räumen Sie Ihren Kleiderschrank, Ihre Schublade oder Ihren Schreibtisch komplett leer! Putzen Sie den neu entstandenen Leerraum und freuen Sie sich über den freien Platz. Auch wenn dadurch auf dem Fußboden zunächst ein riesiges Tohuwabohu entsteht: Es lohnt sich. Denn nur so spannen Sie den wichtigsten Helfer mit ein: Ihr Unterbewusstsein. Die meisten Entrümpelungsaktionen beginnen ja mit einem Entschluss in Ihrem Kopf: »Ich müsste mal …« Viele Menschen ahnen dabei schon, dass es mit der Verwirklichung dieses Vorhabens schwierig wird. Unser »Bauch«, unsere Tatkraft, unser Durchhaltevermögen, eben all das, was tiefer in uns drin ist, sperrt sich. Die Erklärung ist einfach: Unser Unterbewusstsein reagiert nicht auf logische Einsichten, sondern auf Bilder. Das kennt jeder aus den Träumen, dieser allnächtlich stattfindenden Kommunikation zwischen Bewusstem und Unbewusstem. Dort wird mit bewegten Bildern gearbeitet, 3-D und in Farbe, mit Ton, Gerüchen und Gefühlen.

Nutzen Sie das, indem Sie Ihrem Unbewussten beim Aufräumen ein Bild bieten: die leere Schreibtischplatte zum Beispiel. Räumen Sie wirklich alles ab, bringen Sie die Platte mit Möbelpolitur auf Hochglanz und freuen Sie sich an diesem Anblick. So schön und klar kann Ihr Arbeitsplatz sein! So einfach kann Ihr Leben werden! Das Ganze ist natürlich noch keine wirkliche Aufräumaktion, denn das ganze Gerümpel lagert ja noch auf dem Fußboden. Aber es ist ein unentbehrlicher Schritt, denn beim Wiederbeladen werden Sie (unterstützt von Ihrem Unbewussten) sehr sorgfältig auswählen, was wieder auf diese wertvolle Arbeitsfläche hinauf darf.

Achten Sie dabei besonders auf den Bereich direkt vor Ihnen. Im Feng-Shui, der fernöstlichen Lehre vom richtigen Einrichten, ist das die »Zukunftsseite«, die Richtung der Visionen. Dort sollten Sie ein angenehmes, Mut machendes Symbol aufstellen, nicht aber, wie viele Menschen das leider tun, dort die zu erledigenden Aufgaben stapeln. Denn es demotiviert, wenn einen ständig die unangenehmsten Arbeitsaufträge anstarren – das versteht man eigentlich auch ohne die alten Chinesen. Platzieren Sie solche Aufgaben lieber neben oder hinter sich.

### Die Vier-Quadranten-Methode

Diese Technik gilt als Arbeitsgeheimnis vieler US-Präsidenten und wurde auch als »Eisenhower-Regel« populär. Sie haben sie im vorherigen Kapitel bereits als wirksames Instrument für ein effektives Prioritätenmanagement kennengelernt.

Dies ist die simplify-Version für Krisensituationen am Schreibtisch: Teilen Sie einen leeren Tisch (nicht Ihren Schreibtisch, sondern einen zweiten Tisch daneben) oder notfalls den Fußboden in vier Felder. Dann arbeiten Sie sich konsequent *im Uhrzeigersinn* durch Ihren Schreibtischdschungel und verteilen jedes Schriftstück nach den hier angegebenen Regeln auf die vier Felder, bis *kein einziges* (!) Blatt Papier mehr darauf liegt. Bleiben Sie unbedingt dran, lassen Sie sich nicht ablenken, und vertrauen Sie darauf, dass Sie diese Arbeit nach einer anfänglichen Das-schaffe-ich-nie-Phase mit enormer Energie und Schaffensfreude versorgen wird.

Die vier Quadranten bedeuten im Einzelnen:

### 1. Wegschmeißen

Auf das erste Feld kommt alles, was weggeworfen werden kann. Am besten, Sie stellen eine große Kiste auf. Hier eine Auswahl überflüssiger Schriftstücke, die Ihnen Anregungen für weitere entsorgbare Papiere geben soll:

- alte Reiseprospekte;
- Zeitungen, älter als eine Woche;

- Kataloge, älter als ein halbes Jahr;
- Zeitschriften, die keine Artikel enthalten, die Sie langfristig brauchen;
- Briefpapier mit nicht mehr aktuellen Daten;
- Landkarten, die älter sind als drei Jahre oder von Ländern, die Sie in den nächsten zwei Jahren nicht besuchen werden;
- Unterlagen aus Schul- oder Studienzeiten;
- alte Weihnachtskarten;
- etwa die Hälfte aller liebgewordenen Kinderzeichnungen (nur die schönsten aufheben, das steigert den Wert!);
- Wandkalender vergangener Jahre;
- Kochrezepte, die Sie doch nie ausprobieren werden;
- Gebrauchsanleitungen von Geräten, die Sie gar nicht mehr besitzen;
- Garantieurkunden, die älter sind als die Garantiezeit.

Sie werden staunen, was alles längst überflüssig geworden ist!

## 2. Weiterleiten

Feld 2 enthält alles, was Sie an andere zur Erledigung weitergeben können. Hier wäre es natürlich von Vorteil, wenn Sie US-Präsident wären und Ihnen der Mitarbeiterstab des Weißen Hauses zur Verfügung stünde. Vielleicht aber haben Sie so viel auf Ihrem Schreibtisch liegen, weil Sie andere Menschen ungern belästigen und »Kleinigkeiten schnell selbst« erledigen. Bei der Aufräumaktion à la Eisenhower müssen Sie über Ihren Schatten springen und rigoros Arbeit verteilen. Beziehen Sie alle ein, die Ihnen einfallen: Kollegen, Familienmitglieder, jemand vom Studentenschnelldienst, oder nehmen Sie die Hilfe eines Büroservice in Anspruch.

### 3. Wichtig

In Feld 3 legen Sie alles, was Sie in der nächsten Zeit selber tun müssen. Machen Sie sich dabei klar, was der nächste Schritt sein wird, den Sie mit dem entsprechenden Schriftstück tun werden. Seien Sie bei diesem Stapel besonders geizig!

### 4. Wunder

Mit dem Feld 4 hat es eine besondere Bewandtnis. Hier kommen die Papiere hin, die Sie bereits erledigen können, während Sie noch beim Aufräumen sind, und zwar durch eine der folgenden Sofort-Aktionen:

**Telefon.** Sie erledigen die Sache telefonisch, auch wenn Sie es ursprünglich schriftlich machen wollten. Ist der entsprechende Partner nicht erreichbar, kommt das Schriftstück in Feld 3.

**Fax.** Sie faxen das Originalschreiben mit einer handschriftlichen Bemerkung an den Absender zurück (oder schicken es per Post, falls er kein Fax hat).

**Ablage.** Sie legen es jetzt, hier und sofort in den richtigen Ordner oder das entsprechende Fach Ihrer Hängeregistratur ab.

### Die Grundgesetze der Eisenhower-Methode

Die Vier-Quadranten-Methode funktioniert hundertprozentig, wenn Sie sich streng an diese drei einfachen Regeln halten:

- Bilden Sie keine Zwischenhäufchen.
- Fassen Sie jedes Papier nur einmal an.
- Bilden Sie keine Felder 5, 6 usw.

Nach einer derartigen Erste-Hilfe-Aktion sind Sie frei für neue Taten. Sie haben eine freie Arbeitsfläche vor sich; die bislang dort gelagerten Haufen sind besiegt. Nun haben Sie Kraft für all die anderen Orte, an denen sich die schlimmste Form von zusammengeballter Materie gebildet hat: der Stapel.

## simplify-Idee 2: Ent-stapeln Sie Ihr Büro

Auch für Ihr Ablagesystem gilt: Ihr Leben wird leichter, sobald Sie das Grundprinzip »Einfach statt mehrfach!« beherzigen. Vermeiden Sie alles, was »multipel« ist. Das bekannteste Symbol für falsche Mehrfachbelastung ist ein Papierstapel der Sorte »To do«: Jedes Schriftstück steht für eine Aufgabe, die noch erledigt werden muss. Doch dieser Haufen von Papieren verursacht Depressionen. Er drückt Sie nieder, denn er ist undurchsichtig. Sie wissen nicht mehr genau, was er alles enthält. Damit wird der Stapel stärker als Sie. Wortlos sagt er zu Ihnen: »Mich schaffst du nicht!« Dabei ist es ein Irrglaube, dass Aufgaben dann nicht vergessen werden, wenn Sie sie auf dem Schreibtisch liegen lassen. Denn wenn erst einmal genügend andere Unterlagen darüber liegen, ist der Erinnerungseffekt des Schriftstücks dahin. Es ist vielfach erprobt: Die Kombination aus Kalender (mit To-do-Liste) und Hängemappen ist die effektivste und sicherste Methode.

### Teufelszeug Stapel

Stapel, die Sie niederdrücken, sind nicht nur die Zu-erledigen-Stapel auf dem Schreibtisch, sondern alle derartigen Gebilde. Ein Stoß ungelesener Zeitschriften (die Sie später einmal durcharbeiten wollen), ein Haufen mit interessanten Zeitschriftenartikeln (die Sie irgendwann übersichtlich sortieren möchten), ein Stapel mit Urlaubsfotos (die eines Tages säuberlich eingeklebt werden sollen), ja sogar ein Stapel mit ungebügelter Wäsche (der demnächst gebügelt werden soll). Es gibt eine Menge Möglichkeiten für Stapel in Ihrer Umgebung.

Entstapeln Sie radikal! Werfen Sie alles weg, was älter ist als ein halbes Jahr (ausgenommen steuerlich relevanter Unterlagen und unbezahlter Rechnungen). Ganz besonders gilt das für unbeantwortete Briefe. Machen Sie sich klar: Nach so langer Zeit ist beim anderen die Wunde über Ihr Schweigen längst verheilt.

Wenn Sie jetzt noch antworten, müssen Sie sich wortreich entschuldigen und kratzen die alte Verletzung wieder auf. simplify-Tipp: Lieber wegwerfen und stattdessen ein paar neue Briefe beantworten!

Die klassische Methode gegen Stapel ist, es erst gar nicht so weit kommen zu lassen. »Jedes Stück Papier nur einmal in die Hand nehmen und gleich erledigen« ist ein kluges Prinzip, das sich bei einer einmaligen Notaktion wie der Eisenhower-Methode durchziehen lässt. Im wirklichen Leben aber ist es fast nur für Spitzenleute durchführbar, bei denen ein Team motivierter Mitarbeiter darauf wartet, etwas delegiert zu bekommen. In Ihrem Alltag werden Sie eingehende Schriftstücke immer wieder zwischenlagern müssen: Unweigerlich entstehen Stapel.

### Die Hängeregistratur – Ihre simplify-Zentrale

Das goldene simplify-Prinzip für jeden Papierstapel lautet: Drehen! Bauen Sie Stapel ab, indem Sie sie um 90 Grad kippen und die einzelnen Arbeitsgebiete in eine Hängeregistratur (mit nach oben offenen Mappen) einsortieren. Aus dem undurchsichtigen Stapel wird so ein transparentes Gebilde. Dadurch wird es im wahrsten Sinne des Wortes »einfach«, denn nun hat jede Aufgabe »ein Fach«. Beim Umräumen eines Stapels in die Hängemappen kommen Sie einen entscheidenden Schritt weiter: Sie ordnen, fassen Gleichartiges zusammen und können sogar eine Hierarchie erstellen. Etwa, indem Sie die Mappen mit den wichtigsten Aufgaben ganz nach vorne stellen.

Was ist damit gewonnen? Ihre Aufgaben müssen Sie natürlich nach wie vor abarbeiten. Aber neu eintreffende Papiere können an der richtigen Stelle einsortiert werden, Sie gewinnen Übersicht, und nach einiger Zeit werden Sie feststellen, dass das dumpfe Stapel-Gefühl nicht mehr auf Ihnen lastet.

Damit Sie die in einer Mappe verschwundene Aufgabe nicht vergessen, müssen Sie den entsprechenden Job in eine To-do-Liste (am besten die in Ihrem Kalender oder Zeitplanbuch) eintragen.

## Zwischen- statt Endstation

Ihre Hängeregistratur wird bald zum zentralen Werkzeug an Ihrem Arbeitsplatz, zur Kommandozentrale, in der alle Fäden zusammenlaufen. Das ist sie aber nur, wenn Sie sie als reine Zwischenstation betrachten. Kein Papier sollte dort länger als etwa drei Monate lagern.

Mit Disziplin und etwas Gewöhnung können Sie Ihre Kommandozentrale aber zu einem treuen und motivierenden Mitarbeiter machen.

Zehn bewährte Entstapelungs-Regeln

**1. Im Ordner endlagern.** Wenn etwas erledigt ist, fliegt es aus der Registratur raus. Dazu ist der Platz hier zu wertvoll. Schriftstücke, die Sie dauerhaft aufheben müssen, dürfen nicht in den Hängemappen bleiben, sondern gehören in einen Aktenordner. Deshalb sollte es zu jeder Hängemappe mindestens einen thematisch passenden Ordner geben. Was nicht aufgehoben werden muss, fliegt in den Papierkorb. Die »runde Ablage« hat immer Vorrang!

**2. Außenstationen bilden.** Dinge, die nicht in eine Hängemappe passen, sollten Sie anderweitig ablegen. Lagern Sie dicke Schriftstücke in einem Stehsammler. In die zugehörige Hängemappe stecken Sie als Erinnerung zum Beispiel den Begleitbrief zum Schriftstück oder die Kopie der Titelseite.

**3. Im Kalender verankern.** Damit Sie sich an die To-do-Aufgabe erinnern, wird sie im Zeitplaner eingetragen, und zwar an einem realistischen Termin.

**4. Kluge Namen erfinden.** Beschriften Sie die Hängemappen mit aussagekräftigen Namen (»Messestand«, »Forschungsabteilung«, »Dienstreisen«). Vermeiden Sie Aufschriften wie »Dringend!« oder »Zu erledigen«. Mappen mit allgemeinen, nicht motivierenden Bezeichnungen werden in der Regel als Erste zu frustrierenden Grabstätten, in denen wichtige Unterlagen verloren gehen. Verfallen Sie beim Ausdenken der Mappennamen nicht in unnötiges Amtsdeutsch, sondern nutzen Sie die erleichternde Wirkung des Humors. Statt »Zu erledigen« »Beantworte mich!«, statt »Rechnungen« »Bezahl mich!«, statt »Auswärtige Termine« »Bloß weg hier!« und so weiter.

**5. Ständig verändern.** Sorgen Sie dafür, dass Ihre Hängeregistratur lebt. Scheuen Sie sich nicht, die Namen der Mappen häufig zu wechseln. Ihre Hängeregistratur soll ein lebendiges Wesen bleiben. Beispiel: Ein TV-Journalist hat für jeden Filmbericht eine Mappe. Ist der Bericht gesendet, landet das, was unbedingt aufgehoben werden muss, in einem Aktenordner. Die alte Mappe bekommt den Namen eines neuen Filmprojekts. Halten Sie dazu ausreichend Schildchen für die Beschriftung bereit, am besten in der letzten Mappe Ihrer Hängeregistratur.

**6. Schnell reagieren.** Es hat sich bewährt, wenn Sie in einer der vorderen Mappen vorbereitete Brief- und Faxbogen für Schnellantworten bereithalten. So können Sie in einem Aufwasch Dinge schnell beantworten.

**7. Konsequent nutzen.** Prüfen Sie, welche Art von Schriftstücken chronisch auf Ihrem Schreibtisch liegen bleibt, weil sie in keine Kategorie passt. Eröffnen Sie entsprechende Mappen. Dadurch entsteht zum Beispiel die Abteilung »Kinder« (Einladungen zum Elternsprechtag, Klassenlisten, Formulare für die Krankmeldung) oder »Sportverein« (wenn Sie in einem solchen Mitglied sind) oder irgendeine andere. »Fundsachen« (Zeitungsausschnitte, Broschüren) kommen in die jeweilige thematische Mappe. Gibt es keine, eröffnen Sie eine (zum Beispiel »Persönliche Gesundheitstipps«).

Bewährt hat sich eine Neue-Reisen-Mappe, in die alle Unterlagen für geschäftliche Reisen hineinkommen (Fahrkarten, Reisepläne, Stadtpläne, Hoteladressen, Einladungsschreiben, Reiseprospekte – und zwar nur die herausgerissenen Seiten mit den wichtigen Informationen). Jede einzelne Reise steckt dabei in einer Klarsichthülle. Vor Reiseantritt nehmen Sie die entsprechende Hülle mit und können sicher sein, dass alles Wichtige dabei ist. Während der Reise kommen in die Klarsichthülle alle Unterlagen, die Sie aufheben möchten, vor allem sämtliche für die Reisekostenabrechnung wichtigen Belege. Weil Sie alles Nötige dabeihaben, können Sie mit der ungeliebten Abrechnung möglicherweise bereits während der Heimreise beginnen.

Sind Abrechnung und Reise erledigt, stecken Sie ein besonders aussagekräftiges Blatt zuoberst in die Klarsichthülle und stellen das Ganze in einen Stehsammler »Alte Reisen«. Eine einfache und sichere Lösung, bei der nichts verloren geht.

**8. Mappenvorderseite mitnutzen.** Schreiben Sie auf die Vorderseite der Hängemappe Telefonnummern, Namen, Adressen, Termine, Mitgliedsnummer und andere Fakten, die für das Thema der Mappe wichtig sind. Wenn Sie die Tasche herausnehmen, haben Sie alle wichtigen Daten auf einen Blick vor sich.

**9. Originell bleiben.** Gehen Sie davon aus, dass Ihre Hängeregistratur alles organisieren kann, wenn Sie es nur clever genug anstellen. Bleiben Sie kreativ im Entdecken neuer Anwendungen. Am schönsten ist es, wenn Sie Ihre zentrale Zwischenablage nicht nur nutzen, sondern lieben (und anderen Menschen stolz vorführen). Beispiele: Ein Freund des Schreibens mit dem Füller hat eine Hängemappe mit Löschpapier, weil er vorher immer danach suchen musste. Ein Familienvater, der zu Hause arbeitet, hat eine Mappe mit Überraschungen für seine Kinder (Aufkleber, Rätselseiten aus Zeitschriften, kleine Tütchen mit Gummibärchen).

**10. Regelmäßig abspecken.** Durchforsten Sie Ihre Hängeregistratur, wenn sie zu voll aussieht. In jeder Mappe gibt es Dinge, die sich längst erledigt haben. Das geht schneller, als viele meinen. Nach 10 Minuten Wegschmeißen sind Ihre Mappen in der Regel wieder voll funktionstüchtig.

Träumen Sie angesichts zu voller Mappen nicht von einer »großen Aufräumaktion«, bei der »dann alles« perfekt in Schuss gebracht wird – diese Aktion findet womöglich niemals statt. Machen Sie lieber einen kleinen Schritt, aber den sofort.

### Alternative Mappensysteme

Von den Firmen *Classei* und *Mappei* gibt es Mappensysteme, die Ihnen den umständlichen Abheftvorgang in klassischen Ordnern ersparen. Bei diesem Verfahren wird nicht der Inhalt einer Mappe aufgeteilt und abgeheftet, sondern die komplette Mappe wird in einem speziellen Plastikcontainer aufgehoben. Sie müssten dazu allerdings Ihre Ordner weitgehend aufgeben und Ihr Büro komplett umstellen.

Für welches Verfahren Sie sich entscheiden, ist vor allem eine Typfrage. Das System von *Classei* bzw. *Mappei* erfordert von Anfang an eine treffsichere Beschriftung der Mappe, weil sie den Inhalt bis an sein »Lebensende« begleiten wird. Die einzelnen Mappen sind nicht so sehr als Zwischenspeicher gedacht, sondern eher als einfach zu handhabender Ordnerersatz. In einer simplify-Hängeregistratur dagegen landen über 80 Prozent aller gesammelten Schriftstücke früher oder später im Abfall; nur ein Fünftel wird dauerhaft in Ordnern archiviert.

Die dünneren *Classei/Mappei*-Taschen müssen zum Einstecken von Schriftstücken aus dem Ständer genommen werden. Das Befüllen der Mappen ist bei der klassischen Hängeregistratur eleganter: Sie ziehen die Mappe im Ständer auf und lassen die Schriftstücke hineingleiten.

### Fünf Tipps für dauerhafte Ordnung

Gleichgültig, ob Hängeregistratur oder Ordner: Unaufhaltsam schwellen die gesammelten Aufbewahrungsmittel an. Die Suchzeiten werden länger, die enthaltenen Informationen veralten, der Platz wird knapp und Ihre Arbeitsfreude sinkt. Das muss nicht sein. Mit Ihrer persönlichen Auswahl von einer oder mehrerer der folgenden fünf simplify-Methoden bekommen Sie die Papierflut ganz bestimmt in den Griff.

**1. Die Dreierregel.** Jedes Mal, wenn Sie in einem stetig wachsenden Informationsordner etwas suchen, entfernen Sie drei veraltete Informationen. Denken Sie an das simplify-Prinzip der kleinen Sofort-Schritte. Freuen Sie sich über jedes Stück Papier, das im Altpapier landet: Es erleichtert Ihre Mappen, Ihre Seele und Ihr Zeitbudget.

**2. Der Tauschhandel.** Für jede neue Information, die in die Ablage hineinkommt, werfen Sie sofort eine ältere hinaus. Betrachten Sie Ihre Papiere nicht als unvergänglichen Besitz, sondern als Gäste, die nicht ewig bei Ihnen bleiben müssen.

**3. Die Zwischendurchstrategie.** Legen Sie am Vorabend jedes Tages eine oder zwei zu verschlankende Mappen, Ordner oder Ablagekörbe auf Ihren Schreibtisch. Am nächsten Tag schauen Sie diese »nebenbei« durch, zum Beispiel beim Pausenkaffee, bei Wartezeiten, zwischen zwei Terminen, oder wenn Sie Ihr persönliches Tagestief spüren.

**4. Das Verfallsdatum.** Kennzeichnen Sie Mappen oder Ordner, die zu einem bestimmten Zeitpunkt ihren Nutzen verlieren, mit einem auffälligen »Verfallsdatum«. Zum Beispiel zeitraumbezogene Planungen und Kalkulationen: »Ins Altpapier am 31.12.04« oder »Ins Archiv am 30.6.04«. Zusätzlich können Sie eine Wegwerf-Erinnerung in Ihre Wiedervorlage legen oder in Ihren Terminkalender schreiben.

**5. Das Projektfest.** Wenn Sie eine Aufgabe abgeschlossen haben, gehen Sie alle betroffenen Ablagen und Ordner durch. Geben Sie alle nicht mehr notwendigen Papiere und Bücher zurück oder werfen Sie sie fort. Für alles, was später noch gebraucht werden könnte, legen Sie einen Archivordner an. Und dann feiern Sie, dass Sie es geschafft haben!

### So bleibt Ihr Schreibtisch leer

Zunächst einmal erklären wir hiermit die Debatte »Leertischler« kontra »Volltischler« für beendet – der »Leertischler« hat gesiegt. Mit einem vollen Schreibtisch wird Ihnen das Vereinfachen Ihres Lebens nicht gelingen.

Der wichtigste Trick: Bauen Sie alles, was Sie bisher auf Ihrer Arbeitsfläche gestapelt haben, hinter sich auf. Installieren Sie dort einen halbhohen Schrank, ein Regal oder einen zweiten Tisch.

### Das Desk-Memory-Buch

Ein sinnvoller Trick für alle, auf deren Schreibtischunterlagen sich gekritzelte Telefonnummern und allerlei Notizzettel ansammeln: Räumen Sie in regelmäßigen Abständen alles zusammen, schneiden Sie notfalls Notizen aus der großen Unterlage aus und kleben Sie alles in ein Heft mit dem Titel »Was bisher auf dem Schreibtisch lag«. Der Vorteil: Ihr Schreibtisch ist leer, aber im Notfall sind alle Informationen verfügbar.

### Erkennen Sie Staus frühzeitig

Wenn Sie trotz aller guten Vorsätze mit dem Aufräumen nicht nachkommen, liegt es häufig an einer Kleinigkeit: ein Stau, den Sie auf den ersten Blick gar nicht bemerken, weil er sich am Ende der Ordnungskette befindet.

Ein Beispiel: Auf Ihrem Schreibtisch sammeln sich die Kontoauszüge. Aber der Ordner mit den Auszügen ist randvoll. Sie müssten einen neuen Ordner anlegen, doch auch das Regal ist bis auf den letzten Zentimeter mit Ordnern gefüllt. Eine komplette Umorganisation des Regals wäre nötig, möglicherweise verbunden mit einer Aufräumaktion des gesamten Büros. Dazu haben Sie im Moment keine Zeit.

Resultat: Auf dem Schreibtisch stapeln sich bald nicht nur die Kontoauszüge, sondern viele andere Schriftstücke. Sie wissen, dass irgendwo die wichtigen Bankbelege liegen, trauen sich aber gar nicht mehr an die Stapel heran. Ein Teufelskreis.

Solche Teufelskreise der Unordnung gibt es nicht nur auf Ihrem Schreibtisch, sondern an allen Aufbewahrungsorten: in Bücher- und Aktenregalen, in Schubladen, in Lagerräumen, im Kleider- und Geschirrschrank oder in der Speisekammer.

## Lösen Sie aktuelle Probleme sofort

Das Schlüsselwort für eine aufgeräumte Umgebung ist »Fließen«. Das Problem ist nicht, dass zu viel Material zu Ihnen hinfließt, sondern dass es zu stockend abfließt. Der Unterschied zwischen Papier-hin-und-her-Schieben und Papier-Management besteht darin, schnell Entscheidungen zu treffen. Die meisten Dinge, die auf einem To-do-Stapel landen, bleiben später doch unerledigt. Wie große Brocken im Ablauf eines Waschbeckens verstopfen sie aber den Fluss, bremsen Ihre Motivation und machen Sie unzufrieden. Dann also lieber sofort weg damit!

Entwickeln Sie ein Gespür für derartige Staus. Prüfen Sie kritisch: Was hindert Sie momentan daran, die herumliegenden Dinge aufzuräumen? Was ist die Ursache für Ihre Unlust: eine überquellende Hängeregistratur, ein schwer erreichbarer Ordner oder eine noch gar nicht existierende Ablage für ein neues Arbeitsgebiet?

Denken Sie an das simplify-Prinzip der kleinen Schritte: Sie können und müssen nicht alle Blockaden auf einmal besiegen. Aber wenn Sie einen einzigen Störenfried gefunden haben, dann beseitigen Sie diese Blockaden sofort. Träumen Sie nicht von der großen Gesamtlösung, sondern beseitigen Sie das aktuelle Problem so schnell wie möglich. In unserem Beispiel: Richten Sie einen neuen Ordner ein, auch wenn er vorübergehend auf dem Boden stehen muss. So zerstören Sie den Teufelskreis und erzeugen einen positiven Schneeballeffekt.

### Schaffen Sie langfristig Abhilfe mit der Dreiviertel-Regel

Lassen Sie es nicht bis zum Chaos kommen. Reagieren Sie nicht erst bei 120 Prozent Überfüllung, sondern agieren Sie bereits bei einem Auslastungsgrad Ihrer Aufbewahrungssysteme von 75 Prozent. Das heißt: Betrachten Sie einen Ordner als voll, wenn er etwa zu 75 Prozent gefüllt ist. Ein Regalbrett von 1 Meter Breite sollte nur 75 Zentimeter Bücher und Ordner enthalten (damit die Ordner nicht umfallen, können Sie einen davon hinlegen oder eine Buchstütze zu Hilfe nehmen). Auch die Kleiderstange in einem Schrank ist nur dann bequem benutzbar, wenn sie höchstens zu 75 Prozent bestückt ist.

### Verschaffen Sie sich Erfolgserlebnisse durch Schritte-Mappen

Die alte und eigentlich kluge Regel, jedes Stück Papier nur einmal anzufassen, ist in der Theorie eine großartige Idee, in der Praxis aber nur in Ausnahmefällen durchführbar. Um den gerade eingegangenen Antrag auszufüllen, müssen Sie mit einem Kollegen Rücksprache halten (der ist gerade nicht da), in den alten Unterlagen nachsehen (die sind im Keller), und Sie benötigen Daten aus der Buchhaltung (es lohnt sich nicht, nur deswegen gleich dort anzufragen). Kurzum: Aus dem einfachen Blatt Papier ist wieder einmal ein komplizierter Vorgang geworden. So etwas landet in der Regel auf einem ominösen Stapel »Später erledigen«. Und damit beginnt das Chaos. Die amerikanische Organisationsexpertin Barbara Hemphill bringt es auf die Formel: Unordnung entsteht durch aufgeschobene Entscheidungen.

**Das Problem.** Vor Ihnen liegt ein Papier, zu dessen Erledigung Sie eigentlich mehrere Aufgaben gleichzeitig erfüllen müssten. Wie einzelne Perlen kullern diese Arbeiten vor Ihren Augen herum – was letztlich dazu führt, dass Sie die ganze Angelegenheit lieber erst einmal zur Seite schieben.

**Die Lösung.** Fädeln Sie die Perlen auf und fangen Sie mit der ersten an. Wählen Sie aus der Vielzahl nötiger Aktionen eine aus und erklären Sie diese zum nächsten Schritt. Damit bringen Sie jedes Papier, das Sie anfassen, um einen Arbeitsschritt weiter. Dazu hat Barbara Hemphill eine Technik entwickelt, die sich bei ihren Kunden bestens bewährt: die Schritte-Mappen.

Richten Sie in Ihrer Hängeregistratur Mappen ein, die Sie mit Reitern in auffälligen Farben versehen. Beschriften Sie diese Mappen mit typischen »nächsten Schritten«. Von Arbeitsplatz zu Arbeitsplatz sind diese Schritte recht verschieden – ja, sie kennzeichnen geradezu Ihren individuellen Arbeitsplatz. Einige gibt es allerdings fast überall.

Ein paar Beispiele:

- Kopieren
- Dem Chef vorlegen
- Anrufen
- Besprechen mit …
- Mit der Buchhaltung klären
- Auf Rückantwort warten

Hier die Schritte-Mappen des Zeichners Werner Küstenmacher:

- Skizzen erstellen
- Reinzeichnen
- Auf das Okay warten
- Rechnung stellen

Oder hier ein paar Schritte-Mappen eines Versicherungsvertreters:

- Verträge ausfüllen
- An die Zentrale schicken
- Angebote erstellen
- In die Kundendatei aufnehmen
- Termin vereinbaren

Der Vorteil: Gleichartige Vorgänge werden zusammengefasst. Wenn Sie die »Anrufen«-Mappe zur Hand nehmen, ergibt sich daraus automatisch ein Telefonier-Block – anerkanntermaßen eine Organisationserleichterung. Ihr Schreibtisch bleibt leer. Nichts zieht die Schaffensfreude stärker herunter als eine überfüllte Arbeitsplatte, die Sie lautlos fragt: Womit anfangen? Sobald Sie aber eine Schritte-Mappe herausnehmen, ist klar, was zu tun ist.

### Bringen Sie Freude an Ihren Arbeitsplatz

Halten Sie Ihre Ablage auch äußerlich in gutem Zustand. Das Ordnunghalten macht mehr Spaß, wenn Sie sich nicht über klemmende Ordnermechaniken, schlecht lesbare Schilder oder herausfallende Unterlagen ärgern müssen. Haben Sie einen Ordner oder eine Mappe schon einmal in der Hand, führen Sie Reparaturen (Risse, kaputte Reiter, verblasste Beschriftung) gleich mit aus. Verschieben Sie so etwas nicht auf »die nächste große Aufräumaktion« (die kommt nämlich in der Regel nie). Halten Sie stets einen ausreichenden Vorrat an Trennblättern, neuen Ordnern, Rückenschildern und Mappen bereit.

Besorgen Sie sich Qualitätsordner mit reibungslos funktionierender Mechanik, ansprechende Schachteln, geschmackvoll gestaltete Schubladenblöcke. Leisten Sie sich noble Gefäße für die chronisch herumliegenden Sachen: einen schicken kleinen Ständer für Disketten, einen edlen Becher für Ihre Stifte. Es soll Ihnen Spaß machen, Ihre Dinge in Ordnung zu halten und das goldene Prinzip des Aufräumens zu verwirklichen: Jedes Ding hat *seinen* Platz. Jedes Ding hat *einen* Platz.

Falls in eine prall gefüllte Hängemappe nichts mehr hineinpasst, Sie aber beim besten Willen daraus nichts entsorgen können, steigen Sie um auf einen Hängesammler mit breitem Kunststoff- oder Hartpappeboden, die von *Leitz* und *Elba* mit Füllvermögen zwischen 2 und 6 Zentimetern angeboten werden. Oder Sie legen gleich einen Ordner dafür an.

**W**enn Sie mehr lesen möchten: Werner Tiki Küstenmacher & Lothar J. Seiwert, *simplify your life. Einfacher und glücklicher leben*, Frankfurt/New York 16. Auflage 2007.

# Jürgen W. Goldfuß: Delegieren

## Entlasten Sie sich selbst

Delegieren – geht bei Ihnen wahrscheinlich nicht, sagen Sie. Sie sehen einfach zu viele Risiken auf sich zukommen. Deshalb bleiben Sie sicherheitshalber abends länger im Büro – im Glauben, dass Mehrarbeit eben zum beruflichen Erfolg dazugehört.

Ein Tipp ganz zu Anfang des Kapitels: Haben Sie keine Angst zu delegieren, geben Sie ab, was Sie abgeben können. Lassen Sie sich auf den nächsten Seiten die richtigen Antworten auf Ihre Fragen zum Thema Delegieren geben ■

Spätestens dann, wenn Ihr »Zu bearbeiten«-Stapel Ähnlichkeit mit dem schiefen Turm von Pisa aufweist, sollten Sie sich ernsthaft mit dem Gedanken des Delegierens anfreunden. Es gibt in Ihrer Abteilung viel zu tun, also fangen Sie an – abzugeben. Trennen Sie sich von lieb gewonnenen Tätigkeiten. Aber bitte delegieren Sie nicht nur die Dinge, die Ihnen persönlich unangenehm erscheinen. Und vor allem: Delegieren Sie nicht erst »fünf vor zwölf«, nämlich dann, wenn es pressiert, sondern so rechtzeitig, dass auf beiden Seiten kein unnötiger Zeitdruck entsteht. Mitten im Orkan kann man niemandem die Navigation beibringen. Unter Zeitdruck und Stress lässt sich Delegieren nicht einüben.

Wenn Sie sich in einem pietistisch geprägten Arbeitsumfeld bewegen, in dem Fleiß als eine Haupttugend irdischen Lebens gesehen wird, dann wird das Delegieren unter Umständen als mangelnde Leistungsbereitschaft oder schlicht als Faulheit betrachtet. Oft wird sogar erwartet, dass mehr geleistet wird als gefordert – als Zeichen besonderen Fleißes. Und in Zeugnissen wird der Satz »Er konnte gut delegieren« eher als Negativmerkmal bewertet. Vielleicht müssen Sie am Anfang des Delegierens Sätze hören wie: »Sie scheinen ja nicht besonders viel zu tun zu haben, wenn Sie jeden Tag rechtzeitig nach Hause gehen können.« Lassen Sie sich von den sichtbar »Fleißigen« nicht davon abbringen, zu delegieren, was delegierbar ist. Machen Sie sich nicht zum Märtyrer. Ihr Motto heißt jetzt: »Work smarter, not harder.«

Vielleicht haben Sie auf Tagungen und Seminaren auch schon jene bemitleidenswerten Macher erlebt, die in jeder Pause ans Telefon gerufen werden. Der aus dem Fußball bekannte, scherzhaft gemeinte Satz »Schiedsrichter ans Telefon« erfährt hier eine traurige Bestätigung. Weil niemand während der Abwesenheit des Unersetzbaren Entscheidungen treffen kann, muss er als »Schiedsrichter« permanent verfügbar sein. Welch ein trauriges Berufsleben! Vor allem in vielen kleinen Unternehmen rächt es sich eines Tages bitter, dass Chefs sich nicht von der Arbeit trennen können, nämlich dann, wenn etwas Unvorhergesehenes passiert wie Krankheit oder ein Unfall. Keiner weiß dann Bescheid, keiner kennt sich aus, keiner hat die Chance erhalten, sich in das Aufgabengebiet des Chefs einzuarbeiten, der Betrieb dümpelt dann vor sich hin oder steht ganz still. Dann bewahrheitet sich schmerzhaft die sich selbst erfüllende Prophezeiung des Chefs: »Meinen Job kann hier keiner machen.«

Um solche Situationen zu verhindern, müssen Sie abgeben können. Auch wenn Sie zügig, gut organisiert und effektiv arbeiten, schaffen Sie es manchmal nicht, alle Aufgaben zeitgerecht zu erledigen. Sie stehen vor einer klassischen Engpasssituation, Ihnen fehlt die Kapazität, um alle Arbeiten zu erledigen (siehe Abbildung 10).

**Abbildung 10: Klassische Engpasssituation**

Dafür stellt Ihnen jetzt das Unternehmen Mitarbeiter und Kollegen, »Manpower«, zur Verfügung, es sind also genügend Hände vorhanden (siehe Abbildung 11).

**Abbildung 11: Manpower als Unterstützung**

Diese Hände werden von Köpfen gesteuert, den Köpfen Ihrer Mitarbeiter. Und an dieser Stelle beginnt jetzt Ihre Aufgabe: die Köpfe dieser Kollegen und Mitarbeiter so zu beeinflussen, dass alle Hände in dieselbe Richtung, auf dasselbe Ziel hin, arbeiten, und zwar jeder Kopf auf seine Art und Weise (siehe Abbildung 12).

Nur wenn es Ihnen gelingt, in den Köpfen ein gemeinsames Ziel entstehen zu lassen, nur dann können Sie sicher sein, Erfolg in Ihrem Job
zu sichern.

**Abbildung 12: Gemeinsames Ziel vor Augen**

## Situationsanalyse durchführen

Bevor Sie Arbeit delegieren, ist eine gründliche Situationsanalyse durchzuführen. Über drei Punkte müssen Sie informiert sein:

- über sich selbst,
- über die zu delegierende Tätigkeit und
- über die Personen, an die Sie etwas delegieren wollen.

Fangen wir bei Ihnen an: Sind Sie delegationsfähig, das heißt, können
Sie loslassen, abgeben? Haben Sie vielleicht ein zu hohes Idealbild von
sich entwickelt oder sich von Ihrem Umfeld aufdrängen lassen? Betrachten Sie in dem folgenden Test jeden einzelnen Punkt selbstkritisch.
Beantworten Sie die Fragen spontan. Für jede Zeile, die Sie mit »Ja« beantworten, sollten Sie sich in Ruhe über die Gründe Gedanken machen
und auf einem leeren Blatt notieren, warum Ihre Antwort so ausfiel.

Haben Sie in Ihrer Vergangenheit vielleicht negative Beispiele erlebt? Welche anderen Gründe könnten vorliegen? Geben Sie sich nicht mit der ersten »Ausrede« zufrieden, sondern forschen Sie nach, finden Sie die tatsächlichen Gründe heraus.

**Test: Sind Sie »delegationsfähig«?**

|  | | Ja | Nein |
|---|---|---|---|
| ✓ | Haben Sie Angst davor, Arbeit abzugeben? | | |
| | Fühlen Sie sich überlastet? | | |
| | Haben Sie Vertrauen in Ihre Mitarbeiter und Kollegen? | | |
| | Haben Sie Angst davor, Verantwortung abzugeben? | | |
| | Sind Sie Perfektionist? | | |
| | Können Sie loslassen? | | |
| | Können Sie Fehler akzeptieren? | | |

Gehen wir noch etwas weiter in der Analyse. Stellen Sie sich solch einfache Fragen wie »Wofür werde ich eigentlich bezahlt?«, »Welche konkreten Ziele habe ich für welchen Zeitraum?«, »Was sind meine Kernkompetenzen?«, »Was kann ich besonders gut?«, »Was können andere besser als ich?«, »Was erwartet mein Chef von mir?« und »Was erwartet das Unternehmen von mir?«. Wenn Sie diese Fragen mit den entsprechenden Antworten in einer Mindmap-Darstellung visualisieren, dann fällt es Ihnen leichter, Arbeiten und Aktivitäten zu delegieren, denn die Zusammenhänge und die gegenseitigen Abhängigkeiten sind nicht nur für Sie, sondern auch für andere klarer zu erkennen. Ein paar weitere Fragen, die Sie sich stellen sollten:

**Warum muss diese Arbeit überhaupt erledigt werden?** Wenn Sie keine überzeugende Antwort auf diese Frage finden, dann sollten Sie diese Tätigkeit ersatzlos wegfallen lassen. Viele Arbeiten haben sich »historisch« entwickelt und hatten vor Jahren durchaus eine Berechtigung. Bei genauer Betrachtung stellt man allerdings fest, dass sich die zwingende Notwendigkeit für die Aufgabe längst erledigt hat.

**Warum muss diese Arbeit ausgerechnet jetzt erledigt werden?** Wenn Sie auf diese Frage keine überzeugende Antwort finden, dann sollten Sie die Tätigkeit auf einen späteren Zeitpunkt verschieben. Auch hier wird durch Hinterfragen meist Entspannung in den Zeithaushalt einer Abteilung gebracht werden.

**Warum muss diese Arbeit in dieser Form erledigt werden?** Sie finden keine schlüssige Antwort darauf? Dann sollte die Tätigkeit rationalisiert, modifiziert oder vereinfacht werden.

**Warum muss diese Arbeit gerade von mir erledigt werden?** Wenn Ihnen hierzu keine schlüssige Antwort einfällt, dann kann die Antwort nur lauten: Delegieren. Sie werden bestimmt jemanden finden, der diese Arbeit erledigen kann – vielleicht sogar noch besser als Sie.

> **Das sollten Sie sich merken:** Delegieren hat nichts mit dem Ausüben von Macht und dem Ausnutzen von Statussymbolen zu tun. Delegieren heißt, effizienter zu arbeiten, nichts weiter ▪

Vorsicht jedoch: Delegieren Sie nicht um des Delegierens willen. Wenn es einfacher, schneller und billiger ist, per Knopfdruck an Ihrem Telefon den gewünschten Gesprächspartner anzuwählen, dann wäre es ein schwerer Rückfall in graue Vorzeiten, wenn Sie Ihre Sekretärin anweisen würden, Ihnen das Gespräch zu vermitteln. Delegieren hat nichts mit dem Ausüben von Macht und dem Ausnutzen von Statussymbolen zu tun. Delegieren heißt, effizienter zu arbeiten, nichts weiter.

Delegieren kann auch heißen, eine Arbeit nach außerhalb zu delegieren, an andere Personen oder Firmen. Der Begriff Outsourcing bedeutet nichts anderes, als etwas nach außerhalb abzugeben, was andere besser oder billiger (meist beides zusammen) erledigen können.

In der folgenden Tabelle tragen Sie ein, welche Tätigkeiten Sie ganz oder zum Teil abgeben möchten, welche Arbeiten Ihrer Meinung nach nicht delegiert werden können – und warum. Sie können hier Ihre eigene Entscheidung zum Thema Delegieren treffen. Wenn Sie diese Tabelle im Zwei-Monats-Abstand aktualisieren, dann werden Sie feststellen, dass man tatsächlich immer mehr abgeben kann. Und sie werden das Risiko beim Delegieren jedes Mal als geringer empfinden. Ganz wichtig ist die ehrliche Beantwortung der Frage in der vierten Spalte. Sie werden nämlich dabei feststellen, dass manche Hinderungsgründe eher emotional als rational begründet sind.

Tabelle 7

| | Was kann ich ganz abgeben? | Was kann ich zum Teil abgeben? | Was kann ich nicht abgeben? | Warum kann ich diese Tätigkeiten tatsächlich nicht ganz abgeben? |
|---|---|---|---|---|
| 1. | | | | |
| 2. | | | | |
| 3. | | | | |
| 4. | | | | |
| 5. | | | | |

Beim Delegieren unterscheidet man drei Arten: Delegieren nach Aufgabe, nach Funktion oder nach Ziel.

**1. Das Delegieren nach Aufgabe ist die bekannteste und häufigste Methode.** Einem Mitarbeiter werden spezifische Aufgaben oder Unteraufgaben übertragen. Das kann zum Beispiel der Entwurf eines neuen Prospekts für ein Produkt oder eine Dienstleistung sein, das Überarbeiten oder Korrigieren eines Berichts oder die Vorbereitung eines Projekts, also eine klar umrissene Aufgabe.

**2. Das Delegieren nach Funktion bedeutet, eine Gruppe von Aktivitäten abzugeben, die sich auf eine einzige, übergeordnete Funktion beziehen.** Funktionen sind zum Beispiel die Bereiche Personal, Vertrieb, Entwicklung oder Finanzen. Der Delegierende hat die Verantwortung für diesen Bereich, für das Funktionieren des Bereichs, an einen Verantwortlichen delegiert. Dieser delegiert wegen der Komplexität der Aufgabe meist Teilaufgaben wiederum weiter.

**3. Das Delegieren nach Ziel heißt, alle Aktivitäten, die erforderlich sind, um ein vorgegebenes Ziel zu erreichen, an jemanden abzugeben.** Das kann zum Beispiel eine Umsatzsteigerung um zwölf Prozent sein, die Erschließung neuer Marktanteile, die Erhöhung der Produktivität oder die Senkung von Kosten in den Betriebsabläufen. Das Erreichen solcher Ziele wird ohne Delegieren an andere Fachabteilungen wohl kaum möglich sein.

Sie sehen also, dass es sehr viele Kombinationsmöglichkeiten des Delegierens gibt. Unterschiedliche Delegationsschritte greifen ineinander über, verzahnen sich zu einem »Delegationskunstwerk«. Nun werden Sie in der Regel nur »nach unten« delegieren können, also an Ihre direkten Mitarbeiter. Was aber würde geschehen, wenn Sie eine Aufgabe an Ihren Chef delegieren? Hierbei ist nicht das Zurückdelegieren einer an Sie delegierten Aufgabe gemeint, sondern das Übertragen einer Aufgabe, die zu Ihrem Verantwortungsbereich gehört, zurück an Ihren Chef. Wie würde er wohl reagieren? Vielleicht mit »Soll ich etwa jetzt für Sie arbeiten?« oder »Können Sie das etwa nicht«? Eine interessante Situation. Aber warum sollte Ihr Chef nicht etwas für Sie tun, was er vielleicht besser, schneller oder billiger erledigen könnte? Würde davon nicht das gesamte Unternehmen profitieren, wenn immer der optimale Weg zum Ziel gesucht wird?

Sie erkennen an diesem Beispiel, wie wichtig zwei Dinge für eine reibungslos funktionierende Organisation sind: erstens die Konzentration auf Aufgaben und nicht auf Positionen, und zweitens eine ungestörte Kommunikation. Dasselbe gilt auch, wenn Sie Arbeiten einer anderen Abteilung übertragen wollen, die Ihnen organisatorisch nicht unterstellt ist. Wobei in einem solchen Fall natürlich die Frage auftaucht, warum die Tätigkeit bei Ihnen angesiedelt ist und nicht von vornherein bei der anderen Abteilung. Bei der Analyse der zu delegierenden Tätigkeiten werden Sie häufiger auf Fragen stoßen wie: »Warum sollen wir das eigentlich machen, wäre diese Aufgabe nicht woanders sinnvoller aufgehoben?« Es ergeben sich beim Delegieren durch das Hinterfragen von Abläufen oft neue Ansätze für Verbesserungen und Änderungen der betrieblichen Abläufe.

Obwohl eigentlich logisch und selbstverständlich, muss immer wieder an einen wichtigen Punkt erinnert werden. Egal, ob nach Ziel, Funktion oder Aufgabe delegiert wird: dem Beauftragten müssen alle erforderlichen Hilfsmittel und Ressourcen für die Erfüllung der Aufgabe zur Verfügung gestellt werden. Der »Delegationsempfänger« hat nicht nur das Recht, sondern im Interesse des gesamten Unternehmens auch die Pflicht, darauf zu bestehen, dass ihm alle erforderlichen Hilfen an die Hand gegeben werden. Aus dieser berechtigten Forderung heraus können sich interessante Diskussionen entwickeln, die aber vor Übernahme einer Tätigkeit geklärt werden müssen. In einer solchen Diskussion ist der »worst case« deutlich aufzuzeigen, der eintreten kann, wenn die erforderliche Unterstützung ausbleibt. Werden die notwendigen Ressourcen nicht zur Verfügung gestellt, dann ist die Aufgabe aufzuteilen oder zu reduzieren; ansonsten sollte man die Annahme der Aufgabe verweigern.

Aus betriebswirtschaftlichen Gründen ist es sinnvoll, eine Aufgabe immer an denjenigen zu delegieren, der unter den ausreichend qualifizierten und kompetenten Kollegen in der »finanziellen Rangordnung« am weitesten unten steht. Denn warum soll jemand in einer höheren Gehaltsstufe eine Arbeit erledigen, wenn diese Arbeit auch zu geringeren Kosten von anderen Personen durchgeführt werden kann? Und wenn es niemanden gibt, der zu diesen Konditionen zur Verfügung steht? Dann ist möglichst schnell jemand dahingehend auszubilden. Wie vereinbart sich aber diese Empfehlung mit dem Vorschlag, etwas an seinen (in der Regel teureren) Chef zu delegieren? Die Antwort ist einfach, sie besteht aus einer Kosten-Nutzen-Kalkulation: Wenn der Gesamtaufwand (Zeit mal Geld) bei der Erledigung durch den Chef geringer ist, dann ist diese Frage bereits beantwortet. Vielleicht besitzt Ihr Chef bessere Kontakte zu anderen Abteilungen, vielleicht kann er auf dem »kurzen Dienstweg«

Dinge schneller bewegen als Sie. Wenn Sie ihm den Vorteil eines solchen Vorgehens richtig »verkaufen«, dann wird er sich Ihrem Wunsch wohl nicht verschließen können.

Was kann man alles delegieren? Alles – außer der Verantwortung. An dieser Stelle regt sich wahrscheinlich leiser Widerspruch. Sie fragen sich, wozu Ihre Anwesenheit am Arbeitsplatz eigentlich noch erforderlich ist, wenn alles auch ohne Sie läuft. Außerdem gibt es einige Aufgaben, die Sie auf gar keinen Fall delegieren können. Sie haben natürlich Recht. Denn nur Sie können wissen und entscheiden, was Sie abgeben können (und wollen). Firmen sind unterschiedlich, Strukturen sind unterschiedlich, Aufgaben sind unterschiedlich, Positionen sind unterschiedlich, Konstellationen sind unterschiedlich – kurz, es kann hier keine »goldene Regel« für alle Branchen und Aufgabenbereiche geben.

Egal, was Sie heute tun und wo Sie es tun, die folgenden vier Punkte können immer delegiert werden:

- Routinearbeiten,
- Detailfragen,
- die Arbeit von Spezialisten und
- vorbereitende Arbeiten, die als Basis für weitere Aktivitäten dienen, wie zum Beispiel das Zusammenstellen von Daten oder das Skizzieren von Entwürfen.

So kann zum Beispiel in einer Anwaltskanzlei alles an Routineaufgaben delegiert werden. Terminvereinbarung mit Mandanten, Informationen an Mandanten, Routineschriftsätze und mit Textbausteinen vorgegebene Briefe müssen nicht von einem viel höher qualifizierten, teuer ausgebildeten Rechtsanwalt erledigt werden. Es ist jedoch bei jeder Tätigkeit zu prüfen, wie hoch der Risikoanteil beim Delegieren liegt, wenn es sich zum Beispiel um streng vertrauliche Angelegenheiten handelt, um einen Mandanten mit extrem hoher politischer oder wirtschaftlicher Bedeutung oder um Sonderfälle von besonderer juristischer Brisanz. Wenn solche »heißen« Themen delegiert werden, dann muss erstens volles Vertrauen in die Integrität und Verschwiegenheit des mit der Aufgabe beauftragten Mitarbeiters herrschen, und dem Mitarbeiter müssen alle

Konsequenzen einer möglichen Verletzung seiner Pflichten deutlich vor Augen sein.

Was Sie ebenfalls delegieren sollten:

- Tätigkeiten, die nicht von Ihren persönlichen Stärken abgedeckt werden;
- Tätigkeiten, die nicht mit Ihren Kernaufgaben übereinstimmen;
- Tätigkeiten, für die es Spezialisten gibt;
- Tätigkeiten, die nicht mehr Ihrem heutigen Niveau entsprechen.

Besonders beim letzten Punkt ist eine regelmäßige Prüfung empfehlenswert, denn Sie entwickeln sich täglich weiter, unmerklich zwar, aber unvermeidbar. Deshalb ist eine Eigenanalyse wichtig, die Ihnen in sinnvollen Abständen verdeutlicht, aus welchen »Schuhen« Sie »herausgewachsen« sind, wo Sie messbare Fortschritte erzielt haben. Arbeiten Sie nicht unter Ihrem derzeitigen Limit. Betrachten Sie regelmäßig Ihre Stärken und Schwächen aufs Neue, sonst erkennen Sie nicht die Fortschritte in Ihrer Weiterentwicklung. Wenn Sie im Unternehmen keinen Mentor finden, dann lassen Sie sich bei der Eigenanalyse von jemandem unterstützen, der Ihren Weg und Ihre Entwicklung über einen längeren Zeitraum verfolgen konnte.

Nun wird es immer wieder Situationen geben, in denen Sie zögern, mit einer Arbeit zu beginnen, geschweige denn die Arbeit zu delegieren. Man schiebt die Entscheidung vor sich her, wohl wissend, dass sich nicht alle Probleme durch Liegenlassen erledigen. Schauen wir uns einmal die typischen Situationen an, die uns immer wieder im Arbeitsalltag begegnen:

- Es handelt sich um eine Aufgabe, die Sie überhaupt nicht mögen, was auch immer die Gründe dafür sind. Hier sollten Sie, wenn möglich, die Arbeit schnell delegieren. Vorsicht: Es darf nicht der Eindruck bei den Mitarbeitern entstehen, dass Sie alle für Sie unangenehmen Arbeiten abgeben.
- Es geht um eine Aufgabe, deren Komplexität für Sie unüberwindlich erscheint. Zerlegen Sie die Arbeit in kleine Schritte oder Phasen, und delegieren Sie sinnvoll zusammenhängende Einzelschritte.

- Sie wissen nicht, wie Sie eine Aufgabe anpacken sollen. Legen Sie einzelne Aktionsschritte fest, definieren Sie die Reihenfolge und delegieren Sie einzelne Schritte.
- Sie wissen nicht, wo Sie anfangen sollen. Beginnen Sie einfach an irgendeiner Stelle, gehen Sie von irgendeiner Annahme aus und prüfen Sie, ob es funktioniert. Ist der Ansatz falsch, versuchen Sie weitere, bis Sie das Gefühl haben, es könnte klappen. Geben Sie einzelne Schritte ab.
- Eine Aufgabe erfordert intensive Kontrollen. Legen Sie sinnvolle Kontrollpunkte fest, die es Ihnen erlauben, in logischen Abschnitten zu kontrollieren. Delegieren Sie überschaubare Abschnitte.
- Die Aufgabe erfordert zu viel Perfektion. Prüfen Sie kritisch, ob der Nutzen den zu erwartenden Aufwand rechtfertigt. Analysieren Sie, an welchem Punkt der erzielte Nutzen aufhört, sich direkt proportional zum investierten Aufwand zu verhalten. Prüfen Sie, ob es einen einfacheren und weniger anspruchsvollen Weg gibt, die Arbeit zu erledigen. Finden Sie kritische und weniger kritische Stellen heraus. Delegieren Sie einzelne Abschnitte.

Um eine Aufgabe zu erledigen, gibt es verschiedene Arbeitsstile. Suchen Sie sich den für eine bestimmte Situation passenden Stil heraus, um sich so weit an ein Problem heranzuarbeiten, dass Sie einen Teil der Arbeit delegieren können.

Man beginnt »in der Mitte« einer Arbeit und arbeitet sich zum »Rand« vor. Picken Sie sich den schwierigsten, wichtigsten oder lukrativsten Bereich des Projektes heraus und beginnen Sie dort, oder beginnen Sie am »Rand« und arbeiten sich zur »Mitte« vor. Das erleichtert bei schwierigen Problemen den Einstieg dadurch, dass man sich erst mit einfacheren Teilbereichen beschäftigt und sich dann an das Problem richtig herantastet.

Aber schauen wir uns doch einmal die vielen Kleinigkeiten an, die so unbedeutend erscheinen, jedoch in der Summe eine ganze Menge Ihrer wertvollen Arbeitszeit blockieren können. Das geht los bei der eingehenden Post, die jemand für Sie bereits öffnen und sortieren könnte.

Dazu gehört auch das Vorfiltern und Wegwerfen von unbedeutenden oder uninteressanten Informationen. Das Beantworten von Routineanfragen und der Entwurf von Antwortbriefen sollte ebenfalls nicht mehr zu Ihren Aufgaben gehören. Wenn es Menschen in Ihrer Umgebung gibt, die im Unterschied zu Ihnen mit ihren zehn Fingern virtuos mit einer Tastatur umgehen können, dann sollten Sie Schreibarbeiten delegieren. Ihre Stichwortnotizen müssen nicht von Ihnen in Briefe umgesetzt werden, auch das kann jemand aus Ihrem Mitarbeiterstab für Sie erledigen. Wenn Sie mit einer zeitsparenden Spracherkennungssoftware arbeiten, dann werden Ihre Gedanken schneller und billiger direkt von Ihnen am PC umsetzbar sein. Eingehende Telefonate sollten weitgehend von Mitarbeitern beantwortet werden können. Die Pflege Ihres Terminkalenders können Sie auch jemand anderem überlassen. Die Vorbereitung und sogar die Moderation von Konferenzen müssen ebenfalls nicht zu Ihren Aufgaben gehören. Die Organisation von Reisen, Messebesuchen, das Beschaffen von Material und das Führen von Sitzungsprotokollen ist auch nicht unbedingt Ihre Kernaufgabe. Und wäre es nicht bequem und zeitsparend, wenn jemand für Sie Zeitungen und Zeitschriften »vorlesen« und die für Sie wichtigen Artikel mit einem Farbstift markieren würde?

Protest? Sie wenden ein, dass ein anderer nicht so denkt wie Sie, nicht so formuliert wie Sie, nicht dieselben Entscheidungskriterien anlegt, dass ein anderer eben anders ist? Genau, Sie haben den Punkt getroffen: Jeder ist einmalig. Sehen Sie Ihren Einwand doch mal selbstkritisch: Auf der einen Seite möchten Sie entlastet werden, auf der andern Seite aber vermissen Sie Ihr geklontes Ebenbild. Nun, Sie müssen sich schon für eine Alternative entscheiden – abgeben oder behalten. Und wenn Sie noch niemanden in Ihrem Umfeld kennen, an den Sie delegieren können, dann wird es höchste Zeit, sich die entsprechenden Mitarbeiter heranzubilden, Mitarbeiter, die in Ihrem Sinn tätig werden können. Sie befürchten, dass das Risiko beim Delegieren größer ist als der eventuell erzielbare Nutzen? Schauen wir uns im nächsten Kapitel doch einmal die möglichen »Gefahrenquellen« ein wenig näher an.

## ■ Risiken bewerten und minimieren

Delegieren gilt bei manchen Menschen als eine Art Risikosport. So wie beim Fallschirmspringen das Sich-Trennen vom Flugzeug Bedingung ist für den Sprung oder beim Bungee-Jumping erst der entscheidende Schritt nach vorne den freien Fall auslöst, so muss auch beim Delegieren der erste Schritt das Loslassen, das Loslösen sein. (Anders jedoch als bei Risikosportarten können Sie beim Delegieren jederzeit noch eingreifen, noch stoppen.) Delegieren heißt Loslassen. Welches Risiko aber gehen Sie ein beim Loslassen? Was kann alles schiefgehen? Um nicht mit selbstmörderischen Aktionen Ihre Karriere zu ruinieren, sollten Sie vor dem Abgeben, vor dem Delegieren, eine Risikoanalyse durchführen. So wie eine Versicherung das potenzielle Risiko eines Schadens analysiert, ihn aber im Fall des Eintretens auch nicht verhindern kann, so müssen Sie sich Gedanken machen über die maximalen Schäden, die in einem konkreten Fall beim Delegieren auftreten können.

Viele »Schäden« lassen sich beim Delegieren bereits im Vorfeld vermeiden, wenn die folgenden Punkte beachtet werden:

- Sorgen Sie dafür, dass alle nötigen Mittel für die Mitarbeiter zur Verfügung stehen. Sie vermeiden dadurch unnötige »Boxenstopps« auf dem Weg zum Ziel.
- Delegieren Sie nicht nur unbedeutende Aufgaben, sondern auch wichtige, verantwortungsvolle Tätigkeiten. Die Motivation Ihrer Mitarbeiter sinkt dramatisch, wenn Sie nur »Mickey-Mouse-Aufgaben« abgeben, also kleine, unbedeutende Tätigkeiten.
- Stellen Sie sicher, dass Ihre Mitarbeiter Sinn und Zweck sowie das Ziel der Aufgabe richtig verstanden haben. Nehmen Sie sich ausreichend Zeit, auch Ihre Mitarbeiter nicht nur über Details, sondern über den Gesamtkontext der Aufgabe zu informieren.
- Sie reduzieren Schnittstellenkonflikte, wenn jeder die Bedeutung seiner Tätigkeit im Rahmen der Gesamtaufgabe kennt.
- Stehen Sie für Hilfe und Unterstützung zur Verfügung, ansonsten lassen Sie den Mitarbeiter alleine auf seine Art und Weise arbeiten.

Gewähren Sie erbetene Hilfe, mischen Sie sich aber ansonsten nicht mehr ein in das weitere Geschehen.

▪ Loben Sie den Mitarbeiter, wenn die Arbeit im vereinbarten Sinn ausgeführt wurde, ansonsten helfen Sie ihm dabei, es beim nächsten Mal besser zu machen.

▪ Delegieren Sie so oft wie möglich; nur so entsteht auf beiden Seiten die erforderliche Erfahrung. Die Übergabe und die Annahme von Verantwortung müssen ebenso regelmäßig geübt werden wie die Stabübergabe beim Staffellauf.

Der größte Risikofaktor im Leben ist der Mensch. Also sollten Sie genau an dieser Stelle bei Ihren Risikobetrachtungen beginnen. Bevor Sie etwas an einen Mitarbeiter delegieren, sollten Sie sich über dessen »Reifegrad« im Klaren sein. Um aus einem Betroffenen einen wirklich Beteiligten zu machen, sind einige Fragen zu stellen. Betrachten Sie den Mitarbeiter, den Sie für eine Arbeit vorgesehen haben, unter folgenden vier Aspekten:

**1. Der Mitarbeiter ist motiviert, und er kann die Arbeit ausführen.** Wunderbar, damit haben Sie den idealen Kandidaten zum Delegieren. Wenn Ihnen dann ein Blick in die Runde zeigt, dass es da aber noch andere Mitarbeiter gibt, an die Sie etwas delegieren könnten, dann hat sich Ihre Vorarbeit gelohnt.

**2. Der Mitarbeiter ist motiviert, ihm fehlen aber die Fähigkeiten, die Arbeit auszuführen.** Wo ein Wille ist, ist auch ein Weg. Das bedeutet: Sorgen Sie dafür, dass er sich möglichst schnell die notwendigen Fähigkeiten aneignet. Denken Sie aber bitte daran: Gut Ding will Weile haben. Ein Grashalm wächst auch nicht schneller, wenn Sie daran ziehen.

**3. Der Mitarbeiter ist nicht motiviert, er könnte aber die Arbeit ausführen.** Finden Sie heraus, was die Gründe für seine mangelnde Motivation sind, und sorgen Sie für die entsprechenden Anreize. Wecken Sie seinen Ehrgeiz, zeigen Sie ihm auf, welche Bedeutung diese Aufgabe für seine künftige Entwicklung haben könnte. Ist er Ihren Argumenten prinzipiell nicht zugänglich, dann zeigen Sie ihm auf, was Sie und das Unternehmen von ihm erwarten, und bestehen Sie darauf, dass er Ihre Erwartungen erfüllt – solange er in Ihrem Unternehmen auf der Gehaltsliste steht.

**4. Der Mitarbeiter ist nicht motiviert, und ihm fehlen die Fähigkeiten, die Arbeit auszuführen.** Hier stellt sich automatisch die Frage nach dem Stellenwert dieses Mitarbeiters für das Unternehmen. Worin besteht sein Beitrag zum Unternehmenserfolg? Finden Sie wie beim vorherigen Punkt heraus, wo seine Motivationsbremse liegt: »Kann er nicht« oder »Will er nicht«? Vielleicht »will« er nicht, weil er nicht »kann«? In diesem Fall sollten Sie dafür sorgen, dass er sich die notwendigen Fähigkeiten schnell aneignet.

Je mehr die Mitarbeiter über Ziele des Unternehmens wissen und sich mit diesen Zielen identifizieren können, desto weniger werden Sie es mit dem unter Punkt 4 genannten Mitarbeiter zu tun haben. Fehlende Motivation geht meist einher mit mangelhafter Firmenkultur, mit einem demotivierenden Betriebsklima und mit fehlender Kommunikation.

Sorgen Sie deshalb in Ihrem Bereich dafür, dass allen Mitarbeitern der Zusammenhang zwischen den drei Kreisen in Abbildung 13 deutlich wird: dem Unternehmensziel, der Mitarbeiterzufriedenheit und der Kundenzufriedenheit. Ideal wäre natürlich, wenn alle drei Flächen deckungsgleich wären, sich also vollständig überlappten. In der Praxis wird sich jedoch immer nur eine mehr oder minder große Schnittmenge ergeben. Betrachten wir die Auswirkungen von Verschiebungen: Reduziert sich die Kundenzufriedenheit aus Gründen eines zu hohen Gewinns und übergroßer Mitarbeiterzufriedenheit, dann besteht die Gefahr einer höheren Kundenfluktuation. Wird die Mitarbeiterzufriedenheit vernachlässigt zugunsten einer überhöhten Kundenzufriedenheit in Verbindung mit einem überdurchschnittlichen Gewinn, dann findet die »innere« und bald darauf die »äußere« Kündigung der Mitarbeiter statt, denn die Mitarbeiter fühlen sich überfordert oder gar »verheizt«. Und werden Kundenzufriedenheit sowie Mitarbeiterzufriedenheit auf die Spitze getrieben, dann wird wahrscheinlich der Geschäftszweck des Unter-

**Abbildung 13: Zusammenhang zwischen Mitarbeiter-/Kundenzufriedenheit und Unternehmensziel**

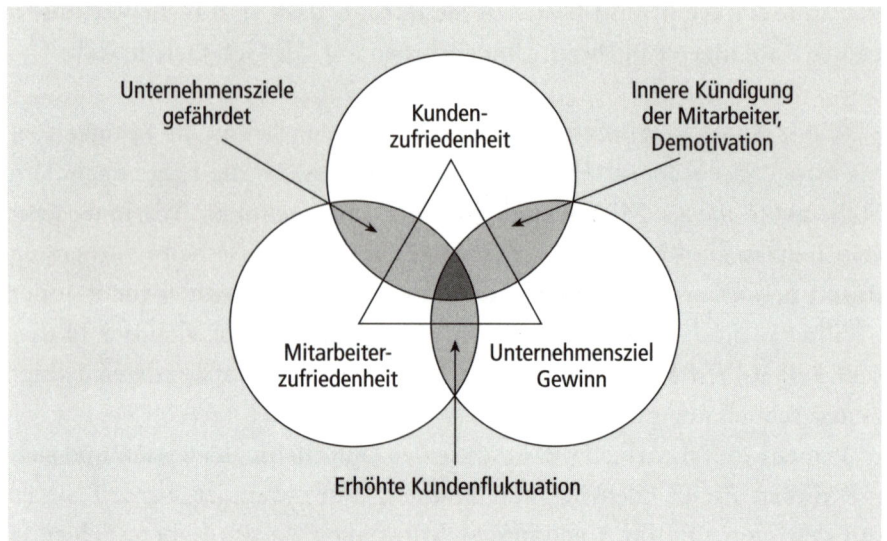

nehmens, nämlich der Gewinn, verfehlt. Mit diesem, zugegeben stark simplifizierten, Modell erkennt jeder im Unternehmen die gegenseitigen Abhängigkeiten. In vielen Unternehmen wurden allerdings diese einfachen Tatsachen den Mitarbeitern noch nie richtig vermittelt. Dementsprechend ist auch der Blick für die Zusammenhänge entwickelt – nämlich überhaupt nicht. Dieses Manko muss behoben werden. Mitarbeiter, die über den Tellerrand der eigenen Stellenbeschreibung hinaus denken können, fühlen sich eher verantwortlich für ihre Arbeitsergebnisse als Mitarbeiter mit der Denke: »Ich mache das, was mein Chef mir gesagt hat, alles andere interessiert mich nicht.« Eine effektive Möglichkeit, das erforderliche Wissen den Mitarbeitern zu vermitteln, ist beispielsweise die Teilnahme an einem Planspiel, das in komprimierter Form den Ablauf in Ihrem beruflichen Umfeld simuliert. Wenn Mitarbeiter dann die Rolle der Kollegen aus anderen Abteilungen simulieren und verstehen müssen, entsteht der notwendige »Blick über den Tellerrand«.

Beim Delegieren zeigt sich auch immer wieder der große Vorteil von Aufgabenbeschreibungen anstelle von Stellenbeschreibungen. Stellenbeschreibungen engen den Verantwortungsbereich eher ein, man grenzt sich leichter gegenüber anderen Abteilungen ab (Abteilung: Ich teile ab). Bei einer Aufgabenbeschreibung fallen die möglichen »Ausreden« der Mitarbeiter weg, denn es sind alle Tätigkeiten auszuführen, die zur Erfüllung der Aufgabe erforderlich sind.

Wenn Sie einem Mitarbeiter eine Aufgabe delegieren wollen, dann ist es sinnvoll, sich nicht nur über die fachliche Qualifikation der Person ein Bild zu machen. Je nach Komplexität und Zeitrahmen der Aufgabe können die folgenden Eigenschaften sogar unerlässlich für den Erfolg des Mitarbeiters ein:

- Kooperationsbereitschaft,
- Überzeugungskraft,
- Einfühlungsvermögen,
- sprachliche Fähigkeiten,
- analytisches Denken,
- Stressresistenz,
- Beharrlichkeit und Ausdauer,
- Kontaktbereitschaft,
- emotionale Stabilität,
- Aufgeschlossenheit,
- Kreativität,
- logisches Denken,
- Akzeptanz bei anderen,
- Cleverness.

Gerade bei Tätigkeiten, welche die Zusammenarbeit mit anderen Menschen erfordern, sind diese Soft Skills oft entscheidender als reines Faktenwissen. Wenn Sie die Chance erhalten, sich Ihr eigenes Team zusammenstellen zu können, sollten Sie Ihren Blick besonders auf die genannten Fähigkeiten und Eigenschaften legen, denn diese Merkmale sind nachträglich kaum erlernbar. Die Menschen in Ihrem Umfeld sind entscheidend für Ihren Erfolg. Schauen wir uns deshalb noch etwas genauer an, mit welchen unterschiedlichen Verhaltensmustern Sie konfrontiert sein könnten:

**Der Skeptiker.** Er verhält sich Änderungen und Neuerungen gegenüber zurückhaltend bis abwertend. Er kann sich nicht vorstellen, dass Änderungen tatsächlich positive Auswirkungen haben könnten.

**Der Ängstliche.** Er »rückversichert« sich am liebsten vor jeder Entscheidung und vor jeder Aktion.

**Der Pessimist.** Er weiß ohnehin im Voraus, dass alles, was in der Vergangenheit noch nicht geklappt hat, auch in Zukunft nicht klappen wird.

**Der Visionär.** Er sieht oft vor lauter Blick in die Ferne die Stolpersteine in nächster Nähe nicht.

**Der Eigenbrötler.** Er arbeitet in seiner eigenen geistigen Welt vor sich hin und will am liebsten in Ruhe gelassen werden.

**Der 150-Prozent-Typ.** Ihm reichen 100 Prozent Genauigkeit nicht aus, er will immer noch etwas verbessern.

**Der »satte« Mitarbeiter.** Er ist mit seinem derzeitigen Zustand zufrieden und will nicht so recht einsehen, warum er etwas anderes tun soll als bisher.

**Der »Frührentner«.** Er geht nur noch bis zum Tag X täglich zur Arbeit und möchte die restliche Zeit bis zur Pensionierung möglichst störungsfrei absolvieren.

> **Das sollten Sie sich merken:** Ihre Aufgabe ist es, jedem »typgerecht« zu vermitteln, welche wichtige Rolle er im Delegationsspiel spielt, aus welchem Grund und mit welchem Ziel ■

Zusätzlich müssen Sie mit einem derzeit spürbaren »Zeitgeist« rechnen, der Ihren Delegationsversuchen entgegenweht. Die Bereitschaft von Mitarbeiter, Neues, Ungewohntes, »Riskantes« zu übernehmen, ist stark gesunken. Die Anzahl der Misserfolgsvermeider, der »Angsthasen«, der Risikoscheuen nimmt spürbar zu. Verständlich, denn in Zeiten, in denen die Meldungen über Arbeitsplatzabbau überwiegen, versuchen Mitarbeiter aus Gründen des Selbstschutzes jedes Arbeitsplatzrisiko auszuschließen. Wer immer tut, was er immer getan hat, lebt einfach risikofreier als derjenige, der etwas Neues anfängt – mit dem möglichen Risiko des Scheiterns. Ihre Aufgabe ist es, jedem »typgerecht« zu vermitteln, welche wichtige Rolle er im Delegationsspiel spielt, aus welchem Grund und mit welchem Ziel. Vor allem darf bei den Mitarbeitern und Kollegen keine Angst vor negativen Konsequenzen für die eigene Sicherheit bei Fehlern entstehen, jeder muss angstfrei an Neues herangehen können und wollen. Nur wenn Ihre Überzeugungsarbeit tatsächlich überzeugend wirkt, werden Sie durch Delegieren erfolgreich sein.

Allerdings besteht die Gefahr, dass Sie selbst das größte Hindernis beim Delegieren sind, nämlich dann, wenn Sie zu perfekt sind. Davon handeln die folgenden Überlegungen.

## Die Perfektionsfalle

Um der Perfektionsfalle zu entgehen, ist es empfehlenswert, sich eine gewisse Unschärfe im Blick und in der Beurteilung von Situationen anzutrainieren. Das Streben nach Perfektion ist eigentlich eine positive Eigenschaft. Nur wer sich hohe Ziele setzt, wird auch hohe Ziele erreichen. Jemand, der keine Ziele hat, wird immer für jemanden arbeiten, der Ziele hat. Zielerreichung aber hat nichts mit Perfektion zu tun. So gibt es Menschen, die nie mit ihrer Leistung zufrieden sind. Diese Einstellung ist im Grunde ein guter Antrieb, um immer neue Ziele zu erreichen. Wenn aber ein Ziel erreicht ist, dann sollte man sich das selbst lobend und anerkennend bestätigen – und genießen und feiern können. Es gibt aber Menschen, die sich an ihrem Erfolg nicht richtig freuen können, weil sie bei genauer Betrachtung des Erreichten feststellen, dass man bei diesem Detail noch etwas besser hätte arbeiten können, dass man an einer anderen Stelle noch ein paar Prozent mehr hätte erreichen können und überhaupt, dass das Ganze immer noch nicht zu 100 Prozent zufriedenstellend sei. Nun gibt es Tätigkeiten, bei denen 100 Prozent Genauigkeit als Untergrenze betrachtet wird. Diese Messlatte sollte man aber nur dort anlegen, wo sie durch Gesetze oder Vorschriften zwingend eingehalten werden muss. In einem Kernkraftwerk oder bei einem chirurgischen Eingriff beispielsweise sind Präzision und Gründlichkeit unabdingbar. Wie aber sieht es bei anderen (Alltags-)Tätigkeiten aus? Wie kommt wohl ein Vortragender an, der an einer Präsentation so lange arbeitet, bis das allerletzte Detail noch in absoluter Perfektion geradegerückt wird – während das Publikum bereits auf den Beginn der Show wartet? Und wie schwierig ist es, mit Menschen zu arbeiten, die Unterlagen noch einmal ganz neu erstellen, weil die bestehenden nicht ihren extrem hohen Qualitätsanforderungen genügen? Hier wird nicht mehr »die Kirche im Dorf gelassen«. Kosten und Nutzen stehen in keinem vernünftigen Verhältnis mehr zueinander, wenn Perfektion und Akribie zum Selbstzweck werden.

Dieser Perfektionismus ist nicht nur eine böse Falle für die eigene Karriere, sondern auch ein Erfolgshindernis für alles, was an andere delegiert wird. In der Perfektionsfalle befinden sich Menschen, für die Pünktlichkeit gleichbedeutend ist mit dem Sekundentakt der Armbanduhr. Funkuhrgesteuert betritt der perfekte Mensch um 9:00 und null Sekunden den Konferenzraum. Wir reden hier nicht der mediterranen Betrachtungsweise von Pünktlichkeit das Wort. Aber man kann auch übertreiben. (Vielleicht sollte man den Begriff »Pünktlichkeit« ohnehin durch »Rechtzeitigkeit« ersetzen.) In der Perfektionsfalle befindet sich auch jemand, der beinahe zwanghaft alle bereits erledigten Tätigkeiten noch einmal überprüft oder sogar noch nacharbeitet. Ebenso der, der keine Fehler zugeben kann (und vielleicht aggressiv darauf reagiert, wenn ihm ein Fehler nachgewiesen wird). Gleiches gilt für den Zeitgenossen, der im Büro seine Kaffeetasse selbst spült – nicht weil er Unordnung in der Küche vermeiden möchte, sondern weil er anderen nicht dasselbe Reinlichkeitsempfinden zutraut. In der Perfektionsfalle steckt auch der, der von allen Vorgängen jeweils mehrere Kopien fertigt und sicherheitshalber an unterschiedlichen Stellen ablegt. Und in der Perfektionsfalle steckt auch der, der seine E-Mails Korrektur liest und anschließend von einem Rechtschreibprogramm noch einmal überprüfen lässt.

Daran erkennen Sie Perfektionisten:

- Perfektionisten sind mit sich selbst selten zufrieden, sie sind Meister der Selbstkritik.
- Perfektionisten hassen Improvisation.
- Perfektionisten vertrauen einem anderen nicht, denn ihm könnte ja ein Fehler unterlaufen.
- Perfektionisten zeigen wenig Toleranz für die Fehler anderer.
- Perfektionisten haben verlernt, sich richtig zu freuen.
- Perfektionisten setzen sich derart unter Druck, dass sie immer gestresst wirken – und es tatsächlich auch sind.
- Perfektionisten fehlt das nötige Vertrauen in die Fähigkeiten ihrer Mitarbeiter.
- Perfektionisten haben Angst vor Kontrollverlust.
- Perfektionisten halten Perfektionismus für ihre Stärke.

Wenn Sie bei dem einen oder anderen Punkt Übereinstimmung mit Ihrem Verhalten festgestellt haben, dann sollten Sie noch etwas an sich arbeiten, bevor sie Arbeiten an andere delegieren.

## Delegieren an Frauen, Delegieren an Männer

Eigentlich müsste das Kapitel heißen: Wenn Frauen an Männer delegieren, wenn Männer an Frauen delegieren, wenn Männer an Männer delegieren und wenn Frauen an Frauen delegieren. Damit hätten wir alle Kombinationsmöglichkeiten ausgeschöpft – und wären auch beinahe in der Perfektionsfalle gelandet, nämlich alle denkbaren und undenkbaren

Kombinationen vorher durchdenken zu wollen. Männer und Frauen sind verschieden. Warum Frauen nicht einparken und Männer nicht zuhören können, ist seit dem gleichnamigen Buch allgemeiner Wissensstandard geworden. Dass beide Geschlechter unterschiedlichen Denkmustern und »Logiken« folgen, ist ebenfalls keine Neuheit. Was aber bedeutet das für unser Thema Delegieren?

Nun, wenn Sie an einen anderen Menschen etwas delegieren wollen, dann müssen Sie ihn ansprechen. Sie möchten, dass er etwas für Sie tut. Diesen Wunsch müssen Sie klar kommunizieren. Und an dieser Stelle haben Frauen eher ein Problem als Männer. Aus Gründen der Fürsorge, Höflichkeit oder Rücksichtnahme entstehen Sätze wie: »Es wäre furchtbar nett von Ihnen, wenn Sie den Bericht bis morgen Abend fertig bekämen«, oder: »Würde es Ihnen etwas ausmachen, den Bericht bis morgen Abend fertig zu stellen?«, oder: »Könnten Sie es vielleicht einrichten, den Bericht bis morgen Abend noch fertigzustellen?«, oder: »Ich weiß nicht, ob ich vielleicht zu viel von Ihnen verlange, wenn ich Sie bitten würde, den Bericht bis morgen Abend noch fertigzustellen?«

Bei dieser Art der Ansprache werden dem Mitarbeiter die Entschuldigungsgründe und Ausreden sozusagen auf dem silbernen Tablett serviert. In diesen Botschaften fehlt die Entschlossenheit, etwas durchsetzen zu wollen. Hierin liegt ein großes Handicap weiblicher Führungskräfte: Sie sagen seltener klipp und klar, was sie von ihrem Gegenüber erwarten. Dafür gibt es eher indirekte Andeutungen, die beim Empfänger einen breiten Interpretationsspielraum offenlassen. Frauen weisen ungern an, sie deuten lieber an. Ihr Kommunikationsstil ist weniger direkt. Sie delegieren auch nicht so gerne, sondern machen die Arbeit lieber selbst. Übrigens haben auch Männer häufig Probleme, an Frauen zu delegieren. Gerade dann, wenn die Mitarbeiterin kein allzu starkes Selbstbewusstsein signalisiert, entstehen Sätze wie: »Probieren Sie es doch einfach einmal«, oder: »Schauen Sie mal, wie Sie damit klarkommen.« Auch hier fehlt die Eindeutigkeit in der Ansprache, das Resultat wird eher ein Zufallsprodukt sein, planbar ist das Ergebnis der Arbeit auf keinen Fall. Ohne eindeutige, klare Kommunikation sind alle Versuche, einem anderen Menschen eine Aufgabe zu übertragen, zum Scheitern verurteilt!

Schauen wir uns einmal an, welche Erfahrungen »gestandene« Führungskräfte gemacht haben:

- Frauen arbeiten lieber selbst, Männer delegieren eher. Wenn es dann zu Konflikten kommt, weichen Frauen diesen lieber aus.
- Frauen sind kompetenter, aber Männer setzen sich eher durch.
- Männer überschätzen sich eher: »Das ist kein Problem für mich.« Sie verstehen es, ihre Leistungen und Fähigkeiten »großzügiger« zu vermarkten.
- Frauen unterschätzen sich eher: »Ich weiß nicht, ob ich das kann.« Sie stellen ihr Licht eher unter den Scheffel und zeigen die Unzufriedenheit mit ihrer Leistung oft übertrieben selbstkritisch.
- Frauen bewerten ihre Arbeit qualitativ, Männer dagegen eher quantitativ.
- Männer orientieren sich eher an Karrierezielen, nehmen dafür auch unangenehme Jobs in Kauf. Frauen orientieren sich eher daran, dass die Aufgabe für sie interessant und befriedigend ist.
- Frauen entwickeln eher einen Spürsinn für Situationen, besitzen seismografische Fähigkeiten. Sie registrieren Abweichungen und Unstimmigkeiten früher als Männer. Sie treten dann im Vergleich zu Männern entschlossener auf, um für Abhilfe zu sorgen.
- Männer hingegen arrangieren sich auch mit sinnlosen Vorgaben. Bei Beschwerden oder Unvorhergesehenem weisen sie dann als »Einzelkämpfer« auf Abweichungen hin, wohingegen Frauen gemeinsam auftreten und ihre Bedenken vorbringen.

Wenn Frauen ein Ziel verinnerlicht haben, sind sie viel stärker als Männer dazu bereit, sich zu engagieren oder sogar zu kämpfen. Allgemein gilt, dass Männer eher Pläne machen, wohingegen Frauen eher Prozesse entwickeln, also flexibler vorgehen.

Nun wird an dieser Stelle der eine oder andere Leser Bedenken äußern: »So allgemein kann man das nicht sehen«, oder: »Ich kenne Personen, die sich ganz anders verhalten.« Sie haben natürlich Recht, es ist immer bedenklich, Menschen in Schubladen und Kategorien einzuteilen. In den Statements steckt allerdings die Erfahrung einiger Jahre Praxis im Berufsleben.

**Wenn Sie mehr lesen möchten:** Jürgen W. Golfuß, *Erfolg durch professionelles Delegieren. So entlasten Sie sich selbst und fördern Ihre Mitarbeiter,* Frankfurt/New York 2003.

# Hermann Scherer: Networking

## Pflegen Sie wertvolle Kontakte

**N**etworking ist die Strategie der Zukunft – für Sie als einzelne Person ebenso wie für Einrichtungen, Organisationen und Unternehmen. Networking birgt ein unglaubliches Potenzial in nahezu jedem Bereich – ob bei der Kommunikation zwischen Kunden und Mitarbeitern, ob als Markt für gebrauchte Produkte, ob im Arbeitsmarkt oder im Wissensmanagement. Ich werde Ihnen im Folgenden zeigen, wie Sie Ihre bereits vorhandenen Kontakte pflegen, um Sie für Ihren beruflichen Erfolg zu nutzen. Dabei geht es nicht darum, wie Sie andere im Bestfall be-nutzen können – es geht um sinnvolles Miteinander, um Mehr-Wert, um Kooperationen um gemeinsamen Benefit!

Starten Sie Ihre Karriere als Networker mit einer kurzen Zwischenbilanz, nämlich einer Aufstellung Ihrer bisherigen Kontakte. Sie werden überrascht sein, wie groß Ihr Netzwerk bereits ist. Und welch interessante Leute Sie schon kennen, die wiederum Kontakt zu anderen spannenden Menschen haben. Vielleicht können Sie über sechs Ecken sogar einen Kontakt zu unserer Bundeskanzlerin knüpfen? Oder gar zum Papst?

Wen kenne ich? Und wer kennt mich? Diese Fragen stehen im Mittelpunkt dieses Kapitels. Und ganz egal, ob Sie E-Mail-Kontakt zum Vatikan oder ins Kanzleramt herstellen möchten – ich verspreche Ihnen, dass Sie nach Ihrer Bilanz rund 250 interessante Kontakte haben werden, von denen Sie vorher kaum ahnten, dass Sie über sie verfügen.

Es geht im Folgenden aber nicht nur darum, wie Sie all Ihre Kontakte entdecken und systematisieren können. Ich werde Ihnen auch die effizientesten Strategien aufzeigen, wie Sie Ihre Kontakte pflegen.

## Ihre Networking-Zwischenbilanz

Wen kennen Sie eigentlich? Und wer kennt Sie? Seltsame Fragen, werden Sie vielleicht denken – und im Kopf schnell ein paar Dutzend Namen und Gesichter parat haben. Und dann? Dann sollten Sie anfangen, systematisch vorzugehen, um keine wichtigen Kontakte zu übersehen.

### Wen kennen Sie?

Überlegen Sie sich zunächst, in welchen Lebensbereichen Sie engere und weiter gefasste Kontakte haben. Das können beispielsweise sein:

- Familie und Verwandtschaft
- Freunde
- Nachbarschaft
- Schule/Ausbildung/Studium
- Arbeit/Beruf
- Hobbys/Mitgliedschaften

Vergegenwärtigen Sie sich jetzt die Personen, die jeweils in diesem Netzwerk vertreten sind und mit denen Sie Kontakt haben.

Verknüpfen Sie nun die Namen mit Möglichkeiten: Wem können Sie auf welche Weise etwas Gutes tun? Wer kann Sie in welchem Bereich möglicherweise unterstützen? Wer verfügt eventuell über wichtige Kontakte zu einer für Sie interessanten Person oder Gruppe?

Wie viele Namen sind zusammengekommen? Möglicherweise sind Sie neben Familie, Verwandtschaft, Freunden, Nachbarschaft, Arbeit, Studium, Hobbys und Mitgliedschaften noch auf einen Bereich gestoßen, an den Sie zunächst gar nicht gedacht hatten – Ihren Sportverein zum Beispiel oder Ihren Englischkurs. Damit schlagen Sie einen neuen Knoten in Ihrem Netz und erweitern Ihr Netzwerk vielleicht um überraschend interessante Menschen. Möglicherweise ist Ihnen bei dem ein oder anderen Namen eine Kooperationsidee in den Sinn gekommen. Oder die Erkenntnis: Die oder den müsste ich wieder einmal anrufen!

Nicht jeder neue Kontakt eröffnet sofortige Kooperationschancen, doch darum geht es zunächst gar nicht. Nach unserem Advanced-Networking-Prinzip sollten Sie auch die Kontakte pflegen, bei denen Sie nicht sogleich einen konkreten Benefit erwarten.

## Der 111-Namen-Test

Man schätzt, dass jeder Mensch durchschnittlich 250 Kontakte hat. Sie kommen nur auf 25? Glaube ich nicht! Wenn Ihnen spontan nur ein paar Dutzend einfallen, machen Sie jetzt den 111-Namen-Test, den ich in meinen Seminaren gerne verwende. Dafür habe ich aus einem Telefonbuch willkürlich 111 Namen herausgesucht, die Sie weiter unten als Kopiervorlage finden.

In meinen Seminaren frage ich die Teilnehmer, wie viele Menschen sie mit entsprechenden oder ähnlichen Nachnamen kennen. »Kennen« ist hier sehr weit gefasst im Sinne von »bekannt sein«. Mehrfachnennungen sind natürlich möglich, wenn Ihnen zu einem Namen mehrere Personen einfallen. Wenn Sie also drei Leute kennen, die mit Nachnamen »Hübsch« heißen, dann können Sie sich drei Punkte geben. Oder es fallen Ihnen beim Lesen eines Namens andere, ähnliche Namen von Bekannten ein, dann haben Sie wieder einen Punkt mehr auf Ihrem Konto.

Sie können daraus mit Ihren Freunden und Kollegen einen kleinen Wettkampf machen – mir aber geht es bei diesem Vorgehen vor allem um eines: Ihr Unterbewusstsein anzuregen. Und wetten, Sie kommen letztlich auf rund 250 Kontakte?

## Test: Welche Namen kennen Sie?

| | | |
|---|---|---|
| Ackermann, Robin | Adler, Heinrich | Anzinger, Anneliese |
| Bachmann, Johann | Bauch, Konrad | Bogner, Andreas |
| Carl, Kerstin | Christi, Franz | Clemens, Alois |
| Danner, Anton | Diller, Antonie | Dürr, Manfred |
| Eck, Anna | Eisenmann, Andreas | England, Lutz |
| Essig, Gisela | Fackler, Georg | Falkner, Dieter |
| Fink, Jürgen | Fischer, Alexander | Forster, Helene |
| Gais, Peter | Geiß, Christine | Graf, Gustav |
| Gruber, Franz | Haberl, Alfons | Hammer, Sebastian |
| Hechtl, Christoph | Hoffmann, Ulrich | Hirsch, Alfons |
| Huber, Andrea | Hübsch, Emilie | Irrgang, Sabine |
| Ismaier, Georg | Imhof, Josef | Jonas, Michael |
| Jungbeck, Peter | Junge, Corina | Kaiser, Albert |
| Kastl, Helmut | Klingert, Nina | Kock, Albert |
| Kratzer, Berta | Kronauer, Anton | Kürzinger, Maria |
| Kunst, Andreas | Lacher, Phillipp | Lammers, Andreas |
| Landsmann, Stephanie | Lengl, Elsa | Lindner, August |
| Lohs, Peter | Lüke, Herbert | Luttner, Dietrich |
| Marder, Cornelia | Marx, Georg | Menzel, Carsten |
| Mitsch, Erhard | Moosmüller, Ernst | Müller, Hermine |
| Mustermann, Jens | Nieper, Klaus | Nikel, Nancy |
| Noll, Anna | Nusser, Sandra | Obster, Hans |
| Öffner, Friedericke | Ostermann, Kurt | Otto, Florian |
| Palm, Otto | Paukner, Adolf | Plank, Bernd |
| Putz, Wilhelm | Putzel, Andrea | Rad, Uta |
| Rattenhuber, Erwin | Reger, Heidi | Rippl, Eva |
| Rosner, Klaus | Ruhland, Norbert | Sandner, Georg |
| Schiffmann, Birgit | Schott, Anja | Schweiger, Anneliese |
| Schwibbe, Bianca | Seidl, Bernhard | Springer, Christine |
| Tausch, Werner | Teufel, Christian | Thalhammer, Josef |
| Tram, David | Trost, Christian | Turner, Beate |
| Ullmann, Anna | Unger, Johann | Unterstein, Kurt |
| Vater, Harald | Vierling, Christina | Vogl, Franz |
| Volk, Andreas | Vordermeier, Gerhard | Vorlaufer, Friedrich |
| Wacker, Rosa | Waller, Barbara | Walz, Christine |
| Weiß, Siegfried | Wildgruber, Anna | Zeiler, Reinhold |
| Zink, Gerda | Zucker, Angelika | Zwingel, Horst |

Im Sinne einer globalisierten Welt nehme ich in diese Liste auch gerne uns fremde Namen auf, wie zum Beispiel John Smith, Timothy McAndrew oder Shifeng Liu.

### Ordnen Sie Ihre Kontakte!

Nachdem Sie Ihre Netzwerkkontakte gesammelt haben, sollten Sie diese nun im Hinblick auf verschiedene Fragestellungen betrachten, um sie sinnvoll zu kategorisieren. Eine naheliegende Einteilung beispielsweise wäre die Trennung in berufliche und private Kontakte – andererseits gibt es sicher Menschen, mit denen Sie privat und beruflich Kontakt haben, nette Kollegen zum Beispiel. Sie sollten auch überlegen, welch privater Kontakt in beruflicher Hinsicht interessant werden könnte. Den folgenden Fragenkatalog sehen Sie bitte als Anregung, als Kreativturbo für Ihre Systematisierung.

**Übung: Systematisieren Sie Ihre Kontakte**

Folgende Personen gehören zurzeit zu meinen wichtigsten Kontakten im Privatleben:

_____

_____

_____

Folgende Personen sind momentan meine wichtigsten beruflichen Netzwerkpartner:

_____

_____

_____

Mithilfe der folgenden Personen habe ich durch Networking die folgenden Probleme gelöst:

_____

_____

_____

Welches ist zurzeit mein dringendstes Problem?

_____

_____

_____

Wer aus meinem persönlichen Freundes- und Bekanntenkreis oder aus meinem weiteren Umfeld könnte mir bei der Lösung dieses Problems behilflich sein?

_____

_____

_____

Ich verpflichte mich mir selbst gegenüber, innerhalb der nächsten 48 Stunden einen persönlichen Termin mit dieser Person zu vereinbaren.

_____

_____

_____

Welche besonderen Fähigkeiten und Kenntnisse habe ich, durch deren Einsatz ich anderen einen Dienst erweisen könnte?

_____

_____

_____

Welchem mir wichtigen Menschen will ich mit diesen Fähigkeiten und Kenntnissen in den nächsten 24 Stunden ganz konkret meine Hilfe anbieten?

_____

_____

_____

Wie bewerte ich meine eigene Networking-Kompetenz auf der Skala von
1 bis 10? Wie begründe ich meine Antwort?

_____

_____

_____

Welche Networking-Fähigkeiten möchte ich noch verbessern?

_____

_____

_____

Welche Networking-Fähigkeiten möchte ich mir noch aneignen?

_____

_____

_____

Welche weiteren Aktionen fallen mir ein?

_____

_____

_____

## Networking-Mind-Map

Um Ideen und Namen zu ordnen, empfehle ich Ihnen das sogenannte
»Mind Mapping«, eine Arbeitsmethode, die in den 70er Jahren von
Tony Buzan auf der Grundlage von gehirnphysiologischen Hypothesen
entwickelt wurde. Mind Mapping ist vor allem eine Visualisierungs-
technik, also eine Möglichkeit, einen Sachverhalt »sichtbar« zu machen.
Es ist aber auch eine effiziente und universelle Notiz- und Merktech-
nik, bei der die Funktionen des Gehirns optimal ausgeschöpft werden.
Herkömmliche Notizen oder Diagramme beanspruchen nur die linke
Gehirnhälfte. Diese Hälfte des Gehirns ist für analytisches Denken zuständig. Hier werden Sprache, Logik und Zahlen, geordnete und lineare

Dinge verarbeitet. Die rechte Gehirnhälfte beinhaltet das bildliche Vorstellungsvermögen. Sie bearbeitet Formen, Farben, Muster und Rhythmen. Eine Mind Map nutzt die Fähigkeiten der rechten Gehirnhälfte zusätzlich zur linken Gehirnhälfte. Dadurch wird die Leistungsfähigkeit des Gehirns bestmöglich ausgeschöpft.

Als kreative Strategie, sich über Kontakte und sich daraus ergebende Möglichkeiten klar zu werden, hat sich das Mind Mapping bestens bewährt. Im Gegensatz zu klassisch linearen Aufzeichnungen gleicht das Ergebnis des Mind Mapping einer Karte. Eine Mind Map strahlt immer vom Zentrum, dem eigentlichen Thema aus, gruppiert um sich herum untergeordnete Mittelpunkte, die wiederum neue Verzweigungen eröffnen. Mithilfe von Pfeilen und anderen Symbolen werden Verbindungen geschaffen. Und das Ideale: Eine Mind Map kann immer wieder erweitert werden.

Nehmen Sie ein großes Blatt Papier zur Hand oder wählen Sie ein Flipchart. Nehmen Sie sich mindestens eine Stunde Zeit für Ihre Mind Map. Ihre Netzwerk-Karte könnte dann so aussehen wie Abbildung 14.

### Und wer kennt Sie?

Viele Menschen, mit denen ich beruflich zu tun habe, sind stolz darauf, im Besitz von vielen Tausenden von Kundenadressen zu sein. Natürlich sind Kundendaten wichtig, doch seien wir mal ehrlich: Wenn Sie wollen, können Sie sich sofort sechs Millionen Adressen auf CD-ROM besorgen – und das für lediglich 19,95 Euro.

Neben der Frage: »Wie viele Kunden kenne ich?« stellt sich doch vor allem die Frage: »Wie viele Kunden *kennen mich*?«. Und im Sinne des Networking: »Wie viele Menschen *kennen mich*?«

Tatsächlich wird Networking häufig oberflächlich und nur in einer Blickrichtung betrieben. Hören Sie auf, nur in der Kategorie »Kunde« zu denken. Auch wenn die massiven Marketinganstrengungen in der westlichen Welt anderes vermuten lassen, so sind es doch oft die sozialen Netzwerke, die über den Erfolg oder Misserfolg eines Produkts oder

**Abbildung 14: Die Netzwerk-Mind-Map**

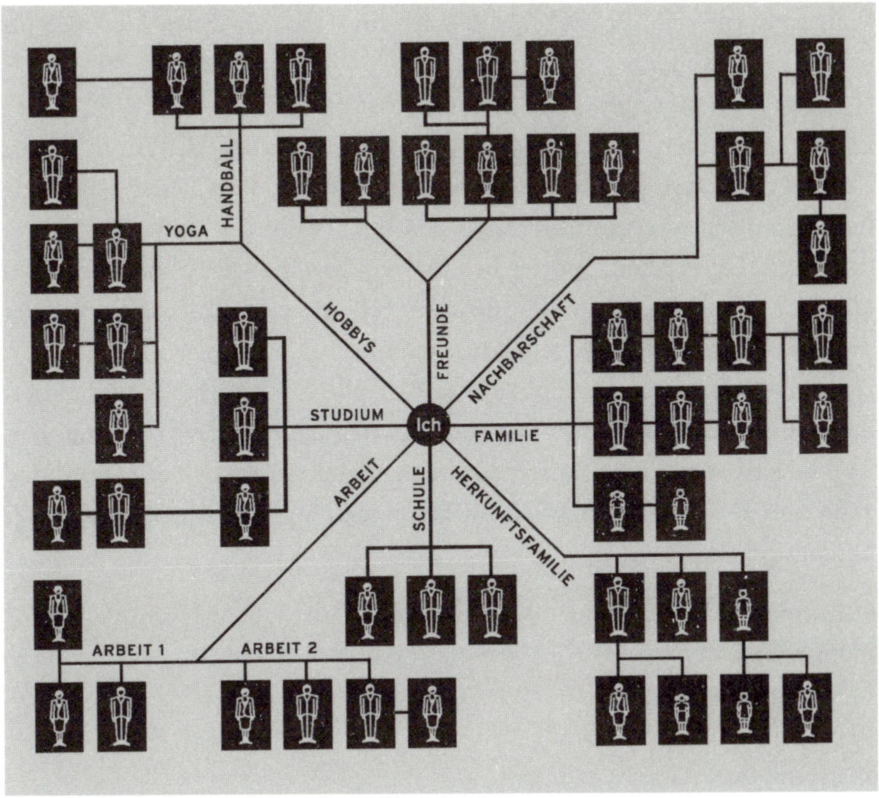

einer Dienstleistung entscheiden. Mit wem haben Sie sich das erste Mal über einen DSL-Anschluss unterhalten? Mit dem Verkäufer einer Firma, die diesen beworben hat, oder mit einem technikversierten Freund, der Ihnen gleich seine neueste Errungenschaft präsentiert hat? Wahrscheinlich war es für Ihr weiteres Verhalten nicht ganz unwesentlich, wie Ihr »privater« Experte den DSL-Anschluss beurteilt hat. Anstatt Massenwerbung zu betreiben, wäre das Geld darum sicherlich auch gut investiert, wenn man Empfehlungsgeber für das jeweilige Produkt recherchierte und zu einer spezifisch zugeschnittenen Präsentation einladen würde.

Der amerikanische Soziologe Duncan Watts stellte die These auf, dass es letztendlich auch Netzwerke sind, die über den Erfolg oder Misserfolg eines Buches entscheiden. Ausschlaggebend sei, dass ein Buch von Anfang an in die richtigen Kanäle gelange und von wichtigen Personen als Empfehlung weitergereicht würde. Nur so würden Bestseller gemacht.

Wenn Sie jetzt sagen, dass Sie sich nicht die Bücher kaufen, die Ihnen andere empfehlen, sondern die, die auf den Bestsellerlisten zu finden sind, dann bestätigen Sie dennoch diese Theorie. Denn eine Bestsellerliste vermittelt ja genau das: Dass das Buch wohl gut sein muss, wenn es so viele Leute lesen. Spötter behaupten, dass manche politische Partei allein deswegen derart viele Stimmen bekomme, weil sich die Wähler sagten: »Können sich so viele Leute irren?«

In unserem Netzwerk gibt es eine Vielzahl von Menschen und Unternehmen, die für unseren Erfolg von entscheidender Bedeutung sind. Das sind erwartungsgemäß unsere Kunden, doch genauso interessant sind auch andere Gruppen, die ich im Folgenden aufzähle und dann kurz beschreiben möchte:

- Kunden
- Prospects
- Kunden ohne Potenzial
- Berater
- Champions
- Empfehlungsgeber
- Multiplikatoren/Netzwerkarchitekten
- Preiswächter oder Marktkenner
- Ordnungshüter und Beziehungswächter

**Kunden, Prospects, Kunden ohne Potenzial.** Kunden sind Ihre wichtigste Gruppe. Kunden gilt es zu pflegen, damit sie noch bessere Kunden werden, Zusatzkäufe tätigen oder auch als Empfehlungsgeber fungieren. »Prospects« sind potenzielle Kunden, also Menschen oder Unternehmen, die noch nicht zu unseren Auftraggebern oder Abnehmern zählen, jedoch das Potenzial dazu haben – zum Beispiel weil sie die angebotene Leistung bei Wettbewerbern nachfragen oder weil die benötigte Leistung substituiert werden kann. Es kann auch sein, dass Kunden durchaus einen Bedarf hätten, wenn man ihnen dies bewusst machen würde. Viele Kleinunternehmer etwa denken nicht daran, eine PR-Agentur zu beauftragen, obwohl sie davon sehr profitieren könnten.

»Kunden ohne Potenzial« sind Menschen oder Unternehmen, die keine Kunden sind und es voraussichtlich auch niemals sein werden. Diese Gruppe ist meist sehr klein. Überlegen Sie aber ganz genau, ob Sie einen Menschen oder ein Unternehmen in diese Kategorie packen. Denn viele könnten sich auf den zweiten Blick doch als wichtig entpuppen, etwa als Empfehlungsgeber.

**Berater.** Unter Berater verstehe ich diejenigen, die in vielen Berufs-gruppen Menschen oder Unternehmen beraten und ihnen dabei helfen, Entscheidungen zu treffen. So gibt es im Business für fast jeden Sinn oder Unsinn einen spezifischen Berater, seien dies nun Steuerberater oder Rechtsanwälte oder IT-Berater. Aufgabe von Beratern ist es, zu prognostizieren, ob eine Entscheidung gut oder schlecht ist. Und egal, wie sehr Sie sich auch anstrengen: Wenn der Berater eines potenziel-len Kunden sich gegen Ihre Dienstleistung oder Ihr Produkt ausspricht, dann werden Sie – zumindest wenn das Vertrauensverhältnis zwischen dem Kunden und seinem Berater intakt ist – kaum eine Chance haben. Berater sollten überparteiisch, unabhängig und objektiv agieren. Dies ist nicht immer der Fall, da viele Berater sich zusätzlich zu ihren Be-ratungshonoraren von präferierten Anbietern auch noch provisionieren lassen – und so manchmal die richtige Lösung zum falschen Problem anbieten.

**Champions.** Champions sind diejenigen, die wir im Musikgeschäft als Fans bezeichnen würden. Es sind überzeugte Kunden, die Sie mögen, Menschen, die begeistert sind von Ihren Lösungen, von Ihren Produk-ten, Menschen, die Sie anderen empfehlen. Champions sind meistens bei Ihren Kundenfirmen interne Empfehlungsgeber. Da auch Champions immer wieder die Unternehmen wechseln, kann es durchaus sein, dass jemand, der in einem Unternehmen ein Champion war, auch im nächs-ten Unternehmen ein Champion sein wird. Wenn Sie dafür sorgen, dass er die Begeisterung für Ihr Unternehmen verinnerlicht hat, dann haben Sie eine gute Chance, in einen neuen Markt zu kommen. Champions sind meist umsichtige, rührige Menschen, die gerne gute Tipps ans eigene Unternehmen weitergeben, die auf Bewährtes bauen oder auch neue Trends mit initiieren – eventuell sogar als Trend-Scout tätig sind.

»Ihre« Verkäuferin ist begeistert von der tollen Qualität und dem schönen Design der Kleidung, die Sie produzieren? Von einer namhaften Handelskette abgeworben, wird sie sich sicher bemühen, dass Ihre Produkte künftig dort ins Sortiment aufgenommen werden. »Ihr« Doktorand ist überzeugt von der guten Betreuung, der tollen Ausstattung im Labor und der qualitativ hochwertigen Forschung, die an Ihrem Lehrstuhl betrieben wird? Nach Fertigstellung der Doktorarbeit wechselt er in einen Verband, der auch für die Vergabe von Forschungsgeldern zuständig ist. Über die Vergabe entscheidet ein mehrköpfiges Gremium, seine Aufgabe ist es, die Forschungsanträge zu präsentieren …

**Empfehlungsgeber.** Empfehlungsgeber sind vergleichbar mit den Champions – jedoch mit dem Unterschied, dass diese nicht in einem Unternehmen arbeiten, sondern einfach gerne Empfehlungen über Sie und Ihre Dienstleistungen aussprechen. Dies geschieht in der Regel nach Rücksprache und Gespräch mit Ihnen. In manchen Branchen sind für solche Empfehlungen auch kleine oder große Geschenke bis hin zu großen Provisionen (bis 30 Prozent) möglich.

**Multiplikatoren.** Es gibt Menschen, die weder in die Kategorie der Champions noch in die der Empfehlungsgeber einzuordnen sind. Diese können jedoch in einem beachtlichen Umfang dafür sorgen, dass Ihnen Kontakte, Aufträge und Umsätze »zufließen«. Ich habe einige Multiplikatoren in meiner Datei, die mir noch nie einen einzigen Auftrag gegeben haben. Vermutlich werden sie es auch nie tun. Dennoch gehören sie für mich zu den wichtigsten Netzwerkpartnern, weil sie es immer wieder verstehen, durch unterschiedliche Vorgehensweisen Menschen und Leistungen zusammenzubringen, Empfehlungen auszusprechen, Menschen zu kontakten oder einfach mal einen Anruf zu tätigen: »Den musst du unbedingt kennen lernen, der ist gut.« Multiplikatoren sind Netzwerkarchitekten. Und fallen oftmals – völlig zu Unrecht – durch jedes Raster, da sie weder als Kunde noch einer Kundenfirma zuzuordnen sind.

**Preiswächter oder Marktkenner.** Nun gibt es noch eine kleine Gruppe von Menschen, die Malcom Gladwell in seinem Buch *The Tipping Point* als »Preiswächter« oder »Marktkenner« beschreibt. Dieser kleinen Käuferschicht fällt immer sofort auf, dass Sonderangebotspreise nicht eingehalten oder gewisse Eckpreise zuungunsten von Kunden nach oben korrigiert wurden. Die Preiswächter oder Marktkenner sind insbesondere deswegen so wichtig, weil sie in kürzester Zeit die Veränderungen wiederum an ihre Netzwerke weiterreichen und so die Informationen, die möglicherweise nie nach außen gedrungen wären, an alle anderen weiter kommunizieren.

**Ordnungshüter und Beziehungswächter.** Eine ähnliche Rolle wie die Marktkenner spielen die Ordnungshüter, die oftmals unterschätzt werden. Ob Ordnungshüter Partner von der Gewerbeaufsicht, vom TÜV oder der IHK sind, ist sicherlich von Branche zu Branche unterschiedlich. Sie sind für einen reibungslosen Ablauf, insbesondere in Sonderfällen oder Krisenzeiten, von zentraler Bedeutung.

## Die effizientesten Strategien zur Kontaktpflege

Nun, da ich Ihnen die Macht sozialer Netzwerke deutlich gemacht habe und Ihnen hoffentlich klar geworden ist, wie groß und komplex Ihr eigenes Netzwerk bereits ist, will ich Ihnen die besten und effektivsten Möglichkeiten zeigen, bereits bestehende Kontakte zu pflegen. Doch da wir alle von Natur aus bequem sind, vorneweg eine Anregung, wie Sie konsequent Ihrem inneren Schweinehund in puncto Networking auf die Sprünge helfen können.

### Networking-Selbstkontrolle: Nur wer sät, kann auch ernten

Längst wollten Sie sich bei Ihrem Onkel melden und sich für die netten Geburtstagsgrüße bedanken; zu Ihrer alten Studienkollegin Kontakt aufnehmen, die mittlerweile in der gleichen Branche arbeitet wie Sie; eine E-Mail an Ihren ehemaligen Kollegen schreiben, der seit kurzem bei einem Wettbewerber im Ausland arbeitet.

Und warum tun Sie es nicht einfach? Immer ist irgendetwas wichtiger. Stimmt's? Gerne stellen wir Networking zurück, wenn auf unserem Schreibtisch und zu Hause genug Arbeit auf uns wartet. Und abends dann noch telefonieren oder gar einen Brief schreiben?

Alle Menschen sind bequem, darum kann es nicht schaden, wenn Sie sich bei Ihrem Networking-Vorhaben durch eine kleine Motivationshilfe unterstützen. Horst Conen erzählt in seinem Buch *Sei gut zu dir, wir brauchen dich* eine kleine Geschichte, die ich Ihnen als Grundlage für Ihre Networking-Selbstkontrolle mit auf den Weg geben möchte:

»Es war einmal ein italienischer Conte, der sehr alt wurde, weil er ein Lebensgenießer par excellence war. Niemals verließ er das Haus, ohne sich zuvor eine Hand voll Bohnen einzustecken. Er tat dies nicht etwa, um die Bohnen zu kauen, er nahm sie mit, um so die schönen Momente des Tages bewusster wahrnehmen und sie besser zählen zu können. Für jede positive Kleinigkeit, die er tagsüber erlebte, zum Beispiel eine nette Konversation auf der Straße, das Lächeln seiner Frau und das Lachen seiner Kinder, ein köstliches Mahl, eine feine Zigarre, einen schattigen Platz in der Mittagshitze, ein Glas guten Weines – kurz: für alles, was die Sinne erfreute, ließ er eine Bohne von der linken in die rechte Jackentasche wandern. Manche Begebenheiten waren ihm gleich zwei oder drei Bohnen wert. Abends saß er dann zu Hause und zählte die Bohnen aus der rechten Tasche. Er zelebrierte diese Minuten. So führte er sich vor Augen, wie viel Schönes ihm an diesem Tag widerfahren war, und freute sich des Lebens. Und sogar an einem Tag, an dem er bloß eine Bohne zählte, war der Tag gelungen, hatte es sich zu leben gelohnt.«

Meine Aufforderung an Sie: Tragen Sie immer ein paar Bohnen in der Tasche. Wann immer Sie einen kleinen Schritt in Sachen Networking, in Sachen Kontakte knüpfen und pflegen getan haben, lassen Sie eine Bohne von der rechten in die linke Tasche wandern. Gleichzeitig werden Sie so daran erinnert, jeden Augenblick mit Networking zu verbringen.

## Die Datenbasis für Ihre Kontakte

Jedes zukunftsorientierte Unternehmen sammelt heute Informationen über seine Kunden. Über Wohnort und Alter hinaus wird längst versucht, aus Bestellungen, mithilfe von Fragebögen und Gewinnspielen mehr über die Situation und die Wünsche der Kunden zu erfahren, um daraus mögliche interessante Angebote abzuleiten. Denn längst haben gewiefte Marketingstrategen erkannt, dass Massenmailings im Zeitalter der Reizüberflutung und Überinformation wirkungslos geworden sind. Vielmehr wird durch Personalisierung versucht, Kunden individueller anzusprechen.

Warum ich Ihnen das erzähle? Auch im Networking gilt: Es ist nicht nur interessant, wen Sie kennen oder wer Sie kennt, es ist ebenso wichtig, wie viel Sie über diese Menschen wissen. Und je größer Ihr Netzwerk wird, desto schwieriger wird es sein, alle Informationen im Kopf zu speichern und auf Bedarf abzurufen.

Keine Frage, es gibt Menschen, die das können – wandelnde Datenbanken mit dem Gedächtnis von Elefanten. Allen anderen aber, und das werden wohl die meisten sein, empfehle ich, Kontakte und Informationen zu notieren und systematisch abzulegen. Dies können Sie nach althergebrachter Methode mithilfe von Karteikarten oder einem Rolodex leisten – ich empfehle Ihnen jedoch die elektronische Datenspeicherung. Einfach, weil Sie sie sauberer aktualisieren und einfach besser nutzen können.

Längst gibt es Software, meist unter dem Stichwort CRM (Customer Relationship Management), mit der Sie ganz spezielle Vorgehens-, Kontakt- und Serviceaktionen in unterschiedlichen Betreuungsritualen festhalten können. Diese können Sie einzelnen Kunden, ganzen Kundengruppen oder bestimmten Kontakten zuordnen. Vollautomatisch druckt

Ihr PC dann schon die Grüße zum Valentinstag, generiert und versendet die persönliche E-Mail zum Namenstag oder bereitet die Nachfassaktion vor. Eine Übersicht über CRM-Programme erhalten Sie unter www. softguide.de. Nützlich für die Archivierung und Pflege Ihrer Kontakte unterwegs sind kleine elektronische Adressdatenbanken, die Sie mit Datenbanken auf Ihrem Laptop und Ihrem PC synchronisieren können.

Ich gebe Kontaktadressen und -daten immer sorgfältig in meine elektronische Datenbank ein. Und ich pflege sie regelmäßig. So wie ein Arzt bei jedem Patientenbesuch in seiner Praxis Notizen auf der Patientenkarte macht, so sollten auch Sie sich wichtige Informationen aus einem privaten Gespräch oder einem geschäftlichen Meeting notieren und als Follow-up unter der entsprechenden Person ablegen. Auch wenn Sie zum Nachbereiten eines Termins dann ein bisschen mehr Zeit benötigen – es lohnt sich im Hinblick auf kommende Gespräche enorm!

### Mündliche und schriftliche Kommunikationsstrategien

Kontakte brauchen kontinuierliche Pflege. Wenn Sie also einen interessanten Kontakt knüpfen konnten, sollten Sie unbedingt in Verbindung bleiben. Regelmäßige Telefongespräche und E-Mails sind eine Möglichkeit, Beziehungen aufrechtzuerhalten, ohne viel Zeit investieren zu müssen. Als Kontrapunkt zu unserer schnelllebigen Zeit der SMS und E-Mails empfehle ich, mit Briefen und Aufmerksamkeiten im Gedächtnis haften zu bleiben. Telefonate geraten schnell in Vergessenheit, und wer täglich Dutzende von E-Mails erhält, teilt seine Aufmerksamkeit gnadenlos ein! Besser ist es also, sich von anderen abzuheben: mit einem gut und persönlich formulierten Brief, einer kleinen Gefälligkeit, die nicht wie eine Bestechung wirkt.

Selbstverständlich sind regelmäßige Treffen ideal – die Frage ist nur, ob Ihr Networking-Partner und Sie selbst dazu immer die notwendige Zeit finden. Schön ist, wenn Sie zumindest mit wichtigen Gesprächspartnern, etwa mit »Empfehlungsgebern« und »Multiplikatoren«, dazu Gelegenheit finden. Vielleicht können Sie sogar ein kleines Ritual entwickeln – das kann die gemeinsam verbrachte Mittagspause am ersten Donnerstag im Monat sein, das Kamingespräch am Mittwochabend oder gemeinsame Aktivitäten wie Joggen oder Ähnliches.

Wie Sie in Ihrem Netzwerk kommunizieren, ist letztlich auch von Ihren Networking-Partnern und von Ihren eigenen Vorlieben abhängig. Manche Menschen bringen ihre Gedanken lieber zu Papier, andere bevorzugen die Interaktivität des Mündlichen, die Möglichkeit, unmittelbar Gedanken auszutauschen und in »Echtzeit« zu reagieren.

Im Folgenden möchte ich Ihnen einige Tipps geben und wesentliche Kommunikationsstrategien aufzeigen, mit denen ich persönlich gute Erfahrungen gemacht habe.

## Mittagspausentelefonate

Neben den qualitativen Zielen sollten ganz einfache quantitative Ziele nicht vergessen werden. Meine persönliche Vorgabe sind tägliche Mittagspausentelefonate. Während andere nach dem Mittagessen zur Zigarette greifen, greife ich zum Handy und führe mindestens ein Telefonat mit einem Menschen aus meinem Netzwerk beziehungsweise mit einem, den ich gerne in meinem Netzwerk hätte. Und die Mittagspause gilt erst dann als beendet, wenn ein Gespräch mit einem solchen Netzwerkpartner geführt wurde. Um auf die Idee einer Networking-Selbstkontrolle zurückzukommen: Je mehr Samen Sie für Netzwerke und Kunden täglich säen, je mehr Aktionen Sie täglich durchführen, desto mehr Bohnen können Sie in Zukunft ernten.

## Terminbestätigung

Konnten Sie eine Bohne in die andere Tasche wandern lassen, weil Sie einen Kontakt gepflegt oder gar einen persönlichen Termin mit einem potenziellen Kunden vereinbart haben? Toll – aber dies ist nur der erste Schritt.

Manche Menschen fühlen sich bei Gesprächen so sehr bedrängt oder in die Enge getrieben, dass sie nur deshalb einen Termin vereinbaren, um den aufdringlichen Gesprächspartner endlich loszuwerden. Logische Konsequenz ist dann die spätere Absage per Telefon.

Genauso gut kann es aber sein, dass Sie Termine zwar gerne wahrnehmen würden, jedoch eine lange Vorlaufzeit benötigen. Mir geht es häufig so, dass ich Anfragen von interessierten Kunden bekomme, die sich gleich »nächsten Monat« oder gar »nächste Woche« treffen wollen. Es führt oft zu Bestürzung, wenn ich aufgrund der vielen Buchungen die Kunden über Monate hinweg vertrösten muss. Bis es dann endlich so weit ist, ist der Nutzen, den ich bei einem solchen Termin stiften könnte, im Gedächtnis oft nicht mehr so präsent.

**Tipp: Termine bestätigen**

Bestätigen Sie Termine grundsätzlich noch einmal. Manche Menschen stehen gelegentlich mit vollen Händen vor verschlossenen Türen. Ich bekam einmal eine Absage, da saß ich schon zwei Stunden im Zug und war kurz vor dem Ziel. Und Sie können mir glauben, es bedurfte einigen Geschickes, diese Absage wieder rückgängig zu machen ■

Um einer solchen Situation vorzubeugen, empfiehlt sich eine Terminbestätigung, bei der Sie nicht nur den Termin, also Ort, Datum und Uhrzeit bekräftigen, sondern vor allem den Nutzen, noch besser den individuellen Nutzen bestätigen, der durch diesen Termin entstehen kann.

Spätestens jetzt sollten wir uns dem geschriebenen Wort widmen, das ein unverzichtbares Mittel ist, um Beziehungen aufzubauen und zu festigen.

### Wann schreiben Sie Briefe?

Es gibt viele gute Gelegenheiten, einen Brief zu schreiben. Keine Frage, dass Briefe vor allem so aufgebaut sein sollten, dass der Empfänger sie gerne und aufmerksam liest. Der erste Schritt ist ein guter Text. Manchmal muss man sich allerdings wundern, in welch trauriger Relation Inhalt und Portokosten stehen. Ich kannte mal ein Unternehmen, das regelmäßig 80 000 Briefe an potenzielle Kunden versendete und damit Kosten in Höhe von 35 000 Euro verursachte. Als ich fragte, wie viel Geld sie denn ausgeben würden, um den Brief professionell zu schreiben, kam als Antwort: »Das machen wir meistens in der Mittagspause gemeinsam.«

Wie viel sinnvoller wäre es gewesen, noch einmal 500 Euro – und so viel kostet es meist gar nicht – zu verwenden, um den Brief von Profis noch besser, noch begehrlichkeitenweckender und verlockender formulieren zu lassen?

Natürlich sind ebenso gestalterische Punkte wichtig, wie die Betreffzeile oder das PS, die eine oder andere Grafik, der eine oder andere Textkasten. Dies alles sind Dinge, die einen Brief leichter lesen lassen. Auch eine in der Marketingsprache sogenannte 3-D-Beilage, also etwas zum Angreifen, zum Anfassen, kann sinnvoll sein: das typische Päckchen Cappuccino, die nicht sehr originellen, aber dafür äußerst leckeren Minitütchen mit Fruchtgummibären, ein Luftballon oder Ähnliches.

Die Umschläge lassen sich genauso reizvoll gestalten. Die Erfahrung zeigt zum Beispiel, dass wesentlich mehr Briefe geöffnet werden, die mit Briefmarken und von Hand notierter Adresse versehen sind statt mit Freistempeln und maschinell erstellten Etiketten. Der Empfänger möchte sich gerne als etwas Besonderes fühlen, nicht als Teil einer Masse.

Vor kurzem erhielt ich einen Brief mit einem gelben Post-it-Zettelchen darauf, der auf den ersten Blick mit Handschrift geschrieben schien und auf dem zu lesen stand: »Wichtige Infos für Hermann.« Umso enttäuschter war ich, dass es sich doch nur um ein Massenmailing handelte. Die Idee war im Prinzip gut, doch der Inhalt stand in keinem Verhältnis zum äußeren Aufwand.

Besonderen Eindruck machte auf mich ein Geschäftsmann, der eine ganz hervorragende Idee hatte, seine Weihnachtsbriefe zu verfassen: Zunächst einmal schrieb er sie alle per Hand. Die Besonderheit aber war, dass er bereits im Januar damit begann, sich Notizen zu machen. Immer, wenn er gerade bei einem Kunden gewesen war und noch alle Gedanken und Informationen ganz frisch verfügbar hatte, begann er (meist auf der Heimreise im Flugzeug oder im Zug), Weihnachtsbriefe zu schreiben, um sie dann – immer wieder vervollständigt – zu Weihnachten zu verschicken. Wirklich eine gute und vor allen Dingen zeitsparende Möglichkeit, hier persönliche Gedanken zum Ausdruck zu bringen!

### Follow-up-Mail nach persönlichen Treffen

Sie können einem persönlichen Gespräch, einem Treffen auch nachträglich noch eine besondere Bedeutung geben – indem Sie es mit einer Follow-up-Mail abrunden. So können Sie zudem dokumentieren, dass Sie die Erwartungen und Gedankengänge Ihres Networking-Partners verstanden und aufgenommen haben sowie vielleicht schon signalisieren, wie Sie an die Umsetzung herangehen werden.

Ich habe mir früher einen richtigen Sport daraus gemacht, nach einem persönlichen Gespräch – möglichst in der gleichen Nacht noch – mit der Umsetzung zu beginnen. Und während mein Gesprächspartner am nächsten Morgen noch die Inhalte des Gesprächs überdachte, konnte ich ihm per E-Mail bereits die ersten Inhalte liefern.

Follow-up-Mails bringen aber auch für Sie selbst einen Nutzen – Gedanken und Ideen aus einem Gespräch lassen sich noch einmal ordnen und entsprechende To-dos ableiten. Sie wissen ja: Was Sie nicht sofort ins Rollen bringen, gerät schnell in Vergessenheit.

### Das Wunschzettelprinzip

Haben Sie schon einen Wunschzettel, einen großen Wunschzettel? Bitte versuchen Sie, in jedem Gespräch mindestens zehn, ja: zehn Wünsche Ihres Gegenübers herauszufinden. Manche dieser Wünsche sind offensichtlich und möglicherweise vor dem Gespräch schon klar, manche Ideen werden in einem Gespräch erst formuliert, manche Wünsche erfahren Sie durch geschickte Fragen, wieder andere Wünsche können Sie zwischen den Zeilen lesen. Und von manchen werden Sie nie etwas erfahren.

Erst wenn Sie zehn Dinge gefunden haben, die Ihr Gegenüber interessieren, können Sie über einen Punkt sprechen, der Sie beschäftigt. Ja. Zehn. Nun gut, es geht natürlich auch mit weniger Wünschen. Aber je mehr Möglichkeiten wir haben, unsere Wunschliste zu komplettieren, desto besser.

Die im Laufe eines Gespräches gesammelten Wünsche müssen nicht im direkten oder indirekten Zusammenhang mit mir oder meiner Dienstleistung stehen, sondern können auch ganz alltägliche, berufliche oder private Punkte betreffen. So erfuhr ich beispielsweise von einem Gesprächspartner, dass er gerade auf der Suche nach einem guten Buch zum Thema Zeitmanagement ist oder von einem anderen, dass er sich gerade überlegt, wohin er denn im nächsten Urlaub fahren soll. In solchen Fällen gibt es mehrere Möglichkeiten zu reagieren. Eine Buchempfehlung kann ich, je nach Wissensstand, gleich vor Ort aussprechen oder das passende Buch direkt in einer Buchhandlung besorgen und als Geschenk überreichen oder durch www.amazon.de als Geschenk verpackt zusenden lassen. Bei Reisen lassen sich Reiseprospekte im nahe gelegenen Reisebüro besorgen, eigene Erfahrungen mitteilen, oder ein kleiner Reiseführer kaufen.

Ich persönlich lege mir immer eine Art Speicher an, bei dem ich kurze Notizen über die Wünsche oder Herausforderungen meiner Partner und Kunden sammle. Immer dann, wenn ich einen Zeitungsbericht lese oder irgendwelche Informationen habe, die dazu passen, lege ich diese kurz aufs Fax und schreibe »Mit herzlichen Grüßen« darüber.


## Schenken – gewusst wie!

Die Bandbreite bei Geschenken reicht von der größtmöglichen Einfallslosigkeit über Luxus pur bis hin zu den wundervollsten, kreativsten Wunderwerken. 08/15-Geschenke machen keinen Sinn, ganz aufwändig gestaltete Geschenke wirken manchmal aber auch befremdlich – vor allem dann, wenn es sich letztlich nur um einen losen Kontakt handelt. Das passende Geschenk zu finden ist also schwierig. Es sollte überraschen und Freude bereiten, es sollte nicht nach Bestechung aussehen, und es muss zum jeweiligen Typ passen.

Geschenke können ruhig einmal persönlicher, sogar ein bisschen verrückt sein, Sie müssen sich nur vorher genau überlegen, ob Ihr Adressat der richtige Empfänger dafür ist. Hier ein paar Anregungen:

- ein Rätsel mit individuellen Fragen und Lösungen,
- ein Computerspiel mit den eigenen Bildern,
- ein Roman, in dem der Beschenkte die Hauptrolle spielt,
- ein Mondgrundstück,
- Jahrgangsweine,
- Tortenbilder,
- historische Schlager-CDs.

Weitere Ideen finden Sie zum Beispiel unter www.geschenkideen.de. Oder verschenken Wunsch-Tage an Ihre Kunden (www.mydays.de), in denen diese sich eine »Hot Chocolate«-Massage gönnen, auf dem Männerspielplatz Bagger fahren oder sich einen Tag lang den Traum von einer Modelkarriere erfüllen können.

Einer unserer Kooperationspartner ist das Nachrichtenmagazin *Focus*. In der ersten Zeit unserer Zusammenarbeit waren unsere Ansprechpartner sehr stark eingespannt, da sie gerade die Erstausgabe des neuen Magazins *Focus Schule* vorbereiteten. Da war natürlich klar, dass wir ihnen am Tag der ersten Veröffentlichung eine prall gefüllte Schultüte mit allerlei leckeren Süßigkeiten und nützlichen Utensilien ins Büro brachten.

Als ich bekannt gab, dass ich meinen Geburtstag in New York feiern werde, habe ich von einem Kunden für den 3-D-Film *New York* im IMAX-Kino (www.imax-kinos.de) im Deutschen Museum zwei Freikarten bekommen. Ich war begeistert!

Einer meiner Auftraggeber, ein internationaler Chemiekonzern, wollte einem Kunden etwas schenken, mit dem er um einen Millionenauftrag verhandelte. Da mein Auftraggeber den Einkäufer zwar beeindrucken, aber auf keinen Fall bestechen wollte, war Seriosität gefragt. Und das

Geschenk durfte nicht mehr als 5 Euro kosten. Nach einiger Recherche stellten wir fest, dass der Entscheider zwar in Düsseldorf lebte, jedoch Amerikaner war und gerne die aktuellen Sportergebnisse aus den USA verfolgte. Wir haben uns nach langem Überlegen für vier Montagmorgenausgaben der Zeitung *USA Today* entschieden. Damit lagen wir noch unter 5 Euro, auch wenn die Transportkosten etwas höher ausfielen – und gewannen den großen Auftrag.

### Die Krapfenstrategie

Bei Terminen oder Besprechungen habe ich es mir zur Gewohnheit gemacht, nirgendwo hinzukommen, ohne eine kleine Aufmerksamkeit in der Tasche zu haben. Und mit einer »kleinen Aufmerksamkeit« meine ich nicht die Präsente, die sich üblicherweise in den Lagern von Büros stapeln, um sie dann zu mehr oder weniger wichtigen Anlässen den mehr oder weniger geschätzten Menschen mit mehr oder weniger aufmerksamen Worten zu überreichen oder zu übersenden. Es sind ganz bewusst ausgesuchte Kleinigkeiten. Kleine Geschenke, die meistens ein sehr geringes Haltbarkeitsdatum haben. Schon allein dadurch wird deutlich, dass ich sie ganz speziell für diese Personen gekauft und nicht schon auf Vorrat irgendwo bestellt habe. Das können ein paar Blümchen aus den Feldern mit der Aufschrift »Blumen zum Selberschneiden« sein, das können an heißen Sommertagen ein paar Tüten Eis sein (bitte immer Servietten mit dazulegen) oder ein paar Leckereien vom Bäcker um die Ecke. Morgens ein paar frische Brezeln (Laugengebäck), nachmittags kleine Teilchen oder aber Krapfen (»Pfannkuchen« für alle Berliner) zum Kaffee.

### Geburtstagsgrüße

Toll, wenn Sie die Geburtstage Ihrer Networking-Partner nicht vergessen. Es gibt wohl kaum einen Tag im Jahr, an dem so genau geschaut wird, was denn so alles von wem kommt. Lassen Sie sich rechtzeitig von Ihrem elektronischen Assistenten erinnern. Und bitte – ganz wichtig! – stellen Sie die Funktion so ein, dass Sie rechtzeitig vor dem Geburtstag und nicht erst am Geburtstag selbst daran erinnert werden. Nur so haben Sie Zeit, eine Karte, vielleicht eine kleine Aufmerksamkeit zu versenden.

Auch via Internet können Sie Grußkarten mit vielen verschiedenen Motiven, sogenannte E-Cards, versenden. Dabei ist es möglich, schon weit im Voraus eine Karte auszuwählen, zu schreiben und mit einem Versandtermin zu versehen. Nicht der absolute Hit, jedoch für die ganz Vergesslichen besser als gar nichts. Witzige Karten gibt es zum Beispiel von der *Sendung mit der Maus* unter www.wdrmaus.de.

### Andere Fest- und Feiertage

Zum Geburtstag kommen in der Regel natürlich viele Briefe und Aufmerksamkeiten. Die Gefahr besteht, dass Ihr Geschenk oder Ihre Nachricht in der Masse untergeht. Überlegen Sie doch einmal, welche weiteren Möglichkeiten und Termine neben dem Geburtstag nutzbar sind. Oftmals kommt es gar nicht auf die Bedeutung des Tages allein an, sondern darauf, wie dieser Tag mit Ihren Botschaften verknüpft werden kann. Eine gute Auflistung internationaler Tage finden Sie zum Beispiel unter www.weltzeituhr.com.

Abbildung 15 auf der nächsten Seite zeigt beispielhaft einen Jahresablauf mit diversen Anlässen, um in Kontakt zu treten, zu grüßen, sich in Erinnerung zu rufen.

### Tage, die Sie zu Festtagen machen können

Eine gute Möglichkeit, Aufmerksamkeit zu erzeugen, ist es, einfach selbst einen Festtag zu kreieren oder azyklisch auf Festtage hinzuweisen. Wie wäre es zum Beispiel mit Ostergrüßen zu Weihnachten? Nach

**Abbildung 15: Jahresablauf mit Kontaktanlässen**

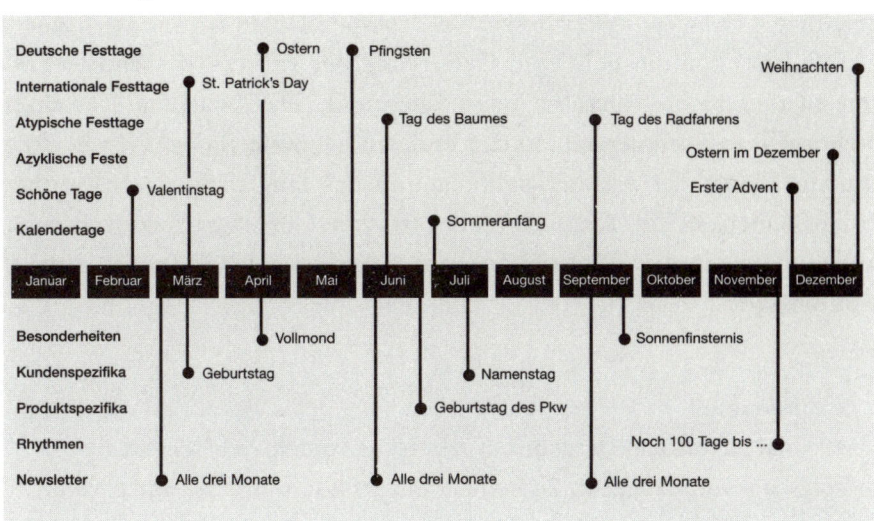

dem Motto: »Noch 104 Tage bis Ostern«, »Noch 100 Tage bis zu Ihrem Geburtstag« oder »Seit 100 Tagen kennen wir uns«. Lassen Sie Ihrer Fantasie freien Lauf.

Finden Sie hier ein paar Ideen für überraschende Anlässe, die Sie zu Festtagen machen können.

### Aktuelle Ereignisse
- Ausgang von politischen oder Verbandswahlen
- Gesetzesänderungen, die die Branche betreffen
- besondere Tage der Branche oder Messen

### Besondere Geburtstage
- Geburtstag des Absenders
- Geburtstag des Empfänger-Unternehmens
- Geburtstag eines Produkts

Einige Autohändler sind beispielsweise dazu übergegangen, nicht mehr dem Fahrer, sondern dem Auto zum Geburtstag zu gratulieren. Dadurch wird in zweifacher Hinsicht mehr Aufmerksamkeit erreicht.

Der Brief kommt nicht zum Geburtstag des Fahrers, dessen Postkasten an diesem Tag ohnehin meist überquillt. Das bedeutet: Der Brief steht nicht in Konkurrenz mit den anderen Sendungen oder Geschenken um die Gunst der Aufmerksamkeit und des langfristigen »In-Erinnerung-Bleibens«. Ein Auto als Adressat von Geburtstagswünschen ist zudem witziger, und der Brief gewinnt sicherlich mehr Aufmerksamkeit. Ein Beispiel:

> Liebes Auto,
> nun bist du tatsächlich schon ein Jahr alt geworden – wie schnell die Zeit an einem vorbeirauscht. Zu deinem Geburtstag wünschen wir dir alles Gute und ein langes Leben. Wir können uns noch gut erinnern, wie du blitzeblank unser Werk verlassen hast, um deine ersten Runden zu drehen.
>
> Wir hoffen, es geht dir gut und du stehst noch in Lack und Leder. Sicher kümmert sich dein Fahrer bestens um dich und versorgt dich neben ausreichend Sprit auch regelmäßig mit einem Schlückchen Öl und etwas Kühlflüssigkeit. Damit auch er diesen besonderen Tag mit dir feiern kann, legen wir eine Flasche Prosecco bei. Wohl wissend, dass du viel lieber ein Kännchen Öl genießen würdest, das wir für dich schon bereitgestellt haben. Gerne würden wir bei dir mal wieder nach dem Rechten sehen. Grüß doch deinen Begleiter ganz lieb von uns und sag ihm, er solle doch mal auf eine Inspektion vorbeischauen.
>
> Für das kommende Jahr wünschen wir dir alles Gute und freie Fahrt!
>
> Autohaus X

### Einladung zu Veranstaltungen

Eine etwas aufwändigere Möglichkeit, Kontakte zu vertiefen, sind Einladungen zu Veranstaltungen. Damit sind nicht unbedingt Hausmessen oder Tage der offenen Tür gemeint. Auch hier geht es vielmehr darum, Kreativität zu entwickeln. Firmengeburtstage sind nicht der einzige probate Anlass für eine Einladung. Überlegen Sie, was Ihre Kunden interessieren könnte – wenn Sie zum Beispiel hochwertige Lampen verkaufen, laden Sie einen Beleuchtungsexperten ein, der Vorträge über die richtige Beleuchtung in Arbeitszimmer, Schlafzimmer, Flur und Keller hält. Genauso interessant wäre für das entsprechende Klientel der Vortrag einer Feng-Shui-Beraterin, die auch das Thema Beleuchtung einfließen lässt. Oder Sie laden Ihre Kunden und Geschäftspartner in die Werkstatt eines Lichtkünstlers ein, dessen Objekte Sie auch in Ihrem Laden verkaufen, oder zu einem Ausflug in die Allianz Arena in München, um ihnen (unter anderem) zu zeigen, wie dieser überdimensionale »Schwimmreifen« (ein futuristisch anmutendes neues Fußballstadion) beleuchtet wird. Merken Sie? Wenn Sie ein bisschen Brainstorming betreiben, kommen Sie auf die tollsten Ideen.

Die erfolgreiche Jungunternehmerin Tina Voss hat mit ungewöhnlichen Veranstaltungen sehr gute Erfahrungen gemacht. Zum fünften Geburtstag ihrer Firma lud sie beispielsweise alle Kunden in ein Varietétheater ein, das zu diesem Zweck an einem Montagabend mitsamt allen Künstlern gemietet wurde. Das war bezahlbar, da Montage in der Gastronomie traditionell schwache Tage sind und sie einen Sonderpreis aushandeln konnte. Und nachdem sie gemeinsam mit einer Kollegin einen Wochenend-Workshop über Entspannungslehre sowie  traditionelle chinesische Medizin besucht hatte und sehr entspannt mit viel Fachwissen über Ursache und Wirkung von Stress nach Hause fuhr, beschloss sie, das Thema Work-Life-Balance unbedingt auch ihren Kunden nahezubringen. Sie organisierte einen Workshop und lud Kunden, Geschäftspartner und Networking-Partner ein. Die Veranstaltung war restlos ausgebucht. Am Ende baten alle um eine zweite Veranstaltung, bei der sie durch praktische Übungen noch mehr über das Thema lernen wollten.

### Das Scheherazade-Prinzip

Es ist überliefert, dass die Märchen aus 1 001 Nacht durch folgende Geschichte entstanden sind: Es war einmal ein grausamer König im fernen Morgenland, der ließ jedes Mädchen, das er heiratete, am Morgen nach der Hochzeit töten. Eines Tages heiratete er die gebildete und geistreiche Prinzessin Scheherazade. Diese wusste von der Gefahr und hatte die Idee, dem König nachts, wenn sie bei ihm war, spannende Märchen zu erzählen. Dabei richtete sie es so ein, dass sie die Geschichte immer genau dann unterbrach, sobald der Morgen graute, doch das Ende noch nicht erzählt war. Der König, gefesselt von Scheherazades Erzählkunst, war begierig, den Ausgang der Geschichte zu erfahren, und verschonte ihr Leben bis zur nächsten Nacht. So vergingen 1 000 Nächte, in denen Scheherazade knapp 200 Geschichten erzählte.

Erzählen Sie also fesselnde Geschichten von sich, von Ihren Projekten, Ihren Produkten oder Ihrer Dienstleistung und vor allem: Legen Sie Ihre Geschichten so an, dass das Ende offenbleibt und Sie sie zu einem späteren Zeitpunkt weitererzählen können.

**Tipp: Auf dem Laufenden bleiben**

Sie sollten sich immer um aktuelle Informationen bemühen. Halten Sie Augen und Ohren offen, lesen Sie die Wirtschaftsnachrichten aufmerksam, sammeln Sie Informationen über Ihre Kontaktpersonen und deren Unternehmen. Via Internet lassen sich viele Informationen heute ganz problemlos recherchieren. Wenn Sie zum Beispiel von dem geplanten Umzug eines Ihrer Auftraggeber hören, dann können Sie Ihrem Ansprechpartner einen Umzugskarton mit passenden Utensilien zukommen lassen. Oder Sie haben erfahren, dass ein Kunde demnächst eine große Präsentation halten wird, dann schenken Sie ihm eine »Presenter-Maus«, damit die Veranstaltung besser gelingt ■

**Wenn Sie mehr lesen möchten:** Hermann Scherer, *Wie man Bill Clinton nach Deutschland holt. Networking für Fortgeschrittene*, Frankfurt/New York 2006.

# Jens Weidner: Durchsetzungskraft

## Setzen Sie Ihre natürliche Aggression konstruktiv ein

**W**enn Sie Ihre Sinne dafür schärfen wollen, ob Sie lieber als Opfer durch Ihr berufliches Leben gehen oder stattdessen Ihre guten Ideen und Projekte erfolgreich umsetzen wollen, dann wird Ihnen die Peperoni-Strategie helfen. Mit ihrer Hilfe werden Sie Ihre natürlichen Aggressionen konstruktiv aktivieren und für sich nutzbar machen.

Ich möchte Ihnen in diesem Beitrag zeigen, wie Sie lernen,

- sich besser durchzusetzen,
- sich nicht übervorteilen zu lassen,
- sich gegen persönliche Übergriffe zur Wehr zu setzen,
- Ihren Standpunkt – auch ungefragt – besser einzubringen, kurz:
- sich mit Power durchzusetzen, um Gutes zu tun! ∎

Die Peperoni habe ich als Symbol für unsere positiven Aggressionen gewählt, weil sie feurig, sinnlich und zugleich gefährlich ist. Sie müssen sie im Gebrauch richtig dosieren können, weil sie sonst eine geradezu höllische Schärfe entwickelt, und Sie sich selbst den Mund verbrennen.

Sie können die ersten Schritte der Peperoni-Strategie nach der Lektüre des Beitrages sofort umsetzen, indem Sie Ihr Durchsetzungsprofil mithilfe der genannten Peperoni-Analyse überprüfen! Danach werden Sie wissen, ob Sie die persönliche Basis mitbringen, um Biss zu entwickeln und Ihre Durchsetzungsstärke ausbauen zu können.

## ■ Wie Sie Ihre positive Aggression konstruktiv einsetzen

Als Minimalziel sollten Sie nach der Lektüre das »Schleifgeräusch« hören, das entsteht, wenn jemand versucht, Sie über den Tisch zu ziehen. Dann können Sie immer noch entscheiden, ob Sie dagegen ankämpfen oder es mit sich machen lassen wollen, weil Sie Macht- und Ränkespiele per se ablehnen. Aber diese Entscheidungsfreiheit haben Sie nur dann, wenn Sie die Machtspiele erst einmal durchschaut haben!

Daher gibt die Peperoni-Strategie Ihrem Erfolg erst die rechte Würze, die zwischen Mittelmaß und ambitioniertem Handeln entscheidet. Sie ist die Zutat, die den Mistreitern Feuer macht. Folgendes Grundrepertoire gehört unabdinglich dazu: strategisches Geschick, das seismografische Gespür für drohenden Ärger, engagierte Netzwerkpflege und eine solide Gegenspieler-Analyse. Die Grundhaltung ist lebensfroh, analytisch und folgt dem historischen Leitsatz: Vertrauen ist gut, Kontrolle ist besser. Peperoni-Strategen sind positiv aggressiv und überprüfen ihr professionelles Standing durch folgende Fragen:

- ■ Von wo droht potenzieller Ärger?
- ■ Wer weiß Dinge über mich, die mir möglicherweise schaden könnten?
- ■ Welche neuen Entwicklungen beinhalten Gefahren für mein Unternehmen und für mich selbst?

Positiv Aggressive sind auf der Hut und folgen einem vordergründig pessimistischen Menschenbild. Sie lassen sich aber auch gerne vom Gegenteil überzeugen, nämlich davon, dass sich Vertrauen lohnt und die Mitstreiter seriös und loyal agieren. Ziel der positiv Aggressiven ist der wirtschaftliche, wissenschaftliche, kulturelle oder soziale Erfolg.

**Das sollten Sie sich merken:** Positive Aggression kämpft immer für etwas, aber selten gegen etwas. Sie behält das Gemeinwohl im Auge ■

Woran aber erkennt man einen Peperoni-Strategen? Typische Merkmale sind ihr überdurchschnittliches Engagement und ihre Identifikationsbereitschaft mit dem Unternehmen. Sie sind loyal und bewerten Hierarchien positiv als strukturbildend. Sie zeigen Ehrgeiz und verzichten auf extreme Positionen, die sie aus dem *Mainstream* der Firmenphilosophie katapultieren könnten.

Sie ziehen große innere Befriedigung aus ihrem beruflichen Engagement und lieben es, auf Partys von ihren neuesten Projekten und Aufträgen zu erzählen. Sie sind dabei utilitaristisch ausgerichtet, das heißt, sie klopfen Menschen auf ihren Nutzen für die avisierten Projekte ab und vernetzen sich schnell und geschickt mit den Nützlichen. Umgekehrt kappen sie überflüssig gewordene Kontakte entschlossen: nicht aus Boshaftigkeit, sondern weil ihnen schlicht die Zeit und das Interesse zur weiteren, jobunabhängigen Pflege fehlen. Gleiches gilt für Projekte, die vom Misserfolg bedroht sind: Aus ihnen ziehen sich Peperoni-Strategen frühzeitig zurück.

Sie neigen zur Ungeduld, betonen Selbstdisziplin und Berechenbarkeit, werben gerne in eigener Sache und haben oft eine Schwäche für Statussymbole. Sie schmücken sich zwar nicht mit fremden Lorbeeren, heben aber ihren Beitrag zum gemeinsamen Erfolg hervor. Sie behalten ihre Konkurrenten im Auge und lassen sich durch deren Leistung motivieren, weil sie eine Schwäche für den Wettbewerb haben. Sie lieben den kurzen Dienstweg, zeigen sich flexibel und unbürokratisch. Besonders sympathisch macht sie, dass sie genauso höflich und zuvorkommend zu ihrem kollegialen Umfeld sind wie zu Hausmeistern, Putzkolonnen und Servicekräften – sie danken auf diese Weise all jenen, die nicht ihre Kreise stören!

Fakt ist: Wer die positive Aggression nicht für sich annehmen mag, wird größte Schwierigkeiten haben, sich in der Wettbewerbsgesellschaft zu positionieren. Wer hier den Kopf aus dem Fenster hält, muss den Gegenwind ertragen können, und positive Aggression hilft dabei, diesen Gegenwind auszuhalten. Die eigene Power zu aktivieren und auszuleben, um Gutes zu tun: Gibt es etwas Schöneres und Konstruktiveres?

Daher möchte ich Sie sehr vor dem Gegenteil positiver, gesunder und gekonnter Aggression warnen: vor der unklugen Neigung, die eigene Aggression und Power zu unterdrücken, sich ihrer als zu dominant zu schämen und daher in aller Bescheidenheit selbst zu beschneiden. Vertreter einer solchen Haltung und Widersacher der Peperoni-Strategie erkennen Sie leicht. Es sind die Überbesorgten, die ständig von Bescheidenheit, Friedfertigkeit und Demut sprechen und sie auch anderen abverlangen, die gerne lamentieren und jammern, die sich für ihre Duldsamkeit selbst loben und voller Schicksalsglauben sind und zu Selbstvorwürfen neigen und die Schuld schnell bei sich suchen.

Für durchsetzungsstarke Menschen sind diese Attribute ein Albtraum; sie stehen gerade auf dem entgegengesetzten Standpunkt:

- Statt Überbesorgtheit glauben sie an die Selbstverantwortung des Einzelnen.
- Statt Bescheidenheit fordern sie, die eigenen Potenzen und Ressourcen nutzbar zu machen.
- Statt zu lamentieren, packen sie an und definieren Erfolg auf die schlichte Art: »Wenn ich zehn Mal gescheitert, aber elf Mal wieder aufgestanden bin, dann bin ich ein erfolgreicher Mann«.
- Statt Duldsamkeit favorisieren sie »Tempo, Tempo, Tempo«.
- Statt sich in ihr Schicksal zu ergeben, wissen sie, dass man beruflichen Erfolg mit Fleiß und Ausdauer beschleunigen, zumindest aber wahrscheinlicher machen kann.
- Statt Selbstvorwürfen und Schuldfragen fragen sie sich: »Was ist gut gelaufen und was können wir für die Zukunft daraus lernen?«
- Für übertriebene Selbstkritik und Nabelschau haben sie keine Zeit.

Peperoni-Strategen sind meist die zufriedeneren Menschen, denn sie sind bereit, ihre Träume und Ideen umzusetzen. Nicht, dass ihnen das immer gelänge, aber sie versuchen es immerhin: »Scheitern ist erlaubt, nicht versuchen ist verboten«, ist ihr Leitsatz. Positiv aggressive Menschen sagen daher über sich, dass sie

- standfest, mutig und tatkräftig sind,
- sich auch ungefragt Gehör verschaffen,

- sich durch Niederlagen nicht entmutigen lassen,
- auch unbequeme Entscheidungen durchzusetzen imstande sind,
- sich gegen Unverschämtheiten und Erniedrigungen zur Wehr setzen,
- Zivilcourage zeigen, wenn es dem Unternehmen und den Mitarbeitern dient und
- moralischen Prinzipien folgen.

Gerade die moralischen Prinzipien, so die Management-Autorin Hedwig Kellner, machen den zentralen Unterschied zwischen der Peperoni-Strategie und bösartiger Niedertracht aus: Positiv aggressive Menschen kämpfen hart für ihre Interessen, aber sie streben keine Vernichtung Dritter an. Sie demütigen unterlegene Gegner nicht, sondern zollen ihnen Respekt. Sie wissen: Man trifft sich immer zweimal im Leben. Sie vergessen nicht, wer ihnen in schweren Zeiten geholfen hat, und achten Fairness, Mitgefühl, Ehrlichkeit, Zuverlässigkeit und Seriosität.

Vor allem aber zeichnet sie eine eindeutige Grundhaltung aus. Schwammige »Ja, aber …«-Formulierungen wie die folgenden sind ihnen fremd:

**1.** »Ich will mich durchsetzen und mein Ziel erreichen, aber niemanden überrollen und verletzen!« Dies ist ein rhetorisch angenehmer Selbstbetrug. Wenn Sie sich durchsetzen, bleiben zwangsläufig andere Zeitgenossen auf der Strecke – auch solche, die gute Ideen haben, und eine Niederlage in der Regel nicht verdient haben. Natürlich werden andere verletzt sein, wenn Sie den Zuschlag erhalten. Sie sind dafür aber nicht verantwortlich, denn Ihr Streben hat ja nicht auf diese Verletzung abgezielt, sondern ist nur das unschöne und ungewollte Nebenprodukt Ihres Erfolges!

**2.** »Ich will selbstsicher sein, aber niemanden ängstigen!« Auch diese Aussage macht mich misstrauisch. Geschäftsleute kleiden sich in teure Anzüge, mit maßgeschneiderten Hemden und rahmengenähten, britischen Schuhen, um mit ihrer Erscheinung Akzente zu setzen. Positiv aggressive Erfolgsfrauen tragen edle Kostüme, teure Hosenanzüge und

Piaget-Ringe, die ein monatliches Netto-Professorengehalt kosten. Sie wollen ihr Gegenüber mit Seriosität und dem Duft des Erfolges einschüchtern – und es gelingt! Die edle Erscheinung schützt vor Distanz- und Respektlosigkeit und Kumpelhaftigkeit: Kleider machen eben doch Leute.

**3.** »Ich will kritisch sein, aber niemanden zu nahe treten!« Das ist fast unmöglich. Wer kritisch ist, verletzt, denn kaum ein Mensch hört gerne Kritik, schon gar nicht gut gemeinte Kritik. Die ist besonders schlimm. Wenn die Kritik auch noch den Kern trifft, ist sie unerträglich. Ergo: Wenn Sie andere kritisieren, sind die Menschen in der Regel gekränkt – auch wenn sie freundlich lächeln oder vordergründig aufmerksam zuhören, damit Sie ihren Groll nicht gleich bemerken. Deswegen dürfen Sie natürlich auf berechtigte Kritik nicht verzichten. Nur sollten Sie sich auf das negative Echo, beziehungsweise die unangenehmen Nachwehen, einstellen.

**4.** »Ich will meine Meinung sagen und überzeugen, aber nicht manipulieren!« Das ist kaum voneinander zu trennen. Wie gehen Sie mit Gegenspielern um, die sich nicht überzeugen lassen? Hier ist strategisches Geschick gefragt: Wenn Sie zum Beispiel am Vorabend eines Meetings in Telefonaten vier Mitstreiter gewinnen, die Ihre Ideen im direktem Anschluss an Ihren Beitrag hoch loben, spüren Ihre vermeintlichen Kritiker sofort, dass ihre Gegenargumente auf vierfachen Widerstand stoßen werden – eine schöne Botschaft, die die meisten vermeintlichen Kritiker zur Zurückhaltung motiviert. Ist das manipulativ? Nein, in erster Linie ist es erstklassig vorbereitet und inszeniert.

**Das sollten Sie sich merken:** Nie über das Ziel hinauszuschießen ist ein feiner Charakterzug, aber auch das Armutszeugnis der Harmlosigkeit! ■

## Die Peperoni-Analyse: Ihre Analyse für mehr Biss!

Die Peperoni-Analyse hilft Ihnen, das richtige Maß zu finden, das Sie davor schützt, als Opfer unterzugehen oder als Täter Schuld auf sich zu laden. Ich nenne meine Methode in Anlehnung an Goethes Faust auch »mephistophelisch«. Sein genialer Mephisto nimmt teuflisch-geistreich die Begrenztheit menschlichen Handelns ins Visier. Die Peperoni-Analyse ist ebenso »ein Teil von jener Kraft, die stets das Böse will und stets das Gute schafft!« Sie attackiert jene Besitzstandwahrer und Innovationsbremser, die einen immer wieder mit ihren Standardsprüchen, nach dem Motto »Das war hier immer schon so und das bleibt auch so«, quälen.

Vorgesetzte, Mitarbeiter und Kollegen, die einen solchen Standpunkt vertreten, werden neue Initiativen nicht fördern, sondern sie werden eher blockieren. Neue Initiativen machen nämlich Arbeit. Der Erfolg ist nicht garantiert, und außerdem ärgert es ihre Kollegen, dass sie nicht selbst auf diese neue Idee gekommen sind. Die Peperoni-Analyse zwingt Sie nun, sich zu fragen, ob Sie psychisch überhaupt in der Lage sind, den kognitiven Anforderungen in beruflichen Kampfsituationen gerecht zu werden. Um sich hierüber Klarheit zu verschaffen, sollten Sie die vier folgenden Fragen beantworten:

1. Welche Persönlichkeitsstärken haben Sie zu bieten? Diese Stärken gilt es zu betonen, damit Sie nicht Gefahr laufen, von anderen übersehen zu werden!

2. Kennen Sie Ihre Schwächen? Sie müssen wissen, wo man Sie treffen kann, damit Sie Angriffen auf diese Schwächen von vornherein den Wind aus den Segeln nehmen können!

3. Welche bissigen Taten haben Sie bereits in der Vergangenheit begangen? Erinnern Sie sich daran, und merken Sie sich das Gefühl: Sie können auch anders!

4. Welche eingebaute Biss-Bremse zwingt Sie zur Höflichkeit, obwohl Klartext zu reden wäre? Diese Bremse müssen Sie lösen, damit Sie in zukünftigen Konflikten Fahrt aufnehmen können!

## ■ Die erste Analyse: Persönlichkeitsstärken und ihre notwendigen Schattenseiten

Die Analyse der Persönlichkeitsstärken gehört zum Einmaleins der Erfolgreichen. Sie sollten wissen, woran Sie mit sich selbst sind. Erst dann können Sie den Mitarbeitern und Kollegen fundierte Kenntnisse darüber geben, was diese realistisch von Ihnen zu erwarten haben. Über die eigenen Stärken zu sprechen, ist keine Angeberei, denn das Wissen um die eigenen Stärken schafft für alle professionelle Klarheit. Das Nicht-Wissen gilt dagegen als Beweis für die eigene Denkfaulheit und diskreditiert! Durchsetzungsstarke Menschen kennen natürlich ihre Stärken und gehen durchaus auch mit ihnen hausieren, wenn es darauf ankommt. Sie platzieren sie wie eine Leuchtreklame, für jeden sichtbar. Beruflich erfolgreiche, durchsetzungsstarke Menschen geben unter anderem häufig folgende Stärken an:

- Sie kennen die Schwächen von Kollegen, Vorgesetzten oder Kunden, müssen diese aber nicht ausnutzen.
- Sie können andere gezielt provozieren und danach ins Leere laufen lassen. Eigene Interessen formulieren sie so, dass die Gegner nicht widersprechen mögen. Angriffe kontern sie gekonnt.
- Sie handeln zielorientiert, qualitätsbewusst und leistungsbereit.
- Sie halten eine gesunde Distanz zu ihrem Gegenüber, gepaart mit einem Hauch Arroganz.
- Sie können Situationen schnell erfassen und analysieren.
- Sie haben Durchhaltevermögen und einen langen Atem.
- Sie haben keine Hemmungen, die Gutmütigkeit anderer oder den eigenen Wissensvorsprung für ihre Zwecke in Anspruch zu nehmen.
- Sie können begeistern und mitreißend und humorvoll agieren.
- Sie denken analytisch und strategisch.
- Sie können motivieren, aber auch Druck ausüben.
- Sie können höflich, zuvorkommend und sympathisch wirken.

Manche Eigenschaften, wie etwa die Fähigkeit, Druck ausüben zu können, wirken auf den ersten Blick unangenehm, sind aber zwingend notwendig, um in schwierigen Situationen oder unter Zeitdruck Projekte zu Ende bringen zu können. Durchsetzungsstarke setzen ihre Mitarbeiter auch nicht ständig unter Druck, sondern nur, wenn Not am Mann ist: »Druck übe ich nur in homöopathischen Dosen aus. Dennoch ist es gut, dass alle wissen, dass ich es kann«, so der Eigentümer einer Lebensmittelkette.

Diese Stärken spiegeln einen kleinen, aber wichtigen Teil der durchsetzungsstarken Persönlichkeit wider. Ethisches Handeln wird davon nicht verdrängt. »Sowohl als auch« ist das Motto des Peperoni-Strategen, nicht »entweder – oder«! Warum wollen Sie warten, bis andere Ihre Qualitäten erkennen? – Das kann ewig dauern! Vielleicht sind die anderen begriffsstutzig oder schlicht desinteressiert; darauf dürfen Sie nicht setzen. Stattdessen sollten Sie ungefragt, regelmäßig und dezent von Ihren Fähigkeiten berichten. Sie können sie in das Flurgespräch einstreuen, beim Mittagessen oder in der Meeting-Pause. Die Theorie des Interaktionismus nennt das *Positiv-Labeling*.

Faszinierend ist bei dieser Strategie der Echo-Effekt: Im Halbjahres-Feedbackgespräch wird Ihr Vorgesetzter in der Regel nämlich genau die Eigenschaften loben, die Sie selbst gestreut und durch gelegentliche Leistung unterfüttert haben. Denn auch Ihre Kollegen werden diese Positiv-Eigenschaften (»motiviert, zeigt Leistung, ist analytisch«) weitergetragen haben, auch nach oben. Erfolg hängt also faktisch nicht nur von der korrekten Leistung ab, sondern auch davon, dass diese bemerkt und gestreut wird. Gutes Selbstmarketing sichert diesen Prozess ab. Ohne Selbstmarketing laufen Sie Gefahr, dass Dritte Gerüchte über Sie weitertragen, die weniger schmeichelhaft sind, als das, was Sie selbst in Umlauf setzen! Fakt bleibt: Geredet wird über Sie so oder so – es ist aber klüger, die Themen selbst vorzugeben.

Das Bewusstmachen der eigenen Stärken hat einen weiteren wunderbaren Effekt, dem sich gerade die Deutschen mit ihrer Sucht zur Selbstkritik mehr öffnen sollten: Es macht schlicht gute Laune, selbst an trüben Tagen.

Stellen wir uns an dieser Stelle den gewöhnlichen Montagmorgen eines Berufstätigen vor: Unser Protagonist sitzt im Büro. Er hat schwierige Gespräche vor sich und sollte vor Kraft strotzen, um darin zu bestehen. Er sollte dem Gesprächspartner seinen unbedingten Willen vermitteln – aber er fühlt sich klein wie eine Kirchenmaus: Der pubertierende Sohn hat ihm am Wochenende Vorwürfe gemacht, die Ehefrau dem auch noch zugestimmt und ein großer Auftraggeber hat noch am Freitag mitgeteilt, dass er mehr erwartet habe. Kurz und gut: Er fühlt sich miserabel, zweifelt an sich selbst und fühlt sich den bevorstehenden schwierigen Gesprächen nicht gewachsen.

Kritiker, Nörgler, Wadenbeißer und andere pessimistische Zeitgenossen fördern gerne diese Selbstzweifel, um einen weiter zu schwächen und auf ihr negatives Lebensgefühl herunterzuziehen. Aber gerade dies sind die Momente, in denen es gilt, sich auf die eigenen Stärken, auf sein Positiv-Labeling, zu besinnen. In unserem Beispiel klappt das: Statt seinen Selbstzweifeln zu folgen, zückt unser Protagonist ein eingeschweißtes DIN-A4-Blatt. Auf diesem Blatt stehen nicht nur seine Stärken, sondern alle seine guten Seiten, auch Lobeshymnen von Geschäftspartnern und Freunden; die Liste umfasst über 30 Stärken und Wertschätzungen. Begriffe wie »feinsinnig«, »strukturiert«, »analytisch«, »gut aussehend« stärken sein Selbstbewusstsein. Die Komplimente und Stärken, die er bis zu Nummer 20 liest, fangen an, ihn zu überzeugen: »Ich will ja nicht angeben. Aber ehrlich gesagt, bin ich schon ein ziemlich toller Typ!« Die ihm zugeschriebenen positiven Attribute lassen ihn schmunzeln und sich gut fühlen. Jetzt hat er es eilig, sein Telefon lacht ihn an. Er will die schwierigen Gespräche angehen, denn er spürt, dass er gut drauf ist! Das wird sein Tag. Und die Geschichte mit seinem Sohn und seiner Frau vom Wochenende, die bespricht er mit den beiden heute Abend – vielleicht bei einem Glas Wein.

Kritische Zeitgenossen meinen, dass dieses Positiv-Labeling nach Eigenlob stinkt. Das stimmt – und trotzdem ist es schön!

**Das sollten Sie sich merken:** Wer fest an seine Stärken und tollen Seiten glaubt, der wird zum Macher, nicht zum Bedenkenträger. Der wird Projekte durchsetzen, vielleicht sogar Berge versetzen können ■

## Checkliste: Meine Persönlichkeitsstärken

| | | Ja | Nein |
|---|---|---|---|
| ☑ | Kennen Sie Ihre Persönlichkeitsstärken? | | |
| | Sind Sie in der Lage, sie auch zu kommunizieren? | | |
| | Können Sie Druck ausüben? | | |
| | Sind Sie in der Lage, Positiv-Labeling zu betreiben? | | |
| | Können Sie an Ihre Stärken glauben, sind Sie von ihnen überzeugt? | | |

## Die zweite Analyse: Persönlichkeitsschwächen

Wer redet schon gerne über seine schwachen Seiten? Auch wenn es unangenehm ist: Zurückhaltung ist hier keineswegs angezeigt. Schwächen sind das Salz in der Suppe einer reifen Persönlichkeit. Schwächen können einen liebenswert und sympathisch machen. Dies gilt gerade für durchsetzungsstarke und erfolgreiche Menschen, die ansonsten als zu aalglatt empfunden werden. Mit den eigenen Schwächen gilt es konstruktiv umzugehen. Sie müssen sich nicht über sie ärgern: *Nobody is perfect.* Sie müssen sie auch nicht großartig verstecken, denn sie werden im Laufe des Arbeitslebens sowieso bemerkt. Sie dürfen sogar offensiv darauf hinweisen, was Ihnen nicht so liegt – vorausgesetzt, Sie haben auf der Haben-Seite Ihres Kontos ein ausreichendes Stärken-Plus! Haben Sie Ihre Schwächen kundgetan, gilt es allerdings, die Reaktionen des beruflichen Umfeldes genau zu beachten, die dreigeteilt sein wird:

■ Zum einen gibt es die Kollegen, die die Schwächen ausnutzen wollen. Das erkennen Sie schnell und merken sich diese Damen und Herren für die Zukunft. Hier sollten Sie nachtragend sein und nicht zu schnell verzeihen, wenn man Sie in puncto Schwächen übervorteilen will.

■ Dann gibt es die, die Ihnen ausgerechnet Aufgaben geben, die Salz in die Wunde der Schwäche streuen. Auch diese gehören auf Ihre persönliche watch list, vor allem, wenn sie erklären, dass sie Ihnen das zumuten, »damit Sie dazulernen und in Zukunft besser werden«. Sie sollten dieser fürsorglichen Begründung nicht trauen, denn am Ende werden Sie doch für Ihre Schwäche kritisiert.

■ Die letzte Gruppe umfasst die positiven Professionellen: gute Vorgesetzte führen Schwächeanalysen bei ihren Mitarbeitern durch, um sie nicht versehentlich dort einzusetzen, wo sie fehl am Platze sind. Sie wissen, dass selbst die Bemühten, die ihre Schwächen auszugleichen versuchen, am Ende doch nur mittelmäßige Ergebnisse erzielen werden. Das ist dann zwar eine lobenswerte Leistungssteigerung des Einzelnen, für die Firma kann dieses Mittelmaß aber Rückschritt bedeuten!

Die eigenen Schwächen selbst zu thematisieren, kann umsichtig sein. Anders sieht es aus, wenn Dritte diese Schwächen ansprechen. Unter vier Augen kritisch angesprochen zu werden, ist in Ordnung und sollte zur Selbstreflexion anregen, zum Beispiel im privaten Bereich am Abend im Bett vor dem Einschlafen. Das Vier-Augen-Feedback-Gespräch im Job verhindert Gesichts- und Statusverlust und gibt die faire Chance zur Veränderung.

Sollten Sie allerdings von Dritten oder über Umwege erfahren, was Ihr Chef von Ihren Schwächen hält, sollte das Alarmbereitschaft bei Ihnen auslösen:

Der Geschäftsführer eines Innungsverbandes folgte dieser Marschroute im Feedback-Gespräch und ruinierte dann alles mit seinem Schlusssatz doch noch. Nach der Erläuterung der Kritik, dezent unter vier Augen, sagte er: »Das habe ich übrigens letzte Woche den anderen schon während der Sitzung erläutert, als Sie unterwegs waren.« Eine Bloßstellung dieser Art produziert einen innerbetrieblichen Gegenspieler mehr. Das ist machtstrategisch unklug!

Werden die Schwächen im Meeting oder anderswo öffentlich breitgetreten, darf davon ausgegangen werden, dass eine Statusreduzierung inszeniert wird. Hier wird an Ihnen gesägt: Sie werden der öffentlichen Demontage preisgegeben, der sich der ein oder andere – durch diese

Maßregelung ermutigt – noch anschließen wird. Die Menschen sind leider so. Wichtig ist es jetzt, sich unbedingt die öffentlichen Kritiker zu merken und sie zukünftig eher als Gegenspieler zu betrachten (»im Zweifel gegen den Angeklagten!«) sowie die eigenen Fürsprecher zu aktivieren und zur Gegenrede zu treiben!

**Das sollten Sie sich merken:** Wer es gut mit Ihnen meint, wird Sie immer diskret auf Fehler hinweisen. Wer es nicht gut mit Ihnen meint, sucht für seine Kritik an Ihnen den öffentlichen Raum!

Wem dies alles nicht zusagt und wer seine Schwäche beharrlich ignoriert, lebt leider besonders gefährlich: Die eigenen Schwächen nicht zu kennen hat schon etwas Peinliches. Sie gelten dann als unreflektiert und werden in jedem Assessment-Center auseinandergenommen. Und wer die Schwächen der Kollegen nicht kennt, läuft Gefahr, von einem Fettnäpfchen ins nächste zu treten. Das Ergebnis: Sie gelten als unsensibel und werden unbeliebt! Es gilt der alte Leitsatz: Wissen ist Macht und Nicht-Wissen wird selten als Entschuldigung akzeptiert.

Das muss auch der aufstrebende 32-jährige Macher aus der Textilbranche erleben, der zu seiner Überraschung seinen Platz im Leitungsstab verliert. Der Mann ist verheiratet und hat zwei Kinder, denen er sich vorbildlich am Wochenende widmet. Montags erzählt er gerne und ausgiebig von diesem privaten Glück – auch im Beisein seiner Chefin. Die hat nicht nur eine furchtbare Scheidung hinter sich, sondern auch eines ihrer Kinder an ihren Mann »verloren«. Dieser Verlust quält sie, und das Familienglück-Gerede des Aufsteigers ist ihr unerträglich und reißt Montag für Montag ihre Wunden auf. Irgendwann reicht es ihr, und sie sorgt dafür, dass der Mann freigestellt wird. Sie ist über ihre Entscheidung nicht besonders glücklich, findet sie aber besser als den bisherigen Zustand. Schade, dass unser Aufsteiger von dieser Schwäche seiner Chefin nichts wusste. Er hätte sich im Kollegenkreis schlaumachen können – da war ihr Trennungsdrama informelles Thema gewesen!

Schwächen in ihrer Persönlichkeit sehen Durchsetzungsstarke unter anderem in folgenden Charakterzügen:

- zu schnell beleidigt sein,
- übertriebene Dominanz zeigen, die dem Team keine Luft lässt,
- zu große Offenheit entgegenbringen,
- Vertrauen vorschießen,
- nur an das Gute im Kollegen glauben,
- geltungssüchtig auftreten,
- zu rücksichtsvoll und zaudernd agieren,
- zum faulen Kompromiss neigen, um Konflikten auszuweichen,
- zu undiplomatisch und zu impulsiv vorgehen,
- beruflich nicht nachtragend sein,
- zu detailversessen/perfektionistisch arbeiten und den Blick für das Wesentliche verlieren,
- zu nett daherkommen,
- zu leicht auszurechnen sein,
- zu wenig positioniert auftreten,
- allen gefallen und es allen recht machen wollen,
- zu langsam denken und arbeiten,
- cholerisch und selbstgefällig auftreten,
- panisch und unentschlossen unter Stress reagieren,
- zu schnell begeisterungsfähig sein,
- ein »Nein« nur mit schlechtem Gewissen über die Lippen bekommen,
- offensichtlich manipulativ vorgehen,
- zu empathisch sein,
- zu viel Verständnis für Ausreden aufbringen,
- nicht delegieren können und mögen,
- Angst haben, nicht gemocht oder geliebt zu werden.

Wer all diese Persönlichkeitsschwächen in sich vereint, ist sicher ein sehr liebenswerter Mensch. Machtstrategisch und unter dem Aspekt von Wettbewerbssituationen ist hier aber Hopfen und Malz verloren: »Ich habe erkannt, dass ich doch kein Mann für die erste Reihe bin«, sagte mir ein Seminarteilnehmer nach einem Management-Workshop. Konsequent trat er in der Firma zurück ins dritte Glied, arbeitete fortan engagiert und seriös im Hintergrund – und fühlte sich wesentlich berufszufriedener als in der Zeit, in der er sich in eine Führungsrolle zwang, die nicht zu ihm passte.

Wichtig: Persönlicher Erfolg und Berufszufriedenheit sind nicht immer »oben« zu finden! Das sollten sich vor allem diejenigen bewusst machen, die im Beruf und Kollegenkreis nicht nur Anerkennung suchen, sondern gemocht bis geliebt werden wollen. »Liebe« aber gehört nicht in den Job – sie macht emotional abhängig und trübt den Sinn für klare, auch unangenehme Entscheidungen. Geliebt werden wollen disqualifiziert professionelles Handeln! Geliebt werden gehört in das Private: Partner, Kinder, Verwandte und der Freundeskreis dürfen sich darüber freuen. Wer hier nicht willig oder in der Lage ist zu trennen, wird niemals den Biss erwerben, schmerzfrei Entscheidungen durchsetzen zu können!

## Checkliste: Meine Persönlichkeitsschwächen

|  | Ja | Nein |
|---|---|---|
| Können Sie zu Ihren Schwächen stehen? |  |  |
| Können Sie die Konsequenzen aus Ihren Schwächen ziehen? |  |  |
| Kennen Sie auch die Schwächen Ihrer Kollegen? |  |  |
| Sprechen Sie über Schwächen anderer nur in einem Vier-Augen-Gespräch? |  |  |
| Wollen Sie privat und beruflich »geliebt« werden? |  |  |

## ■ Die dritte Analyse: Ihr bissiges Potenzial

Eher introvertierte Menschen, die in der Vergangenheit übervorteilt wurden, trauen sich die Peperoni-Strategie kaum zu: »Ich kann das nicht«, sind häufig ihre Worte. Ihnen sitzt die Angst vor Zurückweisung in den

Knochen. Sie befürchten Ablehnung (zu Recht) und sie fürchten, dass sie unter dieser Ablehnung leiden werden (zu Unrecht). Im vorauseilenden Gehorsam passen sie sich deswegen brav an – ein gefundenes Fressen für alle Durchsetzungsstarken, die diese nicht-bissigen Zeitgenossen deshalb so einfach ausnutzen können. Das ist aber nur die eine Seite der Medaille. Gleichzeitig ist es nämlich verblüffend zu erfahren, zu welch bissigen Taten die »Ich-kann-das-nicht«-Fraktion in der Vergangenheit fähig war: Wenn man ihnen ein wenig Zeit zur entsprechenden Reflexion gibt, sprudelt die eine oder andere Missetat zurück an die Oberfläche des Bewusstseins. Für Gutmenschen ein ambivalentes Erlebnis: Zum einen schämen sie sich der Missetat, zum anderen keimt Hoffnung auf, doch zur Gegenwehr fähig zu sein. Das macht Sinn, denn wer zukünftig bissig handeln will, findet häufig Ermutigung in seiner Vergangenheit, denn da gab es bereits Situationen, die mit Durchsetzungskraft zu bewältigen waren. Dieses »böse« Denken dürfen sich auch Gutmenschen erlauben, denn es ist nicht das Ziel der Peperoni-Strategie, »bad guys« zu kreieren, sondern die Power zum Widerstand zu wecken, die in die Zivilcourage zu münden vermag.

> **Das sollten Sie sich merken:** Durchsetzungsstarke Taten der Vergangenheit können als Mutmacher für die Zukunft genutzt werden ■

Durchsetzungsstarke Zeitgenossen erinnern sich etwa an folgende bissig böse Taten:

- Da gibt es den 52-jährigen Chemiemanager, der aus politischer Unzufriedenheit noch mit Anfang dreißig Wahlplakate in seinem Stadtteil zerstörte – Plakate der Partei, die er jetzt wählt.
- Da ist das Mitglied der Geschäftsleitung, das als Student seiner keifenden und besonders vornehm daherkommenden Nachbarin nicht nur die geliebte Tanne im Garten abholzte, während diese auf Reisen war, sondern sie auch noch kamingerecht zerstückelte und der Dame ordentlich auf die Terrasse stapelte.

- Beeindruckend ist auch die Medizinerin der Pharmabranche, der beim besten Willen keine bissig böse Tat aus der Vergangenheit einfällt. Sie stellt sich dar, wie eine Mischung aus Mutter Teresa und Mahatma Ghandi. Dennoch tauchen Zweifel auf, denn beim Dessert berichtet sie, dass sie derzeit täglich trächtige Kleintiere seziere, um einen neuen chemischen Stoff zu erproben. Da fragt man sich doch: Wozu braucht diese Dame noch bissige Taten aus der Vergangenheit. Sie braucht sich doch nur jeden Gegenspieler als trächtiges Kleintier vorzustellen …

Bissige Taten haben auch immer einen erzieherischen Effekt, denn sie signalisieren potenziellen Gegenspielern »Mit mir kann man es nicht machen, und wenn doch, hat man einen hohen Preis zu zahlen.« Eine Dame wählte dafür die Metapher: »Bei mir gibt es keine Auseinandersetzung zu Discount-Preisen, eher in Prada-Währung!« Die Erziehung kann aber auch ganz direkt stattfinden und Karrieristen verdeutlichen, wo sie im Machtgefüge stehen.

Peperoni-Strategen haben Humor. Die feine Provokation und das Schwenken mit dem symbolischen Zaunpfahl beleben nicht nur den beruflichen Alltag, sondern präsentieren sie auch als komplexe Persönlichkeit, die nicht so einfach auszurechnen ist. Das hat einen weiteren Vorteil: Sie sind nicht mehr auf die Opferrolle abboniert. Die erwartete Gegenwehr schreckt potenzielle Angreifer ab, denn die suchen sich lieber kalkulierbare Opfer: Menschen, die vor lauter Selbstreflexion die Fehler gleich bei sich suchen – Schäfchen-Typen eben!

**Checkliste: Mein bissiges Potenzial**

|  | Ja | Nein |
|---|---|---|
| Sind Sie eher introvertiert? |  |  |
| Finden Sie »bissige« Taten in Ihrer Vergangenheit? |  |  |
| Entdecken Sie bei sich »bissige« Taten, gepaart mit Humor? |  |  |
| Sind Sie in der Lage zu provozieren? |  |  |
| Suchen Sie die Fehler bei sich selbst zuerst? |  |  |

### Die vierte Analyse: die Biss-Bremse –
### warum Sie manchmal zu höflich sind

Warum sind Sie manchmal zu höflich? Warum lassen Sie sich abspeisen und bloßstellen? Warum gehen Sie nicht selbstbewusst dagegen an, sondern fressen den Ärger in sich hinein oder quälen am Abend Partner, Kinder, Haustiere? Warum wehren Sie sich nicht gegen unberechtigte Kritik?

Hinter dieser Kritikangst steckt häufig die Biss-Bremse. Diese Bremse antizipiert das verheerende Echo, das Sie befürchten, wenn Sie selber einmal den Mund aufmachen würden. Die Biss-Bremse impliziert, dass Kritik und Gegenwehr, die Sie äußern, die Flugeigenschaft eines Bumerangs innehat, der weit hinausfliegt, nur um am Ende wieder am eigenen Kopf einzuschlagen! In der Fantasie malen sich diese Zeitgenossen dann Erwiderungen aus, die richtig verletzend sein könnten. Das heißt, die Biss-Bremse thematisiert etwas, vor dem Sie am liebsten die Augen verschließen würden und das Sie höchstens in Stunden größten Zweifels an die Oberfläche kitzeln. Die Biss-Bremse fragt

■ nach der Schuld, die Sie im Leben auf sich geladen haben,
■ nach den Fehlern, die Sie im Leben begangen haben und die Sie bereuen,
■ nach den Fehlentscheidungen, die Sie getroffen haben und mit deren bösen Folgen Sie nun zu leben haben,
■ nach den Verletzungen, die Sie erlitten oder anderen zugefügt haben und unter denen Sie bis heute leiden.

Der berühmte Psychodramatiker Jakob L. Moreno spricht hier von sogenannten »unerledigten Geschäften«, die unsere Psyche in Unruhe halten und erst dann Ruhe geben, wenn Sie diese »Geschäfte« erledigt haben. Vielleicht durch eine Entschuldigung, vielleicht durch eine Wiedergutmachung, vielleicht durch ein persönliches Gespräch oder einen Brief, mit dem Sie versuchen, wieder ins Reine zu kommen. »Unerledigte Geschäfte« sind etwas sehr Persönliches und ihr Rumoren in der Psyche schüchtert ein und bremst aus. Aus Angst davor, auf diese wunden Punkte in einer beruflichen Auseinandersetzung angesprochen zu werden, lassen viele Menschen ihre notwendige Kritik lieber unter den Tisch fallen. Das ist menschlich verständlich, aber ärgerlich, denn diese Passivität und Zurückhaltung wird schnell als Durchsetzungsschwäche ausgelegt. Leider zu Recht! Auf diesem Hintergrund ist es gut zu wissen, dass es ein probates Mittel gegen die Biss-Bremse gibt, das einem hilft, angstfrei in Auseinandersetzungen zu gehen, bei denen Sie wissen, dass es kracht. Dieses Gegenmittel entfaltet seinen Charme allerdings erst auf den zweiten Blick. Es verlangt die schonungslose Beantwortung folgender Frage: »Welches Feedback würde Sie aus tiefster Seele verletzen?!

Die Antworten auf diese Frage sind sehr persönlich und vielfältig. Konkret verletzend kann es sein, wenn jemand

- die Schuld anspricht, die Sie sich gegenüber den eigenen Kindern aufgeladen haben (Rabenmutter-Syndrom),
- die Konflikte anspricht, die Sie mit den eigenen Eltern nie ausgetragen haben – und die Sie nach wie vor belasten,
- äußere Merkmale und Makel verhöhnt, die Sie schmerzen, weil Sie zu dick oder zu dünn sind, eine Missbildung haben oder unter dem Älterwerden leiden,
- Sie auf persönliche Defizite hinweist, die sich zum Komplex *ausgewachsen haben*.

Ein fast harmlos klingendes, aber in seiner Wirkung beeindruckendes Beispiel bietet uns ein renommierter Politikwissenschaftler aus seinem persönlichen Erfahrungsbereich:

Er war mit 17 unsterblich in ein Mädchen verliebt. Zu seiner Freude erwiderte das Mädchen die Liebe, machte aber nach drei Monaten mit ihm Schluss. Beim Billardspielen sagte sie – und diese Worte sollten unserem Mann lange zu schaffen machen: »Ich mache Schluss mit dir – wegen deiner Wurstfinger!« Sein Entsetzen über ihren abrupten Schlussstrich war groß und die Langzeitwirkung des Wurstfinger-Kommentars erstaunlich: bei der mündlichen Abiturprüfung, bei Referaten im Studium und später bei Kongressvorträgen verschränkte er seine

Finger, legte sie auf den Rücken oder unter die Tischplatte, sodass kaum ein Blick sie erhaschen konnte. Er berichtete sogar von der Präsentation seines ersten Buches, bei der er sich nicht vor Verrissen fürchtete. Angst hatte er nur vor folgender Rückmeldung eines imaginären Kritikers gehabt: »Sie haben ein ausgezeichnetes Fachbuch geschrieben. Große Klasse. Aber dass das mit dem Schreiben so geklappt hat – bei Ihren Wurstfingern!« Erst die Biss-Analyse befreite ihn mit Mitte dreißig von diesem Komplex! Spät, aber nicht zu spät!

Die ehrliche Biss-Analyse – und das sollte nicht zu Irritationen führen – schwächt im ersten Moment. Sie sehen – wie in einem Spiegel – die eigene Verletzlichkeit. Sie sagen sich: »Ja, das trifft mich wirklich. Ja, das würde mich sehr verletzen!« Aber dann gilt es, den Spieß kognitiv umzudrehen. Dann gilt es, sein Denken auf den Kopf zu stellen und aus der großen Verletzlichkeit Stärke zu ziehen: Wer sich nämlich vor Augen hält, dass diese analysierten Verletzlichkeiten das Schlimmste sind, was einem verbal angetan werden könnte, kann diese Erkenntnis als ungemein befreiend empfinden. Schlimmer kann es nicht mehr kommen. Die Höchststrafe, das Gemeinste, das einem zugemutet werden kann, ist damit bekannt – und verliert ihren Schrecken! Sie haben im Auge des Kritik-Hurrikans die furchtbarsten Rückmeldungen gesehen. Das war es. Mehr gibt es nicht. Das Faszinierende daran ist: Haben Sie die Erkenntnis der verbalen Höchststrafe gewonnen, geht die Angst vor kritischen Feedbacks oder Zurechtweisungen verloren! Das hat wohltuende Konsequenzen für konfliktbeladene Situationen im Beruf: Sie stellen sich ihnen entspannter. Daher die Empfehlung:

> **Das sollten Sie sich merken:** Wer am Morgen aufsteht und bereits weiß, dass der Tag viel Ärger bereithält, sollte sich vor seinen Badzimmerspiegel stellen und sich laut und deutlich sagen: »Komm Tag, gib es mir! Mach mich fertig! Hau in meine Wunden, die so richtig schmerzen!« ∎

Nach dieser – zugegebenermaßen – etwas masochistischen Prozedur gehen Sie ins Büro, geraten in Konflikte und werden kräftig kritisiert.

Die Gegenspieler geben sich richtig Mühe zu konfrontieren – nur die entscheidenden Schwachpunkte treffen sie nicht, sodass die geäußerte Kritik an Ihrer gelassenen Nachsichtigkeit abprallt. So richtig nehmen Sie die Kritik auch gar nicht wahr, weil Sie auf die Höchststrafe warten – die aber nicht erfolgt. Darüber macht sich fast Enttäuschung breit: Von Ihrem Kontrahenten hätten Sie mehr erwartet! Die Gegenspieler irritiert solch stoische Gelassenheit. Sie verstehen Ihr Spiel nicht, und warum ihre Kritik kaum Wirkungen zeigt. »Der hat Einsteckerqualitäten«, wird gemunkelt und das stimmt. Sie folgen nämlich der alten niedersächsischen Haudegen-Weisheit und die lautet: »Was kratzt es die Eiche, wenn sich das Wildschwein daran reibt? Und das Wildschwein sind immer die anderen!«

> **Das sollten Sie sich merken:** Wem seine Feedback-Höchststrafe bewusst ist, der hat gute Chancen kritikimmun zu werden! ◾

Sollte zufälligerweise aber doch jemand die wunden Stellen treffen, stehen zwei Reaktionsmuster zur Auswahl: Erstens sollten Sie diesem Menschen zukünftig aus dem Weg gehen, da dieser ein seismografisches Gespür für Sie hat – und Ihnen damit zu nahe kommen könnte. Auf diese Nähe sollten Sie im Job verzichten. Die gehört eindeutig in die Privatsphäre. Zweitens könnten Sie diese Person heiraten, denn es wird kaum jemanden geben, der mehr Fingerspitzengefühl für Sie entwickeln dürfte!

Das Ergebnis Ihrer Biss-Analyse sollten Sie wirklich weder Kollegen noch besten Freundinnen noch Ihrem (Ehe-)Partner verraten. In Zeiten schwerer Beziehungskrisen – und die durchläuft fast jede langjährige Partnerschaft – wird dieses Wissen gerne gegen einen verwendet. Die Freunde und Partner entschuldigen sich zwar meist am nächsten Tag, verzeihen können Sie es ihnen aber nur sehr schlecht. Hier lehrt die Realität: Was Sie an verbalen Waffen im Streit nutzen können, wird leider auch genutzt! Entsprechend gilt für die Biss-Bremse: brutal ehrlich die eigenen Verletzlichkeiten und Angriffspunkte analysieren und über das Ergebnis schweigen wie ein Grab. Kein großer Preis für mehr Kritikimmunität! Fakt bleibt: Wer seine Biss-Bremse löst, fährt zügiger und angstfreier. Er stärkt seine Nehmerqualitäten und lässt sich nicht so schnell von harten Angriffen ins Bockshorn jagen. Insofern fördert diese Qualität nicht nur die Durchsetzungsstärke, sondern auch die Gelassenheit. Entspannt sein, trotz verbalen Bombardements: Das hat Größe!

**Checkliste: Die Biss-Bremse**

|  | Ja | Nein |
|---|---|---|
| Sind Sie ein zu höflicher Mensch? |  |  |
| Lassen Sie sich manchmal abspeisen? |  |  |
| Gibt es Dinge in Ihrem Leben, die Sie tief verletzen? |  |  |
| Haben Sie diese Verletzlichkeiten anderen Menschen kommuniziert? (Das wäre ein Fehler!) |  |  |
| Können Sie Ihre Biss-Bremse lösen? |  |  |

**Tipp: Das eigene Durchsetzungspotenzial nutzen**
Wenn ich Ihnen nur einen Tipp geben dürfte, dann wäre es folgender: Nutzen Sie die Peperoni-Analyse, um sich selbst zu verdeutlichen, wie Sie Ihr Durchsetzungspotenzial kraftvoll vorantreiben können. Sie werden Ihre Stärken betonen lernen, gelassener mit Schwächen umgehen, sich an ehemals bissigen Taten mit schwarzem Humor erfreuen und Ihre Biss-Bremse lockern. Die Schlüssel dazu haben Sie selbst in der Hand! Und vergessen Sie nicht: »One evil action every day keeps the psychiatrist away!« ■

**W**enn Sie mehr lesen möchten: Jens Weidner, *Die Peperoni-Strategie. So setzen Sie Ihre natürliche Aggression konstruktiv ein*, Frankfurt/New York 2005.

## Sabine Schonert-Hirz: Stressmanagement

Bleiben Sie fit und leistungsstark

**W**artung und Pflege ist für jeden Autobesitzer eine Selbstverständlichkeit – bei unserem Körper sind wir nicht so sorgfältig. Vor jeder längeren Urlaubsfahrt geht es zur Inspektion in die Werkstatt, schließlich will man ohne Panne in Südspanien ankommen. Aber gehen Sie zum Arzt, bevor Sie ein großes Projekt stemmen, eine Woche auf der Messe arbeiten, das Weihnachtsgeschäft abwickeln oder sechs Wochen lang Überstunden fahren müssen? Ich werde Ihnen nun zeigen, wie Sie Ihren Körper fit halten, um beruflich erfolgreich und leistungsstark zu bleiben ■

Man macht vieles aus Unachtsamkeit oder Zeitmangel falsch: zu wenig Sport, zu wenig Schlaf, zu viel Kaffee, Alkohol und Zigaretten, und statt Salat und Gemüse gibt es Tiefkühlpizza und Bratwurst. Das geht so lange gut, bis der Körper Störungen meldet oder gar zusammenbricht – und mit ihm die Stressbalance. Dann erst merkt man, dass etwas nicht in Ordnung ist, geht zum Arzt oder versucht etwas kürzerzutreten.

Wir machen es also jetzt wie die spießigen Autobesitzer und sorgen für das normale Programm. Den Wagen gleich zu frisieren oder eine Riesenlautsprecheranlage einzubauen, ist völlig überflüssig. Immer wieder gibt es »Gesundheitsfanatiker«, die sich die Optimierung ihres Körpers zur Lebensaufgabe gemacht haben. Dagegen ist nichts einzuwenden. Aber eigentlich reicht es aus, den Körper von einem in der Regel anzutreffenden Gesundheits- und Leistungszustand von minus 20 auf Normalnull zu bringen, und das ist zugegebenermaßen auch schon richtig Arbeit.

Die Beachtung der Grundregeln des Körpers ist die Basis der Stressbalance. Sie brauchen

- ausreichend Bewegung,
- genug Regeneration und Schlaf und
- richtige Ernährung.

## Bewegen Sie sich genug?

Als Jäger und Sammler war der Mensch täglich mindestens sechs Stunden mit schnellem Gehen beschäftigt, legte zwischendurch einen kleinen Sprint ein und stählte dann seine Muskeln beim Heranschleppen der Beute. Ausdauersport und Bodybuilding waren lebensnotwendig, und daran hat sich bis heute nichts geändert. Daher erübrigt sich eigentlich jede Diskussion, ob man Sport mag oder nicht. Wenn die Intensität dem aktuellen Leistungsstand entspricht, ruft jede Form der Bewegung eine akute, kontrollierte Stressreaktion hervor, inklusive aller positiven emotionalen Erfahrungen, der Stärkung des Körpers und der Kontrollüberzeugung »Ich kann!«.

Wenn man nicht viel Zeit zur Verfügung hat, ist Ausdauersport genau das Richtige. Die Definition ist einfach: Mindestens 30 Minuten kontinuierlich bei mäßiger Intensität aus der Kraft der großen Muskeln (Beine und Gesäß) unterwegs sein. Die Faustregel lautet: Laufen, ohne außer Atem zu kommen oder drei Sätze in einem Ausatmen laut sprechen können. Garten- oder Hausarbeit, Tennis, Squash und andere Ballsportarten scheiden da leider wegen zu geringer Kontinuität schon aus. Besser geeignet sind Walking, Joggen, Radfahren, Ergometertraining, Stepper oder Laufband, Wandern, Schwimmen, aber auch Tanzen, Aerobic und Inlineskaten, das Ganze zwei- oder besser dreimal die Woche jeweils 30 bis 60 Minuten. Wenn es sich bei Ihnen besser in den Berufsalltag integrieren lässt, dürfen Sie diese Dosierungsanleitung auch ein wenig entspannter sehen: einmal am Wochenende und noch einmal in der Woche trainieren. Das ist schon das ganze Rezept! Für den Untrainierten ist ein flotter Spaziergang genau das Richtige.

Es kommt nicht darauf an, sich sklavisch an Vorschriften zu halten, sondern dass das Training überhaupt und in einer gewissen Regelmäßigkeit stattfinden kann: Laufen ohne schnaufen, dreimal 30 bis 60 Minuten.

### Ausdauertraining: So viele Fliegen mit einer Klappe

Ausdauersport steigert die Freisetzung des Botenstoffes Serotonin und der Endorphine, die im Gehirn an den positiven Gefühlen beteiligt sind und fördert die Testosteronbildung für mehr Energie und Liebeslust.

Ein strammer Spaziergang bringt dem Gehirn 100 Prozent mehr Sauerstoff für bessere Konzentration. Die Stresshormone Cortisol und Noradrenalin bewirken, dass Geist und Kreativität zu Hochform auflaufen. Die Ideen kommen wie von selbst, die Motivation verbessert sich. Die Fettverbrennung wird durch richtig dosierten Ausdauersport ganz erheblich verbessert und Fettpolster verschwinden. Die Körpersilhouette verändert sich, die Haltung wird aufrecht und straff, der Gang beschwingt und elastisch.

Ausdauertraining beugt zudem Herzinfarkt und Schlaganfall vor. Die Herzleistung wird verbessert, es kommt mit einer geringeren Schlagzahl aus. Das entlastet das Herz sehr. Bewegung ist außerdem die beste Versicherung gegen das Metabolische Syndrom, Krebs und Schlafstörungen. Der Blutzuckerspiegel wird gesenkt und die Empfänglichkeit der Körperzellen für Insulin verbessert, was Altersdiabetes verhindern kann. Man nimmt mehr Sauerstoff auf, die Durchblutung der Lunge wird gesteigert und Infektionen vorgebeugt. Die Atemmuskulatur verstärkt sich, man atmet besser durch. Auch das Immunsystem verbessert seine Leistungsfähigkeit. Rückenschmerzen verschwinden, Bandscheibenvorfällen und Knochenbrüchigkeit wird vorgebeugt. Sie schlafen außerdem schneller ein, erholen sich besser und kommen mit weniger Schlafenszeit aus, denn Sport stimuliert die Freisetzung des Wachstumshormons, das in der Nacht seinen Heinzelmännchen-Dienst tut und alles regeneriert und repariert, was wir an einem turbulenten Tag an Geweben und Zellen verschlissen haben.

Salopp gesagt, macht uns die fehlende Stressbalance auf Dauer unglücklich, dumm, hässlich und krank. Ausdauersport ist in allen Punkten das Gegenmittel: Er macht glücklich, klug, schön und gesund!

### ■ Bevor Sie loslegen

Sind Sie sicher, dass Sie gesund und belastbar sind? Besonders wenn Sie über 35 Jahre alt sind und/oder lange keinen Sport mehr getrieben haben, ist der Gang zum Sportarzt, Internisten oder Orthopäden ein guter Trainingsstart. Sie sollten überprüfen lassen, ob Blutdruck und Puls okay sind, ein Ruhe- und Belastungs-EKG machen, Ihre Standard-Laborwerte checken lassen, die Belastbarkeit und Funktionsfähigkeit der Gelenke (Knöchel, Knie, Hüfte, Wirbelsäule, Schulter) kontrollieren und sich auf chronische oder akute Infektionen untersuchen lassen.

Wenn Sie Medikamente nehmen, fragen Sie, welchen Einfluss Sport auf ihre Wirkung haben kann. Betablocker gegen Bluthochdruck zum Beispiel sind für Sportler ungeeignet, da sie die Leistungsfähigkeit des Herzens einschränken. Bitten Sie in diesem Fall Ihren Arzt, Ihnen eine andere Medikation zu verschreiben.

**Tipp: Standjogging**
Zugegeben, es sieht nicht gut aus, tut aber gut: Standjogging. Ziehen Sie sich Laufschuhe an und laufen Sie am geöffneten Fenster, auf dem Balkon oder vor dem Fernseher auf der Stelle: langsam, locker, gut in den Knien abfedern. Zu Beginn reichen fünf Minuten, um überhaupt erst einmal festzustellen, dass so etwas grundsätzlich möglich ist. Dann nach und nach auf 30 Minuten steigern. Nach circa drei Wochen die Knie höher heben und die Arme mitbewegen, um die Intensität zu erhöhen. Man kann dieses Training überall und zu jeder Tageszeit durchführen, wenn man will! ■

## Schlafen Sie genug?

Siebeneinhalb Stunden Schlaf braucht der Durchschnittsmensch pro Nacht, sagen die Schlafforscher, zu wenig und zu viel Schlaf ist schädlich. Vorübergehend kann man einige Nächte mit weniger Schlaf aushalten, dann machen sich allerdings schnell erste Störungen bemerkbar. Viele Menschen fühlen sich heute ausgebrannt und »gestresst«, weil sie schlichtweg zu wenig schlafen

### Die Nachtschicht: Regeneration, Lernen und Kreativität

Ausstrecken, einkuscheln – endlich Ruhe! Ruhe? Während wir Nacht für Nacht das Bewusstsein verlieren, beginnt für Körper und Geist die Nachtschicht. Im Schlaf regenerieren sich alle Organe. Das Immunsystem arbeitet auf Hochtouren, um verschlissene Zellen abzubauen, eingedrungene Krankheitserreger zu eliminieren und spontan entstandene Krebszellen abzufangen. Diese Aufräumarbeiten finden hauptsächlich in der ersten Nachthälfte statt und werden durch das in dieser Zeit freigesetzte Wachstumshormon gefördert.

Schlafforscher, allen voran der Lübecker Psychologe Jan Born, haben heute sehr deutliche Hinweise darauf, dass in den Tiefschlafphasen der ersten Nachthälfte Fakten, Zusammenhänge und erlebte Situationen aus einem Kurzzeitspeicher in den Langzeitspeicher »überspielt« und damit gelernt werden. Ein Minimum von sechs Stunden Schlaf ist für gutes Lernen nötig. Wer länger schläft, behält auch mehr. Während der REM-Phasen (Rapid-Eye-Movement-Phasen, Traumschlaf), die besonders in der zweiten Nachthälfte stattfinden, trainiert das Gehirn Bewegungsabläufe, die im sogenannten prozeduralen Gedächtnis verankert werden. Ob es sich um das Tippen auf der Tastatur des Computers, neue Tanzschritte oder den optimalen Bewegungsablauf beim Golfen handelt, wer genug REM-Schlaf bekommt, wird gute Fortschritte machen.

Eine alte Erfahrung aller kreativen Menschen kann von der Schlafforschung heute bestätigt werden. Das berühmte »darüber schlafen« ist tatsächlich sehr sinnvoll. Kreativitätsexperten empfehlen ein spezielles Training: Formulieren Sie abends vor dem Einschlafen eine exakte Suchaufgabe für Ihr Gehirn, zum Beispiel: Wie kann ich die Präsentation am besten aufbauen? Fragen Sie beim Erwachen nach der Lösung, und freuen Sie sich, wie Ihr Gehirn lernt, immer besser passende Antworten zu finden. Während des Schlafes haben sich bisher unzusammenhängend verstreute Wissenselemente geordnet und zu neuen und kreativen Mustern zusammengefügt. Nach dem Aufwachen befindet das Gehirn sich noch in einem entspannten Modus, in dem es leichten Zugriff auf diese neuen Ideen hat. Nutzen Sie diese kreative Zeitspanne und halten Sie immer Papier und Stift bereit.

Ausreichend erholsamer Schlaf ist die Grundlage der Lebensqualität. Schlaf ist die einfachste Methode, um die Stressbalance zu stabilisieren! Umgekehrt gilt aber auch: Fehlende Stressbalance ist die häufigste Ursache für Schlafstörungen. Deshalb nehmen Sie Schlafstörungen bitte ernst! Unternehmen Sie alles, um Schlafstörungen zu beheben – jeder Mensch kann besser schlafen lernen!

## Schlafstörungen: Weit verbreitet

Bei den vielfältigen Aufgaben, die im Schlaf erledigt werden, verwundert es nicht, dass sich bei länger bestehenden Schlafstörungen Müdigkeit und Konzentrationsschwäche, Gedächtnisstörungen, Frieren, Kopfschmerzen, Stimmungsschwankungen und Störungen des Immunsystems bemerkbar machen.

Strömen vielfältigste Stressauslöser auf uns ein, so hält die Stresssoftware alle Funktionen zur Problemlösung zu lange in intensiver Anspannung. Das ganze System ist auf Leistung eingestellt. Regelmäßiges Abschalten gelingt deshalb schlecht oder nur unzureichend. Auch körperliche oder psychische Erkrankungen, die sich aus der fehlenden Stressbalance entwickeln können, senden aktivierende Reize aus und halten so ihrerseits die Schlafstörung weiter aufrecht.

### Abschalten bitte!

Wer abends schlecht abschalten kann, ist mit den Aufgaben, Pflichten und Zielen des Tages noch zu sehr beschäftigt. Das ist von unserer Stresssoftware gut gemeint, doch führt es meistens nicht zu kreativen oder produktiven Ergebnissen. Wer müde ist, braucht eine Pause; dann geht es am nächsten Tag umso besser, schneller, leichter und effizienter weiter. Das müssen Sie sich deutlich klarmachen, um tatsächlich einen Schlusspunkt zu setzen und sich die Erlaubnis zum Abschalten zu geben. Körper, Gefühle und Gedanken kommen am besten durch feste Abendrituale zur Ruhe, zum Beispiel:

- Abendspaziergang (entspannt Körper, Gefühle und Geist, bringt oft noch gute Ideen)
- Leichte sportliche Tätigkeit
- Sauna (nur wer sich dadurch entspannt fühlt)
- Warme Dusche oder warmes Bad (mit Melisse, Baldrian oder Hopfen und höchstens 10 Minuten, Temperatur nicht zu heiß)
- Tagebuch schreiben
- Checkliste für den nächsten Tag erstellen (entlastet von dem Gefühl, Wichtiges vergessen zu können)
- Sex und/oder Kuscheln
- Entspannungsübungen
- Lesen (erfreuliches Thema)
- Musik hören

**Die Glücksliste ausfüllen.** Positive Emotionen entspannen, beruhigen und helfen, besser einzuschlafen. Es ist traurig, wenn Sie sich am Ende eines langen Arbeitstages mit dem Gedanken »Gut, dass dieser Tag endlich vorbei ist!« in die Federn fallen lassen. Immerhin war es ein ganzer Tag Ihres Lebens! Er sollte sich gelohnt haben! Bestimmt können Sie an jedem Tag etwas Gutes finden, wenn Sie nur genau hinsehen. Gerade anstrengende Zeiten lenken den Blick auf Negatives. Das enthält wichtige Hinweise auf Verbesserungspotenzial und gehört deshalb zur abendlichen Bilanz unbedingt dazu. Aber das darf nicht alles sein. Stellen Sie selbst die Balance wieder her, indem Sie die vielen positiven Kleinigkeiten sehen, die Ihnen jeden Tag beim Überleben helfen. Üben Sie das täglich! Drei Minuten genügen.

**Die Glücksliste**

*Teil 1*

- Was war heute weniger schön?
- Was ist mir misslungen?
- Was habe ich verpasst?
- Was hat mich gestört?
- Worüber habe ich mich geärgert?
- Wie habe ich selbst zu den negativen Erlebnissen beigetragen?
- Wie kann ich das vermeiden?

*Teil 2*

- Was habe ich heute Positives erlebt?
- Was habe ich alles geschafft?
- Mit wem hatte ich ein nettes Gespräch?
- Worüber habe ich gelacht?
- Worüber habe ich mich gefreut?
- Was habe ich Angenehmes mit den Sinnen genossen (gesehen, gefühlt, gerochen, geschmeckt, gehört)?
- Worauf freue ich mich?
- Wie kann ich davon etwas wiederholen?

**Grübelstopp üben.** Wichtigster Schritt dabei: bemerken, dass man sich grübelnd im Bett herumwälzt. Zweiter Schritt: innerlich energisch »Stopp!« rufen. Dritter Schritt: sich bewusst auf etwas Positives konzentrieren. Ein angenehmer Gedanke, eine schöne Erinnerung, die angenehmen Berührungen durch das kuschelige Bettzeug; es sollte immer dieselbe Vorstellung sein. Nach und nach »erziehen« Sie Ihr Gehirn, auf diese Signale zu reagieren und können das Grübeln effektiv abschalten.

Zwei Wochen sind ein realistischer Zeitraum, in dem Sie deutlich merkbare Verbesserungen erreichen können.

**Vorsicht: Schlafmittel und Alkohol.** Rezeptpflichtige Schlafmittel (Tranquilizer, Benzodiazepine) sollten immer nur im äußersten Notfall genommen werden, wenn alle anderen Methoden versagen – und niemals länger als zwei Wochen. Sie machen abhängig. Wenn es schon sehr spät geworden ist und Sie morgens früh raus müssen, nehmen Sie besser nur die halbe Dosis, sonst gefährden Sie sich im Verkehr und bei der Arbeit durch den gefürchteten »Hang-over«, das Nachwirken des Schlafmittels. Besonders, wenn Sie es vor der Tablette schon mit ein paar Gläsern Alkohol versucht haben.

Alkohol ist als Entspannungs- und Einschlafmittel sehr verbreitet, aber leider völlig ungeeignet. Alkohol beruhigt nicht, sondern regt den Kreislauf an, stört den Tiefschlaf und erzeugt Durchschlafstörungen. Besser, allerdings auch nicht immer ganz ohne Nebenwirkungen, sind die Schlafmittel der Natur, wie zum Beispiel Hopfen-, Melissen-, Passionsblumen-, Lavendel- oder Johanniskrauttee oder -tabletten.

**Schnelle Regeneration auf Geschäftsreisen.** Beneidenswert, wer in der Bahn, im Flieger oder auf dem Rastplatz innerhalb von zehn Minuten mit einem Kurzschlaf frische Kraft tanken kann! Das kann jeder lernen. Entspannungsübungen zu beherrschen sollte heute zur Grundkompetenz eines jeden viel beschäftigten Menschen gehören. Überall werden Entspannungskurse angeboten (Volkshochschulen, Bildungswerke, Krankenkassen, Weiterbildungs- oder Gesundheitsmanagementprogramm der Firma), es gibt eine Vielzahl an CDs zum Selbsttraining, und die Investition von wenig Geld und etwas mehr Zeit lohnt sich in jedem Fall. Es sei denn, Sie gehören zu den Glücklichen, die jederzeit und überall kurz einnicken können. Dann weiter so! Alle anderen üben, bis sie auch so weit sind.

Ein paar Annehmlichkeiten helfen, auch unterwegs etwas Erholung zu finden. Bringen Sie Ihre Wertsachen in allernächster Nähe Ihres Körpers unter, und machen Sie es sich bequem. Stellen Sie sicher, dass Sie rechtzeitig wieder wach werden, indem Sie den Wecker Ihres Handys stellen. Jetzt das aufblasbare Kissen aus dem Flughafenshop zurechtschieben, Lärmschutzstöpsel oder MP3-Player mit Entspannungsübung auf die Ohren und angenehme Ruhe!

Weitere kurze Übungen und kleine Tipps zur raschen Regeneration im Berufsalltag finden Sie unter *Erste-Hilfe-Tipps* auf Seite 258.

## ■ Ernähren Sie sich richtig?

Essen und Trinken hält Leib und Seele zusammen. Wie wahr! Nur leider übertreiben es viele Menschen heute damit. Der Leib geht durch zu viel Essen auseinander, und die Seele zerfällt, wenn zu viel Alkohol getrunken wird. Ernährungsbedingte Erkrankungen führen leider die Liste der modernen Volkskrankheiten an.

Auf der anderen Seite sind Fitness, Schlankheit und Leistungsfähigkeit Synonyme für Gesundheit und Erfolg und damit Statussymbole einer modernen Business-Elite geworden. Sich so zu ernähren, dass Körper und Seele gesund bleiben, dass man den ganzen Tag über mit allem versorgt ist, was ein überwiegend geistig tätiger Mensch für optimale Konzentration und Kreativität braucht, ist nicht schwer!

Die unübersehbare Menge an »Besser essen«- und »Besser abnehmen«-Literatur, die sich in schöner Regelmäßigkeit auf den Spitzenplätzen der Bestseller-Listen abwechselt, können Sie ignorieren, denn die entscheidenden Regeln sind sehr alt, sehr einfach und sehr übersichtlich:

- Weniger Fett (1 g liefert 9 kcal, eine Scheibe Salami enthält circa 5 g Fett),
- weniger Zucker (1 g liefert 4 kcal, ein Glas Cola (200 ml) enthält circa 20 g),
- weniger Alkohol (1 g liefert 7 kcal, ein Drink enthält circa 10 g Alkohol),
- mehr Wasser,
- mehr Obst und Gemüse.

Das war es schon: Weniger Kalorienreiches, dafür mehr gesundes Obst und Gemüse. Es ist wirklich so einfach. Man kann das Thema zu einer Geheimwissenschaft machen, falls man nichts anderes zu tun hat, als über die berühmte Frage nachzugrübeln »Esse ich oder esse ich nicht?«. Wenn sie das Wichtigste in Kürze suchen, hier ist es!

**Fett weg!** Auch wenn sie vermeintlich nur böse sind – Fette sind ein sehr wichtiger Bestandteil der Ernährung! Sie dienen als Energiespeicher, helfen die fettlöslichen Vitamine A, D, E, K und Betakarotin aufzunehmen und sind Geschmacksträger.

Empfohlen werden circa 1 Gramm pro Kilogramm Körpergewicht täglich. Wer abnehmen möchte, reduziert um 20 Gramm. Zunächst allerdings würde es reichen, den Normalbedarf einzuhalten, denn der durchschnittliche Fettverzehr liegt leider bei 120 Gramm pro Tag – nicht schwer zu erreichen, wenn man bedenkt, dass eine Bratwurst bereits circa 50 Gramm, eine Portion Pommes frites circa 20 Gramm und eine Portion Mayonnaise ebenfalls 20 Gramm Fett enthält.

**Pflanzliche Fette und Fischöl.** Omega-3-Fettsäuren sind für uns essenziell – wir müssen sie essen! Denn unser Stoffwechsel kann sie nicht zusammenbasteln: Alpha-Linolensäure kommt in grünem Blattgemüse, Salat, Spinat, Leinöl (57 Prozent Anteil) Leinsamen, Rapsöl und Walnussöl (9 Prozent Anteil), und Sojaöl (8 Prozent) vor; EPA (Eicosapentaensäure) und DHA (Docosahexaensäure) sind in fettem Seefisch enthalten, zum Beispiel (je 100 Gramm) in Hering (1,7 Gramm), Makrele (2,7 Gramm), Lachs (1,5 Gramm), Tunfisch (1,6 Gramm). Wir brauchen von ihnen nur circa 1 Gramm pro Tag. Die pflanzlichen Omega-3-Fettsäuren werden in die beiden im Fisch enthaltenen Fettsäuren umgewandelt. Die Ausbeute beträgt allerdings nur 10 Prozent. Um den Tagesbedarf allein zum Beispiel mit Raps-, Soja- oder Walnussöl zu decken, müsste man 140 bis 150 Gramm davon zu sich nehmen! Beim Leinöl würden circa 20 Gramm (circa 2 Esslöffel) reichen. Deshalb: Zwei- bis dreimal pro Woche Fisch zu essen ist die angenehmere Möglichkeit.

Nach allem, was man bisher über die Aufgaben der Omega-3-Fett-
säuren weiß, scheinen sie besonders im Gehirn an verschiedenen wichtigen Schaltstellen Gutes zu tun. Damit wirken sie genau den Schäden
entgegen, die bei dauerhaft gestörter Stressbalance durch erhöhte
Stresshormonspiegel ausgelöst werden. Deshalb ist es auch nicht ver-
wunderlich, dass sie so viele positive Wirkungen haben: Sie reduzieren
die Blutgerinnung, verbessern die Fließeigenschaften des Blutes, senken
Triglyceride, erhöhen das wichtige HDL, senken den Blutdruck und
sind deshalb bei Patienten mit Herzinfarkt als erstattungsfähiges Medikament zugelassen, um den Zweitinfarkt zu verhindern. Sie wirken
entzündungshemmend (Rheuma, Neurodermitis, Psoriasis, Colitis Ulce-
rosa) und sollen Allergien vorbeugen. Intelligenz und Sehvermögen von
Babys werden gefördert (Schwangere sollten auf jeden Fall genug Fisch
essen!), Hyperaktivität bei Kindern, chronisch aggressive Verhaltenssto-
rungen und Depressionen bessern sich deutlich. Es gibt sogar Hinweise,
dass sie an den »Satt-Signalen« im Gehirn beteiligt sind und so beim
Abnehmen helfen können.

> **Tipp: Schnelldenkers Mittagssnack**
> Ein großer weißer Magerjoghurt mit einer halben Banane und einem
> Apfel, ein Glas Wasser, ein Kaffee – und alle wichtigen Substanzen für die
> geistige Leistungsfähigkeit sind gebunkert! Da graust es die Schnitzel-
> mit-Pommes-Junkies oder die Spaghetti-alla-carbonara-Freaks. Doch
> viel Fett und schnell verdauliche Kohlenhydrate machen einfach nur
> müde und schwerfällig. Stattdessen lieber eine kleine Portion Geflügel
> oder Fisch mit Salat oder gedünstetem Gemüse essen oder ein Schwarz-
> brot mit Käse oder Schinken, dazu etwas Obst und Wasser und Kaffee ■

**Eiweiß: nicht zu wenig – nicht zu viel.** Pro Tag brauchen Sie
0,8 Gramm Eiweiß pro Kilogramm Körpergewicht. Eiweiß liefert die
20 verschiedenen Aminosäuren (Bausteine) für alle Zellen, besonders
die der Muskulatur, für Hormone, Enzyme, Bindegewebe, Immun- und
Botenstoffe.

Wenn Sie zu wenig Eiweiß essen (minimaler Erhaltungsbedarf circa 31 Gramm/Tag), machen die Antikörper Ihres Immunsystems schlapp und Ihre mühsam antrainierten Muskeln werden langsam weggeknabbert. Die Haare fallen aus, und Sie fühlen sich ohne Energie. Zu viel Eiweiß wird – wie auch anders – zur Energiegewinnung verbrannt.

Alle benötigten Eiweißbausteine (Aminosäuren) bekommen Sie, wenn Sie tierisches und pflanzliches Eiweiß mischen. Empfehlenswerte Gerichte sind in diesem Fall beispielsweise Pellkartoffeln und Spiegelei oder Chili con Carne. Der Durchschnittsdeutsche nimmt pro Tag 100 Gramm Eiweiß zu sich – viel zu viel also. Die Diät haltende weibliche Jugend aber ist absolut unterversorgt, Bodybuilder tun zu viel des Guten, und irgendwo dazwischen stehen Sie.

→ **Tipp: Fit auf Geschäftsreisen**

Ob es Ihnen unter den Bedingungen des modernen Geschäftslebens gut oder schlecht geht, hängt im Wesentlichen von Ihnen selbst ab. Bitte gehen Sie einmal gewissenhaft in sich und überprüfen Sie Ihre Ausreden! Beliebte Ausflüchte für falsche und zu üppige Ernährung auf Geschäftsreisen lauten zum Beispiel: »So etwas Leckeres (Ausgefallenes, Unbekanntes) gibt es ja sonst nicht«, »Was sollen die anderen von mir denken, wenn ich jetzt nur Salat und Mineralwasser bestelle?« oder »Das ist ja jetzt nur eine Ausnahme«. Haben Sie sich wiedererkannt? Dann machen Sie sich klar,

- dass man den Geschmack von seltenen, ungewöhnlichen und unbekannten Delikatessen auch in ganz kleinen Portionen genießen kann,
- dass man jedes angebotene Glas Alkohol dankend annehmen und nach dem ersten Höflichkeitsschluck abstellen oder in der Hand behalten kann, ohne es auszutrinken,
- dass es überall in Deutschland und den umliegenden Ländern Wasserhähne gibt, an denen man kleine Plastikflaschen für unterwegs jederzeit wieder auffüllen kann (außer im außer- und südeuropäischen Ausland),

∎ dass man für eine Reise nicht nur Unterlagen und frische Socken einpacken kann, sondern auch ein paar Stücke Obst, eine Tüte mit geschnittenem Gemüse (Möhren, Paprika, Cocktailtomaten, Fenchel usw.), Studentenfutter, Trockenfrüchte oder Früchteriegel als schnelle Energiespender, Mineralwasser und selbst geschmierte Vollkornbrote mit magerem Schinken oder Käse und ein paar hart gekochte Eier (bei Cholesterinproblemen Eigelb wegwerfen und nur das fettfreie Eiweiß genießen),

∎ dass man grundsätzlich alles essen und genießen soll und dabei einfach nur die Menge im Auge behalten muss! ∎

**Wasser – das Lebenselixier.** In vielen Studien konnte inzwischen bewiesen werden: Nicht nur Sportler leiden bereits bei 2 Prozent (1 bis 1,5 Liter) Wasserverlust an einer Leistungseinbuße von 20 Prozent, sondern auch normale Kopfarbeiter. Dadurch verschlechtert sich das Kurzzeitgedächtnis, das Durchhaltevermögen bei geistigen Aufgaben sinkt, das Lernen wird erschwert und Unbehagen, Ungeduld und Müdigkeit stellen sich ein.

Trinken Sie also immer ausreichend Wasser – und zwar, bevor sich der Durst meldet. Denn der springt erst an, wenn bereits ein Defizit von 1 Liter entstanden ist. Der Tagesbedarf liegt unter normalen Bedingungen bei circa 2,5 bis 3 Liter Flüssigkeit. Faustregel: Mindestens acht Gläser (à 200 ml) am Tag oder 1,5 bis 2 Liter Trinkmenge über den Tag verteilen. Circa einen Liter bekommen Sie schon aus dem Wassergehalt der festen Nahrung (drei Stück Obst oder drei Portionen Gemüse enthalten bis zu 500 ml) und aus dem Wasser, das im Stoffwechsel selbst gebildet wird. Alles am Abend zu trinken, weil man es tagsüber vergessen hat, ist unsinnig. Sie haben während des Tages nichts von Ihrer Flüssigkeit und nachts kommen Sie nicht zur Ruhe. Kaffee, schwarzer Tee, Matetee und grüner Tee waren wegen ihrer koffeinbedingten entwässernden Wirkung zeitweilig verpönt. Neuere Untersuchungen haben jedoch ergeben, dass Koffein erst in hohen Dosen (zum Beispiel ab circa drei Tassen Kaffee) eine nennenswerte Wasserausscheidung bewirkt.

**Tipp: Fit im Flieger**

An Bord eines Flugzeuges ist die Luftfeuchtigkeit auf 2 Prozent reduziert. (Zum Vergleich: Die Sahara bringt es immerhin noch auf 20 Prozent.) Dadurch trocknen die Schleimhäute aus und werden erkältungsanfällig. Der Flüssigkeitsverlust macht schlapp und das um ein Viertel reduzierte Sauerstoffangebot tut sein Übriges. Kein Wunder, dass Fliegen so anstrengend ist ... Vom Alkohol sollten Sie in der Luft besser die Finger lassen, denn er erhöht die Wasserausscheidung. Trinken Sie viel: am besten alle 20 Minuten ein Glas stilles Minteralwasser ▪

## Erste-Hilfe-Tipps: Die schnellsten Refresher der Welt

**Alles auf Anfang.** Energie blockiert? Keine Ideen? Stimmung mies? Mit dieser Übung bringen Sie frischen Wind in Ihr System: Aufstehen, auf Zehenspitzen stellen, ganz lang machen und die Arme zur Decke recken. Dabei tief und kräftig durchatmen und die Streckung noch verstärken. Dann die Arme herunternehmen und die Schultern mit viel Spannung kreisen lassen. Tief weiter durchatmen.

**Grounding.** Sie haben den Boden unter den Füßen verloren? Wissen nicht mehr, wo es langgeht? Erden Sie sich. Im Sitzen oder Stehen die Füße in Schulterbreite aufsetzen. Spüren Sie den Kontakt der Fußsohlen mit dem Boden. Im Sitzen spüren Sie den Kontakt des Körpers mit dem Stuhl, im Stehen den Kontakt der Arme und Hände mit Ihrem Körper. Spüren Sie, wie Ihr Atem den Bauch und den Brustkorb bewegt. Überlegen Sie, was Sie jetzt im Moment am liebsten täten. Erfüllen Sie sich den Wunsch in Gedanken für einen Augenblick, und kehren Sie dann mit frischer Energie in die Gegenwart zurück.

**Unsichtbarer Energizer.** Sie sitzen in einer nervtötenden Besprechung, in der Bahn, im Wartezimmer und schlafen gleich ein. Setzen Sie sich aufrecht hin, straffen Sie den Rücken und atmen Sie unhörbar tief durch. Jetzt die Füße fest in den Boden stemmen, Bauch, Gesäß und Oberschenkel fest anspannen. Weiter atmen und ein paar mal wiederholen.

**Pferd und wilder Affe.** Kopfschmerzen, verspannte Kiefermuskeln, das ganze Gesicht tut weh? Sobald Sie unbeobachtet sind, schnauben Sie ein paar Mal wie ein Pferd durch die Lippen, bis das untere Gesicht völlig locker ist. Ziehen Sie Grimassen, je schlimmer, desto besser. Beziehen Sie alle Gesichtsmuskeln mit ein – je furchtbarer es aussieht, desto besser. Schließen Sie am Ende einen Moment die Augen und spüren Sie das wohltuende Kribbeln im Gesicht. Jetzt kann das Lächeln wieder einziehen!

**Lichtpause.** Nach einem ganzen Tag am Computer werden die Augen schnell müde. Gönnen Sie ihnen doch eine kleine Pause. Nehmen Sie die Brille ab, setzen Sie die Ellenbogen auf dem Tisch oder (wenn vorhanden) auf Ihrem Bauch auf. Formen Sie mit beiden Händen flache Schalen und legen Sie die Augen hinein. Um die Augen mit den Handkanten gut abdichten. Atmen Sie ruhig weiter und lassen Sie auch den Kopf von den Händen tragen. Starren Sie nun mit weit geöffneten Augen in die Dunkelheit hinein und spüren Sie, wie die Augenmuskeln sich immer mehr entspannen.

**Power-Walk.** Wenn Sie ein paar Minuten mehr Zeit haben, vielleicht sogar eine ganze Mittagspause lang, gibt es nichts Besseres als einen zügigen Power-Spaziergang. Schreiten Sie kräftig aus, lassen Sie die Schultern locker, die Arme pendeln neben dem Körper und atmen Sie tief durch (allerdings nur, wenn nicht gerade ein Lkw vorbeifährt). Wählen Sie ein paar ruhigere Seitenstraßen, am besten einen kleinen Park. Nehmen Sie anschließend einen kleinen Snack mit viel Eiweiß und langsamen Kohlenhydraten, ein Stück Obst, ein Glas Wasser, eventuell einen Kaffee und weiter geht's mit voller Power.

## Was tun im Stressnotfall?

**Bewegung.** Stehen Sie auf, gehen Sie im Raum umher, zur Toilette, ein paar Treppen auf und ab oder am besten eine kleine Runde um den Block. Sie verlassen die Situation, in der sich Ihre Gedanken weiter aufschaukeln, lenken sich ein wenig ab und vor allem setzen Sie Ihre hochgepeitschte Energie in das um, wofür sie gemacht wurde: Bewegung!

**Ausatmen.** Ein paar Mal tief durchatmen und vor allem das Ausatmen betonen. Im Stress neigen Sie dazu, die Luft anzuhalten. Lassen Sie den Atem langsam ausströmen (wenn Sie allein sind ruhig geräuschvoll!), und stellen Sie sich dabei vor, wie die ganze Spannung von Ihnen weicht.

**Wasser.** Trinken Sie ganz schnell ein Glas Wasser. Am besten kaltes Wasser – Kältereize jeder Art machen munter! Auch ein Getränk mit viel Vitamin C ist gut, das regt den Stoffwechsel an. Beim Trinken beanspruchen Sie den Teil des vegetativen Nervensystems, der Schlucken, Verdauung und Regeneration beansprucht (Parasympathikus). Der kampflustige Sympathikus wird dadurch in seiner Antriebskraft geschwächt. Sie entspannen ein wenig. Außerdem können Sie nur schnell trinken, wenn Sie sich konzentrieren. Dabei hört das tobende Selbstgespräch einen Moment auf, und Sie kommen wieder auf den Boden zurück.

Lassen Sie kaltes Wasser über Hände und Pulsadern laufen, waschen Sie das Gesicht mit kaltem Wasser, gehen Sie an die kalte, frische Luft! Ein paar Minuten reichen völlig aus.

**Zucker.** Nur im absoluten Notfall erlaubt: Essen Sie ein kleines Stück Schokolade oder einen Keks, trinken Sie einen Kaffee mit Zucker. Möglicherweise ist Ihr Blutzuckerspiegel abgesunken. Bevor Sie einen Fehler machen, ist es erlaubt, den Zuckerspiegel direkt aufzufüllen. Auf die Dauer nicht.

**Licht.** Öffnen Sie ein Fenster oder gehen Sie ins Freie. Helles Tageslicht (auch an einem bedeckten Tag noch 8 000 Lux) aktiviert sehr gut. Bürobeleuchtungen kann man oft gar nicht als »Licht« bezeichnen (normalerweise 500 Lux).

**Positive Gedanken.** Setzen Sie positive Gedanken bewusst ein! Das Gehirn kann immer nur in eine Richtung denken. Konzentrieren Sie sich auf das berühmte »halb volle Glas«. Steuern Sie Ihr Aktivitätsniveau bewusst über Ihre Gedanken. Freuen Sie sich auf das, was geschieht oder was Sie tun, wenn die ermüdende Situation vorbei ist. Machen Sie angenehme Pläne! Vorfreude macht wach und kreativ.

Falls Sie zu aufgebracht sind, um bewusst umzuschalten, geben Sie sich laut und deutlich den Befehl »Stopp!« und wenden Sie sich dann einem anderen Thema zu. Zugegeben, das braucht etwas Übung! Aber es hilft.

Nutzen Sie Ihre momentane Power für Dinge, die ruhig etwas mehr Schwung vertragen können: aufräumen, putzen, Ablage, unerledigte Briefe schreiben, Anrufe bei Leuten, die ein wenig Druck brauchen … Das macht kurzfristig zufrieden.

**W**enn Sie mehr lesen möchten: Sabine Schonert-Hirz, *Meine Stressbalance. Rezepte für Vielbeschäftigte von Dr. Stress*, Frankfurt/New York 2006.

# Brian Tracy: Zielsetzung

## Bestimmen Sie Ihre wahren Ziele

**M**ein Lieblingswort zum Thema Zielorientierung und Erfolg im Allgemeinen ist »Klarheit«. Es besteht ein direkter Zusammenhang zwischen dem Maß an Klarheit über Sie selbst und Ihre wahren Wünsche und praktisch allem, was Sie im Leben erreichen. Erfolgsmenschen nehmen sich die nötige Zeit, um sich absolute Klarheit über sich selbst und ihre Wünsche zu verschaffen. Das ist vergleichbar mit dem Zeichnen eines detailgetreuen Plans für ein Haus vor Baubeginn. Menschen, die es nicht besser wissen, stürzen sich kopfüber ins Leben, wie ein Hund, der einem vorbeifahrenden Auto hinterherjagt. Und dann wundern sie sich, wieso sie es nie zu etwas bringen. Henry David Thoreau hat einmal geschrieben: »Wenn du Schlösser im Himmel gebaut hast, muss deine Arbeit nicht verloren sein; denn dort ist der Ort, wo sie hingehören. Jetzt errichte ihr Fundament.«

In diesem Kapitel sollen sich Ihre Visionen und Werte zu konkreten Zielen und Vorhaben verdichten, auf die Sie von nun an täglich hinarbeiten werden ■

### Setzen Sie sich persönliche Ziele

Ein intensiver, leidenschaftlicher Wunsch ist unabdingbar, wenn Sie Hindernisse überwinden und große Ziele erreichen wollen. Damit Ihr Wunsch stark genug ist, müssen Ihre Ziele sehr persönlich sein. Es müssen selbst gesetzte Ziele sein, die nicht von anderen vorgegeben wurden oder von Ihnen gewählt wurden, um einem anderen zu imponieren. Ein effektiver Zielsetzungsprozess basiert darauf, dass jeder ausschließlich auf sich selbst bezogen feststellt, was er wirklich, ehrlich erreichen möchte.

Das heißt nicht, dass Sie nicht zu Hause oder am Arbeitsplatz auch etwas für andere tun können. Es heißt nur, dass Sie bei der Festlegung Ihrer Lebensziele bei sich beginnen und sich dann weiter vorarbeiten sollen.

### Die Gretchenfrage

Eine der wichtigsten Fragen bei der Zielsetzung lautet: Was möchte ich mit meinem Leben wirklich anfangen? Wenn Sie im Leben alles tun oder sein oder haben könnten, was wäre das? Denken Sie daran, ein Ziel, dass Sie nicht sehen, können Sie auch nicht erreichen. Auf diese Frage sollten Sie in den nächsten Monaten und Jahren immer wieder zurückkommen.

Um Ihre wahren Ziele zu ermitteln, beginnen Sie bei Ihrer Vision, Ihren Werten und Ihren Idealen. Anfangs werden sie Ihnen ein wenig abgehoben vorkommen, fernab der Realität. Ihre Aufgabe besteht darin, sie zu konkretisieren – als würden Sie Ihr Traumhaus auf ein Stück Papier zeichnen.

### Entscheiden Sie, was Sie wirklich wollen

Sie beginnen dabei mit Ihren allgemeinen Zielen und arbeiten sich dann zu spezifischeren Zielen vor.

#### Übung: Notieren Sie Ihre Ziele

Was sind für Sie im Moment die drei wichtigsten Ziele in Ihrem Job und für Ihre Karriere?

_____

Welches sind im Moment Ihre drei wichtigsten finanziellen Ziele?

_____

Welches sind im Moment Ihre drei wichtigsten familiären oder zwischenmenschlichen Ziele?

_____

_____

Welches sind im Moment Ihre drei wichtigsten Ziele in Bezug auf Gesundheit und Fitness?

_____

_____

### Ermitteln Sie Ihre größten Sorgen

Die Kehrseite der oben gestellten Frage ist: Was sind momentan die drei größten Sorgen in meinem Leben? Worüber machen Sie sich Gedanken? Was bedrückt, belastet und beschäftigt Sie in Ihrem Alltag? Was betrübt oder ärgert Sie? Was beeinträchtigt Ihr Lebensglück mehr als alles andere? Oder, wie es ein Freund ausgedrückt hat: »Wo drückt der Schuh?« Wenn Sie Ihre größten Probleme, Sorgen oder Belastungen ermittelt haben, schreiben Sie die Antworten auf folgende Fragen auf:

### Übung: Suchen Sie Problemlösungen

Wie sieht die Ideallösung für jedes dieser Probleme aus?

_____

_____

Wie könnte ich diese Probleme oder Sorgen sofort aus der Welt schaffen?

_____

_____

Welches ist der schnellste und direkteste Weg zur Lösung dieses Problems?

_____

_____

## Ein fantastisches Denkwerkzeug

Im Jahr 1142 schlug der britische Philosoph William of Ockham eine Methode zur Problemlösung vor, die als »Ockhamsches Rasiermesser« bezeichnet wird. Diese Denkweise ist im Laufe der Epochen bekannt und berühmt geworden. Ockham sagte nichts anderes als: »Normalerweise ist die einfachste, direkteste Lösung, die die wenigsten Schritte erfordert, die richtige Lösung für jedes Problem.«

Viele Menschen begehen den Fehler und verkomplizieren Ziele und Probleme. Doch je komplizierter die Lösung, desto unwahrscheinlicher ist ihre Umsetzung und desto länger wird es dauern, bis sie greift. Ihr Ziel sollte es sein, die Lösung möglichst einfach zu gestalten und direkt und so schnell wie möglich aufs Ziel zuzusteuern.

## Verdoppeln Sie Ihr Einkommen

Viele Leute erzählen mir, sie würden gerne ihr Einkommen verdoppeln. Wenn sie im Vertrieb tätig sind, frage ich sie: »Was ist der schnellste und direkteste Weg, um Ihr Einkommen zu verdoppeln?« Wenn sie eine Liste mit Vorschlägen zusammengestellt haben, verrate ich ihnen die meiner Ansicht nach beste Antwort. »Verdoppeln Sie die Zeit, die Sie im direkten Gespräch mit vielversprechenden, potenziellen Kunden verbringen. »

Der direkte Weg zur Umsatzsteigerung war schon immer der gleiche: »Verbringen Sie mehr Zeit mit interessanteren potenziellen Kunden.«

Auch ohne zusätzliche Qualifikationen oder Veränderungen in Ihrem Vorgehen wird sich Ihr Einkommen aller Wahrscheinlichkeit nach verdoppeln, sobald Sie doppelt so viele *Minuten* täglich im direkten Kontakt mit potenziellen Kunden verbringen.

Nach einer Studie, die bis ins Jahr 1928 zurückgeht, verbringt der durchschnittliche Vertriebsmitarbeiter heute neunzig Minuten am Tag im persönlichen Gespräch mit potenziellen Kunden. Bei den bestbezahlten Vertriebsleuten ist das zwei- bis dreimal so viel. Sie organisieren ihren Tagesablauf effizient und sorgen so dafür, dass sie mehr Minuten mit Leuten verbringen, die ihre Produkte oder Dienstleistungen erwerben können und werden. Und je mehr Zeit sie mit potenziellen und bestehenden Kunden verbringen, desto ausgefeilter wird ihre Verkaufsmethode. Je besser sie werden, desto mehr verkaufen sie und desto mehr verdienen sie auch – bei weniger Zeitaufwand.

## Verdoppeln Sie Ihre Produktivität

Wenn Sie Ihren Arbeitsalltag analysieren, werden Sie feststellen, dass Sie mit 20 Prozent Ihrer Aktivitäten 80 Prozent des Wertes Ihrer Tätigkeit erzeugen. Im Rahmen meiner Advanced Coaching Programs bringen wir unseren Klienten bei, diese zwanzig besonders wertträchtigen Prozent ausfindig zu machen und sie zu verdoppeln.

Sie sollen ihren Verstand nicht dafür gebrauchen, mit ihrer Zeit zu jonglieren und mehr Aufgaben zu erledigen. Stattdessen bringen wir ihnen bei, weniger, aber wertintensivere Aufgaben zu erledigen. Manche unserer Klienten verdoppeln ihre Produktivität und infolgedessen auch ihr Einkommen bereits innerhalb von 30 Tagen mit diesem Ansatz – selbst wenn sie vorher jahrelang in derselben Position gearbeitet haben.

Suchen Sie immer den einfachsten und direkten Weg, der Sie von Ihrer aktuellen Position zu Ihrem Ziel bringt. Wählen Sie die Lösung, die die wenigsten Schritte erfordert. Und vor allem: Legen Sie los! Setzen Sie sich in Bewegung. Packen Sie's an. Entwickeln Sie einen Sinn für Dringlichkeit. Die besten Ideen der Welt sind wertlos, wenn sie nicht umgesetzt werden. Und – wie der Dichter John Greenleaf Whittier sagte: »Von allen traurigen Worten der Zunge oder der Feder sind die traurigsten: Es hätte sein können.«

## Schwingen Sie Ihren Zauberstab

Verwenden Sie zur Ermittlung Ihrer wahren Ziele die »Zauberstabmethode«. Stellen Sie sich vor, Sie hätten einen Zauberstab, mit dem Sie sich in spezifischen Bereichen Ihres Lebens Wünsche erfüllen könnten!

Schwingen Sie den Zauberstaub über Beruf und Karriere: Wenn Sie drei berufliche Wünsche frei hätten, welche wären es? Schwingen Sie den Zauberstab über Ihrer finanziellen Situation. Wenn Sie drei finanzielle Wünsche frei hätten, welche wären das?

Schwingen Sie den Zauberstab über Ihrer Familie und Ihrem Privatleben: Wenn Sie in diesem Bereich drei Wünsche frei hätten, welche wären das? Wenn Ihr Familienleben in jeder Hinsicht perfekt wäre, wie würde es aussehen?

Schwingen Sie den Zauberstab über Ihrer Gesundheit und Fitness: Wenn Sie drei Wünsche frei hätten, was Ihren Körper und Ihr physisches Wohlergehen angeht, welche wären das? Wenn Sie in perfekter körperlicher Verfassung wären, was wäre dann anders als heute?

Schwingen Sie den Zauberstab über Ihren Kenntnissen und Fähigkeiten: Wenn Sie drei beliebige Kenntnisse oder Fähigkeiten perfekt beherrschen könnten, welche wären das? In welchen Bereichen würden Sie sich gerne hervortun?

Die Zauberstabmethode macht nicht nur Spaß, sie ist auch ungeheuer aufschlussreich. Sobald Sie sich vorstellen, Sie hätten einen Zauberstab, treten Ihre wahren Ziele in dem jeweiligen Bereich zutage. Sie können diese Übung auch für andere Menschen einsetzen, die nicht wissen, was sie wollen oder wohin sie sich orientieren sollen. Was dabei herauskommt, ist ganz erstaunlich.

### Nur noch sechs Monate

Hier eine weitere Frage zur Zielorientierung, die Ihre wahren Werte verrät. Stellen Sie sich vor, Sie hätten beim Arzt eine umfassende Vorsorgeuntersuchung machen lassen. Ein paar Tage später ruft Ihr Arzt an und sagt: »Ich habe eine gute und eine schlechte Nachricht für Sie. Die gute ist, dass Sie in den kommenden sechs Monaten so gesund und fit sind, wie man es sich nur vorstellen kann. Die schlechte ist, dass Sie in 180 Tagen tot umfallen werden, weil Sie eine unheilbare Krankheit haben.« Wie würden Sie reagieren?

**Übung: Finden Sie Ihre Werte**

Wenn Sie heute erführen, dass Sie nur noch sechs Monate zu leben hätten, wie würden Sie Ihre letzten sechs Monate auf dieser Erde verbringen?

_____

_____

Mit wem würden Sie sie verbringen?

_____

_____

Wo würden Sie hinwollen?

_____

_____

Was würden Sie noch gerne vollenden?

_____

_____

Was würden Sie öfter oder nicht mehr so oft tun?

_____

_____

Die Antworten auf diese Frage spiegeln Ihre wahren Werte wider. Normalerweise kommen die wichtigsten Menschen in Ihrem Leben darin vor. Kaum jemand würde wohl unter solchen Umständen sagen: »Nun, erst mal fahre ich ins Büro und erledige ein paar Anrufe.«

### Listen Sie Ihre Träume auf

Um zu erfahren, welches Ihre wahren Ziele sind, tun Sie einmal Folgendes: Gehen Sie davon aus, dass Ihnen keinerlei Grenzen gesetzt sind. Dann schreiben Sie eine Traumliste, die alles enthält, was Sie im Leben gerne sein, haben oder tun würden, wenn alles möglich wäre.

Mark Victor Hansen, Koautor des Buches *Hühnersuppe für die Seele*, empfiehlt, sich ein Stück Papier zu nehmen und mindestens 100 Ziele aufzuschreiben, die man im Leben erreichen möchte. Dann sollen Sie sich vorstellen, Sie hätten alle Zeit, alles Geld, alle Freunde, alle Voraussetzungen und alle nötigen Mittel, um diese Ziele zu erreichen. Träumen Sie. Lassen Sie Ihrer Fantasie freien Lauf. Schreiben Sie einfach alles auf, was Sie gerne tun würden.

Dabei werden Sie die erstaunliche Entdeckung machen, dass innerhalb von 30 Tagen nach Anfertigen dieser Liste seltsame Dinge in Ihrem Leben vorgehen werden und dass Sie Ihre Ziele mit einer Geschwindigkeit erreichen werden, die Sie sich heute nicht einmal annähernd vorstellen können. Das passiert praktisch jedem, der mindestens 100 Ziele aufschreibt. Sie sollten es ausprobieren. Das Ergebnis wird Sie überraschen.

### Übung: Träumen Sie

> Was würden Sie gerne einmal tun, wenn Sie wüssten, dass Ihnen keine Grenzen gesetzt sind?
>
> _____
>
> _____
>
> Was sind im Moment Ihre wichtigsten Ziele im Leben?
>
> _____
>
> _____

### Der Sofort-Millionär

Man könnte auch fragen: »Wie würden Sie Ihr Leben verändern, wenn Sie ganz frei wählen könnten?« Der Hauptgrund dafür, dass wir in Umständen verharren, die nicht ideal sind, ist die Furcht vor Veränderungen. Doch wenn Sie sich vorstellen, dass Sie genügend Geld haben, um alles zu kaufen, zu tun oder zu sein, was Sie schon immer wollten, dann wird klar, wo Ihre wahren Ziele liegen.

Wenn Sie zum Beispiel im Moment den falschen Beruf haben, dann würden Sie im Falle eines Millionengewinns als Erstes Ihren Job an den Nagel hängen. Haben Sie dagegen den richtigen Beruf, dann würde auch ein großer Geldgewinn Ihre Berufswahl nicht beeinflussen. Fragen Sie sich also: »Was würde ich machen, wenn ich morgen eine Million gewinnen würde – steuerfrei und bar auf die Hand?«

#### Übung: Finden Sie Ihre wahren Ziele

Wenn Sie morgen eine Million Euro gewinnen würden, bar auf die Hand und steuerfrei – wie würden Sie Ihr Leben verändern?

_____

_____

Was würden Sie anders machen?

_____

_____

Was würden Sie anfangen oder aufhören?

_____

_____

Was würden Sie öfter oder nicht so oft tun?

_____

_____

Was würden Sie als Erstes tun, wenn Sie erfahren, dass Sie die Million auf Ihrem Konto haben?

_____

_____

### Keine Angst vor Misserfolgen

Wenn Sie sich umschauen, sehen Sie dann, wie andere Menschen Dinge tun, die Sie bewundern, die Sie auch immer schon gerne getan hätten, aber nie gewagt haben?

Hätten Sie gerne eine eigene Firma? Träumen Sie von einer politischen Karriere? Würden Sie gerne Ihren Beruf wechseln? Was wollten Sie immer schon tun, haben sich aber nie getraut?

#### Übung: Formulieren Sie Ihre Ängste

Was wollten Sie immer schon mal tun, aber hatten zu viel Angst, es zu versuchen?

_____

_____

### Tun Sie, was Sie gerne tun

Der Psychologe Abraham Maslow hat jene Momente oder Zeiten, in denen ein Mensch besonders glücklich, gelöst und fröhlich ist, als »Gipfelerfahrungen« bezeichnet. Eines der Ziele unseres Lebens ist es, so viele solcher Gipfelerfahrungen wie möglich zu erleben. Das erreichen Sie, wenn Sie an die Gipfelerfahrungen Ihrer Vergangenheit denken und sich vorstellen, wie Sie diese in der Gegenwart und Zukunft wiederholen könnten. Welches waren bislang die glücklichsten Momente in Ihrem Leben? Was tun Sie wirklich gern?

Bei der Ermittlung kurz- und langfristiger Lebensziele sollten Sie sich also ständig fragen:

### Übung: Finden Sie Befriedigung

Was macht Ihnen in den verschiedenen Bereichen Ihres Lebens am meisten Spaß?

_____

_____

Wenn Sie in Ihrem Beruf den ganzen Tag über nur eine Arbeit machen könnten, welche wäre das?

_____

_____

Wenn Sie eine bestimmte Aufgabe oder Vollzeitbeschäftigung ohne Bezahlung die ganze Zeit über ausüben könnten, welche wäre das?

_____

_____

Welche Art von Aktivität macht Sie besonders glücklich und zufrieden? Wie könnten Sie dafür sorgen, dass Sie in der Zukunft noch mehr solcher Momente erleben?

_____

_____

### Bewegen Sie etwas

Auch für Ihre Rolle in der Gesellschaft und in der Gemeinschaft sollten Sie sich Ziele setzen. Überlegen Sie sich, was Sie gerne in Ihrer Welt verändern würden.

**Übung: Verändern Sie die Welt**

Für welche Organisationen, Anliegen, Bedürfnisse oder soziale Probleme
würden Sie sich gerne engagieren?

_____

_____

Welche Veränderungen möchten Sie erreichen?

_____

_____

Welchen Menschen, denen es schlechter geht als Ihnen, würden Sie
gerne helfen?

_____

_____

Wenn Sie finanziell unabhängig wären, welche Sache würden Sie dann
unterstützen?

_____

_____

Was könnten Sie noch heute unternehmen, um in Ihrer Welt etwas zu bewirken? Warten Sie nicht darauf, dass in Zukunft irgendwann Idealbedin-
gungen herrschen. Packen Sie lieber noch heute mit an.

_____

_____

## ■ Setzen Sie sich konkrete finanzielle Ziele

Einer der wichtigsten Bereiche bei der Zielsetzung sind Ihre Finanzen.
Wenn Sie so viel Geld verdienen und sparen könnten, wie Sie brauchen,
dann könnten Sie vermutlich auch die meisten Ihrer nicht-finanziellen
Ziele schneller und leichter erreichen als heute.

Die meisten Menschen haben kaum eine Vorstellung, was ihre finanziellen Ziele anbelangt. Dabei steigen die Chancen auf die Verwirklichung ganz gewaltig, wenn man sich erst selbst klar darüber wird.

### Übung: Setzen Sie sich finanzielle Ziele

Wenn Ihr Leben vollkommen wäre, wie viel Geld würden Sie dann im Monat oder im Jahr verdienen?

_____

_____

Wie viel würden Sie gerne jeden Monat bzw. jedes Jahr sparen und anlegen?

_____

_____

Wie groß sollte Ihr Vermögen irgendwann sein?

_____

_____

Was hätten Sie gerne im Rentenalter zur Verfügung, und wann möchten Sie in den Ruhestand gehen?

_____

_____

### Durch Klarheit werden Träume wahr

Wenn Sie sich absolut klar darüber sind, was Sie wollen, dann können Sie die meiste Zeit über an Ihre Ziele denken. Und je mehr Sie darüber nachdenken, desto eher werden sie Wirklichkeit.

Dieses Verfahren der Selbstbefragung zu Ihren Zielen in allen Lebensbereichen hilft Ihnen, klare Gedanken zu fassen und ein konzentrierterer, zielorientierterer Mensch zu werden. Wie Zig Ziglar sagt: »Sie verwandeln sich von einer vagen Verallgemeinerung in ein bedeutsames Individuum.«

Vor allem aber erreichen Sie den Punkt, an dem Sie über Ihren grundlegenden, konkreten Lebenszweck bestimmen können. Und das ist das Sprungbrett für große Leistungen und herausragenden Erfolg.

**Wenn Sie mehr lesen möchten:** Brian Tracy, *Ziele. Setzen. Verfolgen. Erreichen*, Frankfurt/New York 2004.

# Gunnar Kunz:  Karriereplanung

Legen Sie die zukünftige Richtung fest

Es ist von großer Bedeutung für Sie, dass Ihr künftiger Karriereweg zu Ihren persönlichen Stärken und Fähigkeiten sowie Ihren bisher gesammelten beruflichen Erfahrungen passt. Im Folgenden steht deshalb die Frage im Mittelpunkt, in welche Richtung und wie Sie die nächsten Schritte einleiten, um weiter voranzukommen. Ihr Ziel besteht darin, dass Sie die Hauptrichtung Ihres Karrierewegs noch klarer herausarbeiten und so die anstehenden Entscheidungen mit gutem Gewissen und mit sicherem Gefühl treffen. Sicherlich täuschen Sie sich, wenn Sie nur eine einzige Möglichkeit vor sich sehen. Es gibt immer mehrere Wege, die zu Ihrem persönlichen Ziel führen können. Aber das Hauptziel sollte wie folgt lauten: Sie wollen weiterhin beruflich erfolgreich sein, stets herausfordernde berufliche Aufgabenstellungen bewältigen und sich damit sehr zufrieden fühlen ■

## Den Ausgangspunkt klären

Wenn Sie auf Ihren bisherigen Werdegang schauen, werden Sie einen roten Faden, eine verbindende Linie, zwischen Ihren bisherigen beruflichen Stationen sehen. Versuchen Sie, diese in Bezug auf die wesentlichen Anforderungen in Ihrem Fach zu erkennen und zu präzisieren – am besten schriftlich. Selbst wenn Sie früher Ihre Stellen oder Funktionen häufiger gewechselt haben, kann es trotzdem solche Verbindungselemente geben. Die folgende Auflistung zeigt Ihnen, worum es hier geht.

- Sie haben bisher immer als Spezialist in einem bestimmten Fachgebiet gearbeitet.
- Sie waren deshalb beruflich so erfolgreich, weil Sie sich ein ganz spezifisches Fachwissen angeeignet oder ein herausragendes Talent ausgebaut haben.
- Sie haben bisher stets in homogenen Teams im Innen- oder Außendienst gearbeitet.
- Sie haben sich an speziellen Projektgruppen, Fachkreisen oder interdisziplinären Arbeitsgruppen beteiligt.
- Sie haben vor allem analytisch, sachorientiert, beratend und konzeptionell gearbeitet.

Versuchen Sie, für sich herauszufinden, was das Gemeinsame an Ihren bisherigen Stellen war. Klären Sie auch, in welchen Bereichen Sie sich herausragendes Wissen und Erfahrung zuschreiben oder sich sogar als Top-Profi einstufen würden. Falls Sie größere Brüche bei sich konstatieren, wie einen beruflichen Neuanfang, einen gravierenden Positionswechsel oder auch nur einen plötzlichen Firmenwechsel, so sollten Sie auch hier genauer hinschauen. Finden Sie die Gründe dafür heraus, weshalb es in Ihrer Entwicklung diese Entscheidung zur Veränderung gab. Bedenken Sie, dass Sie dies nur für sich selbst und Ihre weitere Entwicklung tun. Seien Sie deshalb ehrlich zu sich selbst!
Typische Gründe für Brüche oder starke Veränderungen sind:

- Ihre damalige Firma ist in eine Krise geraten und musste Personal reduzieren.
- Sie hatten Differenzen mit Vorgesetzten oder Kollegen, die zwischenmenschliche Chemie hat einfach nicht gestimmt.
- Sie haben festgestellt, dass Ihnen manche Aufgaben nicht liegen und deshalb nach einem neuen Tätigkeitsgebiet gesucht.
- Sie wollten sich aus persönlichen Gründen verändern, zum Beispiel um näher bei Ihrer Familie zu sein oder wegen langer täglicher Fahrzeiten oder umfangreicher Reisetätigkeiten.

- Man hat Ihnen ein attraktives Angebot gemacht, bei dem Sie sich schnell entscheiden mussten.

Werden Sie sich über die Gründe für die nachhaltigen beruflichen Veränderungen in Ihrem bisherigen Lebenslauf bewusst. Prüfen Sie auch, ob die danach eingetretenen beruflichen Umstellungen positiv für Sie waren – oder ob sie aus Ihrer Sicht eher als Rückschläge zu bewerten sind. Überlegen Sie daher ganz genau, welche neuen Erfahrungen Sie durch Ihren Wechsel gesammelt haben und was Sie in Zukunft unbedingt vermeiden möchten.

Diese Überlegungen sollen Ihnen dabei helfen, damit Sie mögliche Fehler der Vergangenheit nicht wiederholen, sondern zukünftig besser gewappnet sind und tatsächlich die richtigen Schritte einleiten. Vermeiden Sie auch hier unüberlegte Schnellschüsse. Falls Sie sich unsicher werden, während Sie Ihren aktuellen beruflichen Standort analysieren, nehmen Sie sich genug Zeit, um Ihre Potenziale noch genauer herauszuarbeiten. Bedenken Sie: Um zielsicher Ihren Karriereweg voranzugehen, müssen Sie mit beiden Beinen auf dem Boden stehen. Luftschlösser sind zwar in der Fantasie und im Traum schön anzusehen; in der Realität muss jedoch ganz anders gebaut werden, damit man auf sicheren Fundamenten steht.

Bleiben Sie auch nicht einfach ängstlich stehen, wenn Sie grundsätzliche Entscheidungen zu Ihrem weiteren Karriereverlauf planen: Ihr Ziel sollten Sie keineswegs darin sehen, immer das Gleiche zu tun, nur um auf Nummer sicher zu gehen. Sie benötigen für Ihre intellektuelle und persönliche Weiterentwicklung neue Impulse und sollten Ihre Lernbereitschaft immer wieder unter Beweis stellen. Dazu eignen sich am besten neue Herausforderungen, die Ihnen einiges abverlangen, aber zugleich kalkulierbar und überschaubar bleiben. Es könnte ein großer Fehler sein, wenn Sie sich nun Hals über Kopf in ein ungewisses berufliches Abenteuer stürzen. Auf jeden Fall sollten Sie die künftigen Anforderungen genau kennen, um wirklich abschätzen zu können, ob Sie den richtigen Anknüpfungspunkt für Ihren aktuellen Ausgangspunkt gefunden haben.

## ∎ Feedback zur Entscheidungsfindung einholen

Meist ist es sehr aufschlussreich, wenn Sie auch Vertraute um eine Ein-schätzung bitten, welcher Schritt für Sie der richtige sein könnte. Ver-stehen Sie die Beratung und Meinung derjenigen Mitmenschen, die Sie in den Entscheidungsprozess einbinden wollen, aber nur als Hilfe zur Entscheidungsfindung. Denn die Entscheidung selbst werden Sie treffen müssen – und nicht andere für Sie. Manchmal sollten Sie gut gemeinten Vorschlägen gegenüber vorsichtig sein, vor allem wenn eine Meinung sehr stark von den übrigen abweicht. Sie sollten diese zwar ernst neh-men, jedoch nicht überbewerten.

Aber wenn Sie feststellen, dass eine Reihe guter Freunde oder Be-kannter ernsthafte Bedenken in Bezug auf einen von Ihnen in Betracht gezogenen Karriereweg ins Feld führen – dann sollten Sie auf der Hut sein! Denn es könnte sich rächen, wenn Sie kritische Hinweise von Menschen ignorieren oder als nebensächlich interpretieren, die Sie gut kennen: Nehmen wir einmal an, man würde Ihnen eine Beförderung anbieten, zum Beispiel zum stellvertretenden Leiter einer Abteilung oder zum Fachleiter eines anderen Bereiches in Ihrem Unternehmen. Oder Ihnen wird von einer anderen Firma ein tolles Angebot gemacht, even-tuell sogar verbunden mit einer deutlichen Gehaltserhöhung.

Nun reden Sie mit engen Vertrauten über diese unverhoffte Chance und skizzieren die attraktiven Möglichkeiten, die sich für Sie dadurch eröffnen. Gehen wir weiter davon aus, dass Sie in diesen Sondierungs-gesprächen, in denen Sie auch Ihre beruflichen Ziele und die neuen Per-spektiven verdeutlichen, bei Ihren Freunden und Vertrauten auf positive Resonanz stoßen. Jetzt haben Sie gute Karten: Anhand solcher Gespräche können Sie nur an Entschlusskraft und Entscheidungsstärke gewinnen, denn wenn sehr enge Vertraute Ihnen zu verstehen geben, dass Sie glau-ben, Sie seien auf dem richtigen Weg, können Sie dies als Anhaltspunkt dafür nehmen, dass die grundsätzliche Richtung Ihrer Entscheidung stimmt. Dies gilt natürlich nur unter dem Vorbehalt, dass Sie wirklich alle Fakten auf den Tisch legen, Ihre Alternativen klar darstellen und Ihre Gesprächspartner sich gut in Sie hineinversetzen können.

Nehmen Sie stattdessen wahr, dass einzelne Gesprächspartner Bedenken haben – oder Sie sogar vor einer bestimmten Weichenstellung warnen, dann sollten Sie das sehr ernst nehmen. Das gilt vor allem dann, wenn die Betreffenden einen sehr guten Einblick in den diskutierten Karriereweg haben, zum Beispiel durch Vorgesetzte oder Freunde in höheren Positionen. Es ist möglich, dass Ihnen jemand vor Augen führt, welche zusätzlichen Anforderungen und Belastungen auf Sie zukommen, denen Sie aus seiner Sicht vielleicht nicht gewachsen sind. Oder es werden Zweifel geäußert, ob ein Wechsel in Richtung einer Führungslaufbahn oder ein Firmenwechsel zum jetzigen Zeitpunkt tatsächlich richtig für Sie wäre.

Beachten Sie solche Hinweise, und scheuen Sie nicht davor zurück, im Zweifelsfalle weitere Berater einzuschalten: Das können professionelle Coaches sein oder auch einfach berufs- und lebenserfahrene Menschen aus Ihrem persönlichen Umfeld, die Sie gut kennen und sich ein Urteil erlauben können. Es ist völlig falsch, wenn Sie meinen, Ihre Entscheidungen im stillen Kämmerlein für sich ausbrüten zu müssen. Im Gegenteil: Es ist in der Regel stets sehr aufschlussreich, die Meinung anderer zu hören – natürlich nur, sofern diese nicht eigene Interessen in dieser Frage verfolgen.

Schwieriger ist es, wenn etwa Ihr eigener Chef Ihnen eine Beförderung zum Fachleiter vorschlägt und Sie ihm gegenüber spontan nur Ihre Bedenken und Vorbehalte vortragen, ohne auch die positiven, reizvollen Seiten hervorzuheben. Gleiches gilt auch für das Gespräch mit einzelnen Kollegen Ihres Teams: Sie sollten sich in diesem Falle eher bedeckt halten und stattdessen neutrale Vertraute außerhalb Ihres Arbeitsumfeldes konsultieren. Auf jeden Fall wäre es sinnvoll, von Ihrem Chef einige Tage Bedenkzeit zu erbitten. Fragen Sie ihn auch, warum er Sie für diese neue Aufgabe möchte.

Überlegen Sie sich deshalb immer genau: Wer sind die richtigen Ansprechpartner für Sie, wenn Sie Ratschläge Außenstehender über Ihren weiteren Berufsweg hören wollen? Nutzen Sie unbedingt diese Möglichkeit zum vertraulichen Dialog, damit Sie sich nicht unüberlegt in eine Sackgasse manövrieren. So wie kompetente Politiker und erfahrene

Topmanager strategisch wichtige Entscheidungen stets im Kreise Ihrer engen Vertrauten und Berater erörtern, sollten auch Sie sich geeignete Gesprächspartner suchen und zurate ziehen. Gehen Sie von sich aus auf Personen Ihres Vertrauens zu – vor allem dann, wenn Sie weitreichende Entscheidungen, die Ihr persönliches berufliches Schicksal betreffen, vorbereiten wollen.

## Mitarbeitergespräche mit dem Vorgesetzten nutzen

Wenn Sie den nächsten Karriereschritt planen, liegt es nahe, dass Sie Ihren Vorgesetzten rechtzeitig mit ins Boot holen. Prüfen Sie aber genau, in welchem Stadium Ihrer Überlegungen Sie Ihren Chef in Ihr Vorhaben mit einbeziehen. Denn in bestimmten Fällen ist es besser, wenn Sie Ihre Pläne zunächst für sich behalten, bis sie entsprechend gereift sind. Dies gilt natürlich vor allem dann, wenn Sie einen Firmenwechsel planen. Denn keinesfalls dürfen Sie den Eindruck fehlender Loyalität erwecken: Solange Sie per Arbeitsvertrag an Ihr Unternehmen gebunden sind, sollten Sie alles tun, um Ihre Verpflichtungen zu erfüllen – auch dann, wenn Sie bereits gekündigt haben! Beweisen Sie Stil und verhalten Sie sich vorbildlich. Vermeiden Sie alles, was zu Irritationen bei Ihrem Arbeitgeber führen könnte.

Sofern Sie jedoch ein gutes Vertrauensverhältnis zu Ihrem Vorgesetzten haben, sollten Sie ihn frühzeitig in Ihre Überlegungen einbeziehen. Dazu können Sie entweder um einen gesonderten Gesprächstermin bitten oder das in vielen Firmen übliche Mitarbeiter- und Fördergespräch nutzen, das meist jährlich durchgeführt wird. Wenn Ihre Planungen mittel- und langfristig ausgerichtet sind, ist dieses Jahresgespräch ein geeigneter Rahmen, um mit Ihrem Chef weitere Entwicklungsmöglichkeiten zu erörtern. Selbstverständlich können Sie auch um ein außerordentliches Jahresgespräch bitten, wenn Sie das Gefühl haben, dass nötige Weichenstellungen schon in naher Zukunft sinnvoll sind. Folgende Argumente sprechen dafür, gerade das regelmäßige jährliche Mitarbeitergespräch zur vertiefenden Erörterung Ihrer Karriereplanung zu nutzen:

- Das jährliche Mitarbeitergespräch ist in vielen Firmen – vielleicht auch in Ihrer – bewusst eingeführt worden, um den Mitarbeitern eine persönliche Standortbestimmung zu ermöglichen. In den meisten Fällen wird Ihr Vorgesetzter über Ihre Leistungen sprechen und darüber, wie gut Sie die an Sie gestellten Anforderungen bewältigt haben. Davon ausgehend werden Sie meist gemeinsam eine zielgerichtete Planung für die nächste Periode vornehmen.
- Im Mitarbeitergespräch bietet sich die Gelegenheit, im Rahmen Ihrer Zukunftsplanung mit Ihrem Vorgesetzten zu erörtern, welche Entwicklungsmöglichkeiten in Ihrer Firma für Sie infrage kommen. Sie können zudem Ihren Vorgesetzten bitten, Perspektiven aufzuzeigen und eigene Vorschläge und Anregungen einzubringen.
- Das Mitarbeitergespräch dient auch dazu, für Sie geeignete Unterstützungs-, Förder- und Entwicklungsmaßnahmen verbindlich zu vereinbaren. Insofern liegt es nahe, nötige oder sinnvolle Qualifizierungsschritte bei dieser Gelegenheit zu besprechen.

Sie können Ihren Vorgesetzten außerdem bitten, ausgehend von der Bewertung Ihrer Stärken und Leistungen gemeinsam mit Ihnen einen realistischen Karriereplan zu erarbeiten. Dazu kann es notwendig sein, zusätzliche Gesprächstermine zu vereinbaren – zum Beispiel, um ein Personalentwicklungsgespräch mit Vertretern der Personalabteilung durchzuführen oder ein Assessment-Center zur Entwicklung und Orientierung anzuberaumen. Prüfen Sie, ob Ihr Unternehmen solche zusätzlichen Optionen zur Karriereplanung bietet. Beraten Sie sich dann mit Ihrem Vorgesetzten, ob solche Instrumente der betrieblichen Personalentwicklung für Sie von Nutzen sein können, um mehr Klarheit über Ihren Zukunftsweg zu erhalten.

Wenn Sie mit Ihrem Vorgesetzten über sinnvolle Maßnahmen zur weiteren Qualifizierung und Entwicklung sprechen, sollten Sie gleich konkrete Vereinbarungen treffen. Denn eine gewisse Verbindlichkeit ist hier zu empfehlen. Dazu geeignet sind protokollarische Notizen oder

Vermerke in der Personalakte, welche Förder- und Entwicklungsmaß-
nahmen für Sie in den nächsten ein bis zwei Jahren vorgesehen sind.
Dadurch haben Sie mehr Sicherheit, dass beispielsweise im Falle eines
Vorgesetztenwechsels Ihre Planungen nicht einfach vergessen werden.

Aber unabhängig davon, welchen Gesprächsrahmen Sie wählen, um
mit Ihrem Vorgesetzten über Ihre Entwicklung zu sprechen: Nutzen Sie
bitte stets die Erfahrung und Verantwortung Ihres Vorgesetzten, um zu
realistischen Planungen zu kommen. Denn Ihr Vorgesetzter ist daran interessiert, dass Sie gute Leistungen zeigen, mit Engagement Ihre Arbeit
erledigen und einen sichtbaren Beitrag dazu leisten, damit auch seine
Ziele bezüglich des gesamten Teams erreicht werden. Insofern wird ein
guter Vorgesetzter dafür Sorge tragen, dass Sie langfristig entsprechend
Ihrer Fähigkeiten eingesetzt werden und man frühzeitig vorhandene
Potenziale in Ihnen fördert. Scheuen Sie sich deshalb nicht, in geeigneten Abständen, zum Beispiel ein- bis zweimal pro Jahr, mit Ihrem Vorgesetzten über Ihre weitere Zukunft zu reden. Bitten Sie gegebenenfalls
um einen gesonderten Gesprächstermin, wenn in absehbarer Zukunft
keine Besprechung vorgesehen ist.

Beziehen Sie Ihren Vorgesetzten aktiv als Karriereberater und Coach
ein! Dafür sprechen vor allem folgende Argumente:

- Ihr Vorgesetzter hat Sie eingestellt oder Sie in seine Abteilung geholt.
  Er setzt auf Ihre weitere Leistungsbereitschaft. Deshalb wird er Sie
  wahrscheinlich halten wollen und ist nicht daran interessiert, dass Sie
  das Unternehmen verlassen. Eine Ausnahme wäre nur dann gegeben,
  wenn das Unternehmen sich in einer Krise befindet oder die Chemie
  zwischen Ihnen einfach nicht stimmt.
- Wahrscheinlich kennt Ihr Vorgesetzter Sie recht gut und weiß, wo
  Ihre Stärken liegen und wo Sie noch an sich arbeiten könnten. Zeigen Sie ihm auf, welche Karriereziele Sie verfolgen, und bitten Sie ihn
  dabei um direkte Unterstützung.
- Vielleicht hat Ihr Vorgesetzter auch schon selbst Überlegungen an-
  gestellt, wie Sie sich künftig weiterentwickeln könnten und welche
  Karrierewege für Sie realistisch wären. Fragen Sie ihn deshalb nach

seiner Ansicht darüber, welche Perspektiven er konkret für Sie sieht.

■ Ihr Vorgesetzter ist in der Hierarchie Ihres Unternehmens höher angesiedelt als Sie und kann Ihnen deshalb vielleicht sogar Türen öffnen, zum Beispiel durch Empfehlungen im Managementkreis. Er könnte Sie bei passenden Gelegenheiten ins Gespräch bringen, wenn attraktive Sonderaufgaben und Projekte zu vergeben oder sogar neue Positionen zu besetzen sind.

Ein kompetenter Vorgesetzter wird einen Mitarbeiter nie langfristig an seine jetzige Position binden, wenn er dessen Leistungsmöglichkeiten erkannt hat. Denn ansonsten müsste er damit rechnen, dass der Mitarbeiter nur noch mit halbem Herzen bei der Sache ist und vielleicht sogar das Unternehmen verlässt, weil es ihm auf Dauer keinen Spaß mehr macht, immer das Gleiche zu tun. Insofern wird ein guter Chef stets darauf achten, dass Sie mit adäquaten Herausforderungen konfrontiert werden und nicht in einer beruflichen Sackgasse landen. Gute Vorgesetzte fühlen sich verpflichtet, ihre Mitarbeiter zu fördern und sie nach vorne zu bringen – so wie ein guter Coach im Sport, der sich selbst daran misst, wie gut es ihm gelingt, seine Schützlinge zu Spitzenleistungen zu führen.

Sollten Sie allerdings feststellen, dass Ihr Vorgesetzter trotz wiederholter Anläufe von Ihrer Seite kein großes Interesse zeigt, sich für Ihre weitere Karriere einzusetzen, so müssen Sie das Heft selbst in die Hand nehmen! Werden Sie aktiv und warten Sie nicht auf den Sankt-Nimmerleins-Tag. Achten Sie darauf, Ihren Vorgesetzten keineswegs durch unüberlegtes Handeln zu übergehen oder sogar einen unbedachten Affront ihm gegenüber zu begehen. Teilen Sie ihm stattdessen klar Ihre Erwartungen und Ihre Zukunftsvorstellungen mit, und bitten Sie ihn um Hilfe. Falls dies nichts fruchtet, suchen Sie nach anderen Verbündeten – aber nicht, um gegen Ihren Chef zu agieren, sondern um wohlwollend auf ihn einzuwirken. Lassen Sie sich von einer abweisenden Haltung Ihres Vorgesetzten auch nicht dazu verleiten, unbedacht zu kündigen. Sie könnten es später bereuen. Wenn Sie sich in Ihrer Firma im Großen und Ganzen wohl fühlen, sollten Sie einen Firmenwechsel nur dann in Betracht ziehen, nachdem Sie alle Möglichkeiten in Ihrem eigenen Unternehmen geprüft und ausgereizt haben. Auch wenn Sie nicht das allerbeste Verhältnis zu Ihrem Chef haben: Geben Sie sich einen Ruck und handeln Sie vorbildlich – nämlich durch frühzeitige Einbindung Ihres Vorgesetzten bei Ihrer Zukunftsplanung.

## Vertretungsweise in neue Positionen schlüpfen

Bevor Sie den nächsten Karriereschritt angehen, sollten Sie alle Möglichkeiten nutzen, um herauszufinden, ob Sie die richtigen Voraussetzungen für die anvisierte Zielposition mitbringen. Ideal wäre es, wenn Sie einmal für eine gewisse Zeit den Job ausüben könnten, den Sie sich wünschen! Natürlich kann Sie keine Firma versuchsweise auf eine höhere Position setzen. Dies wäre viel zu riskant. Was wäre denn, wenn Sie für eine komplexe Aufgabe die Verantwortung übernehmen – und dann plötzlich feststellen, dass Ihnen das Ganze doch nicht liegt? Denken Sie an Ihre Kunden, Kollegen, Kooperationspartner oder Mitarbeiter aus anderen Bereichen und Standorten, mit denen Sie zusammenarbeiten. Diese wären sehr irritiert, wenn Sie plötzlich eine übernommene Funktion von heute auf morgen wieder aufgäben. So etwas kann wirklich nur in gut begründeten Ausnahmefällen praktiziert werden, etwa wenn von vornherein klar ist, dass es sich um eine Testphase handelt.

Viel besser ist es, im Vorfeld einer künftigen Veränderung alles zu tun, damit der geplante Karrieresprung erfolgreich verläuft. Deshalb sollten Sie aus Ihrer jetzigen Position heraus Möglichkeiten anstreben, die Ihnen einen guten Einblick davon vermitteln, was auf Sie zukommen wird. Ein sinnvolles Vorgehen für Sie wäre hier, dass Sie sich auf solche Tätigkeiten konzentrieren, die Ihnen erste Gestaltungs- und Entscheidungsspielräume eröffnen, die mit den künftigen Anforderungen oder Positionen vergleichbar sind.

Denken Sie beispielsweise an eine Stellvertreterfunktion. Vielleicht bietet sich Ihnen die Gelegenheit, als stellvertretender Fachleiter, stellvertretender Projektmanager oder auch stellvertretender Teamleiter eingesetzt zu werden. Diese Variante ist insofern interessant, da Sie hierbei als eine Art »Back-up« für den eigentlichen Verantwortungsträger fungieren. Wenn etwa dessen Arbeitsbelastung hoch ist, er auf Dienstreise oder im Urlaub ist, können Sie seine Aufgaben vertretungsweise ausüben. Das hat den entscheidenden Vorteil, dass Sie eher unauffällig im Hintergrund bleiben, aber aus der Position des Beobachters heraus ein Gespür dafür entwickeln können, was alles von Ihnen in solch einer Schlüsselfunktion verlangt wird. Ob Ihre Einschätzung richtig ist, können Sie dann immer wieder überprüfen, wenn Sie für kurze Zeit in die Rolle des Verantwortlichen schlüpfen.

Sie haben bei einer Stellvertreterfunktion außerdem den entscheidenden Vorteil, dass Sie bei sehr komplexen Entscheidungen nicht alleine dafür einstehen müssen. Stattdessen können Sie abwarten, bis der Hauptverantwortliche wieder anwesend ist und mit ihm zusammen die nötigen Entscheidungen vorbereiten. Sie sollten sogar vermeiden, in seiner Abwesenheit vollendete Tatsachen zu schaffen, die nur schwer rückgängig zu machen sind, denn das wäre eine Kompetenzüberschreitung, die man Ihnen übel nehmen würde. Halten Sie deshalb als Stellvertreter unbedingt Rücksprache mit dem Stelleninhaber, wie Sie sich bei hohem Entscheidungsdruck verhalten sollten. Im Zweifelsfall, das heißt bei längerer Stellvertretung, sollten Sie den nächsthöheren Verantwortungsträger einbeziehen und diesen um die Entscheidung bitten, wie hier vorzugehen ist.

Sie dürfen also keinesfalls die Hierarchien übergehen und sich so verhalten, als seien Sie jetzt der »Boss« oder der Top-Experte, der alleine entscheidet! Solch ein Verhalten wäre sehr unglücklich und könnte Ihre Karriere gefährden. Dies sind die Tücken einer Stellvertreterfunktion: Einerseits sollen Sie eine Schlüsselperson in Ihrem Unternehmen vertreten, andererseits dürfen Sie aber auch nichts über deren Kopf hinweg entscheiden. Aber mit etwas Fingerspitzengefühl werden Sie auch diese Anforderung bewältigen und dabei reichhaltige Erfahrungen sammeln, die für Ihre weitere Karriereplanung sehr nützlich sind.

Eine andere Möglichkeit, die veränderten Anforderungen einer erweiterten Verantwortung zu erfahren, besteht darin, dass Sie sich um anspruchsvolle Sonderaufgaben und herausfordernde Projekte bemühen. Dies ist natürlich nur möglich, wenn es entsprechende Gelegenheiten in Ihrer Firma gibt. Dazu sollten Sie Ihren Vorgesetzten fragen, welche geeigneten Möglichkeiten es für Sie mittelfristig geben könnte. Aber beweisen Sie Geduld und Verständnis, wenn es solche Spezialaufträge für Sie derzeit nicht gibt, und drängeln Sie nicht. Gehen Sie lieber nach einigen Monaten wieder auf Ihren Chef zu, und sprechen Sie ihn erneut darauf an. Dadurch zeigen Sie Ausdauer und Durchhaltevermögen und auch, dass Sie es ernst meinen.

Wenn Sie tatsächlich die Gelegenheit haben, sich in einem neuen Projekt oder einer spannenden Sonderaufgabe zu bewähren, so sollten Sie sich sehr viel Mühe geben. Seien Sie mit vollem Einsatz dabei – und arbeiten Sie die Zusatzaufgabe nicht einfach neben Ihren eigentlichen Tätigkeiten ab. Von Ihnen wird erwartet, dass Sie Ihre Kernaufgabe weiter souverän erledigen – und zusätzlich voller Engagement beispielsweise in einer interdisziplinären Arbeitsgruppe mitwirken. Dies ist eine spürbare Mehrbelastung, die Sie nicht unterschätzen sollten. Allerdings bieten sich solche Gelegenheiten nicht allzu oft an, sodass Sie gut beraten sind, solche Herausforderungen anzunehmen, zumindest wenn es sich um einen überschaubaren Zeitraum handelt.

Diese Zusatzaufgaben werden neue Anforderungen an Sie stellen, die Sie aber später als wichtige Lernerfahrung für sich verbuchen können. Nehmen wir einmal an, dass es sich um einen fachlichen Spezialauftrag handelt, der deutlich über das Kompetenz- und Verantwortungsprofil Ihrer momentanen Funktion hinausgeht. Dann können Sie diese Zusatzaufgabe unter dem Aspekt sehen, dass Sie hier für einen begrenzten Zeitraum mehr Verantwortung simulieren. Wenn Sie dabei feststellen, dass Ihnen die Aufgabe Spaß macht und Sie sogar erfolgreich sind, ist dies ein gutes Indiz dafür, dass noch mehr in Ihnen steckt.

Interessant können für Sie partielle Veränderungen Ihrer Tätigkeit sein, die zeitlich befristet sind und Ihnen einen Einblick in völlig neue Aufgabengebiete vermitteln. Denken Sie dabei etwa an eine Hospitation in einem anderen Fachbereich, an eine Job-Rotation, wo Sie vielleicht mit einem Kollegen den Arbeitsbereich tauschen, oder an einen befristeten Aufenthalt an einem anderen Firmenstandort, vielleicht sogar im Ausland. Damit können Sie verwandte, aber Ihnen weniger vertraute Tätigkeitsfelder näher kennen lernen, ohne dass Sie sich verbindlich festlegen müssen, ob Sie sich dort tatsächlich weiter betätigen wollen. Im Gegenteil: Sie kehren wieder an Ihren alten Arbeitsplatz zurück und können sich dann in Ruhe überlegen, was Sie an neuen Erfahrungen gesammelt haben und wie Sie diese für sich verwerten möchten und können. Vielleicht erhalten Sie dadurch auch noch einen ganz wichtigen und neuen Impuls zur Ausrichtung Ihrer künftigen Karriere.

Rotations- und Hospitationsmöglichkeiten gibt es leider nicht in allen Unternehmen. Schließlich ist auch der damit verbundene Aufwand recht hoch: Denken Sie nur an die nötige Einarbeitung – oder an die Problematik, dass auch Ihre bisherige Arbeit nicht liegen bleiben darf. Es ist oftmals sehr schwierig, geeignete Bereiche zu finden, in die man so ohne weiteres hineinschnuppern kann. Aber manchmal geht es eben doch! Und sei es nur, weil ein anderer Kollege gerade Ihren Arbeitsplatz näher kennen lernen möchte und Sie sich gemeinsam mit Ihren jeweiligen Vorgesetzten über ein praktikables Vorgehen verständigen. Halten Sie deshalb die Augen offen und suchen Sie nach solchen Möglichkeiten.

Zeigen Sie den Mut, neue Wege zu gehen und nicht nur in der Einbahnstraße des klassischen Aufstiegs zu denken. Manchmal gibt es horizontale Veränderungschancen, die Ihnen neue Perspektiven aufzeigen, ohne dass Sie dabei befördert werden. Es ist in dieser Phase viel wichtiger für Sie, neue Anregungen und Entwicklungschancen zu erhalten, als einseitig auf formale Beförderungswege zu setzen. Und schließlich kommt es ja auch darauf an, dass Sie vor allem auf lange Sicht beruflich erfolgreich sind – und dabei Rückschläge möglichst vermeiden. Und dazu gehört auch: Je besser Sie einschneidende Karriereschritte planen und vorbereiten, indem Sie Erfahrungen sammeln und sich Einblicke verschaffen, desto eher sind Sie später mit den eingeleiteten Veränderungen auch tatsächlich zufrieden.

## Sich konsequent weiterqualifizieren

Wenn Sie weiterkommen wollen, ist es häufig nötig, dass Sie geeignete Weiterbildungs- und Schulungsveranstaltungen besuchen. Dabei sollte nicht nur Ihre fachliche Qualifizierung, sondern auch die Entwicklung Ihrer persönlichen und sozialen Kompetenz im Mittelpunkt stehen. Von besonderer Wichtigkeit ist der Ausbau der sogenannten Schlüsselqualifikationen: Gemeint sind damit persönliche, soziale und kommunikative Fähigkeiten, die Ihnen helfen, neue und ungewohnte Problemstellungen erfolgreich zu bewältigen. Diese Fertigkeiten ermöglichen es Ihnen, dass Sie sich flexibel auf veränderte Anforderungen einstellen können. In der Praxis kann das beispielsweise bedeuten, dass Sie professionelle, eigene Beiträge zur Entwicklung von überzeugenden Problemlösungen für Ihre Kunden leisten.

Der Begriff Schlüsselqualifikation selbst wird allerdings recht unterschiedlich definiert, sodass Sie hier vor allem sich selbst fragen sollten: Wie gelingt es mir, künftige Anforderungen und neue Aufgabenstellungen zu meistern – und welche zusätzlichen Kompetenzen benötige ich dafür? Denken Sie bitte vor allem an folgende Fähigkeiten, die heutzutage unabdingbar sind: Sie müssen sich schnell in neue Fachgebiete einarbeiten können, eine Arbeits- und Projektgruppe steuern und komplexe Kundenaufträge erfolgreich bearbeiten. Wichtig ist natürlich auch, mit den Kollegen unterschiedlicher Bereiche ergebnisorientiert arbeiten zu können. Außerdem ist die Fähigkeit der Moderation und Präsentation unbedingt erforderlich.

Größere Firmen bieten meist interne Schulungs- und Trainingsprogramme an, an denen Sie je nach Bedarf teilnehmen können. Sinnvoll ist auch hier, dass Sie mit Ihrem Vorgesetzten darüber reden und anhand Ihrer Zielvorstellungen die richtigen Maßnahmen gemeinsam ergreifen. In kleineren Unternehmen kommen eher externe Seminare und Schulungsprogramme infrage. Denken Sie zum Beispiel an eine Weiterbildung zum Projektmanager, einen Fachlehrgang im Bereich Bilanzierung, ein Fremdsprachentraining, einen Rhetorik-Kurs oder an eine vertriebliche Schulung, um Ihr Verhalten im Kundenkontakt weiter zu verfeinern.

Viele Schulungsangebote sollten Sie jedoch eher als Impulse zum eigenen Weiterlernen verstehen, da Sie durch eine kurze Schulung natürlich nicht sofort zum Top-Profi werden können. Bedenken Sie dies bitte, wenn Sie Ihre Erwartungen an ein Seminar oder ein Training formulieren.

Zudem sind Budgets und Zeit für unternehmensinterne Schulungen meist knapp bemessen, da Sie am Arbeitsplatz benötigt werden. Deshalb kann es eine Alternative sein, wenn Sie Ihre Weiterbildung selbst in die Hand nehmen und zum Beispiel an einigen Abenden oder an Samstagen geeignete Seminare besuchen. Sie können auch einen Teil Ihres Urlaubs dafür einsetzen, wenn die Weiterbildung tatsächlich für Sie sinnvoll ist.

Überprüfen Sie deshalb, welche Weiterbildungsziele für Sie maßgebend sind:

- Was wollen Sie erreichen?
- Wo genau sollten Sie bei sich ansetzen, um Ihre Fähigkeiten und Fertigkeiten zu verfeinern?
- Wie viel Zeit möchten und können Sie für Ihre eigene Weiterbildung investieren?
- Welche Förderung erhalten Sie durch Ihren Arbeitgeber?
- Wo und wie können Sie selbst einen Beitrag zu Ihrer Weiterentwicklung leisten?

Wenn es um die Auswahl geeigneter Maßnahmen geht, sollten Sie einen Kenner des Fort- und Weiterbildungsbereichs konsultieren. Dies kann ein Ansprechpartner in Ihrem Unternehmen sein, etwa ein Bildungsleiter oder ein Mitarbeiter der Personalentwicklung. Oder Sie kümmern sich außerhalb Ihres Unternehmens um geeignete Beratungsmöglichkeiten. Zum Beispiel können Sie sich von neutralen Beratern bei seriösen, anerkannten Akademien oder der regionalen Industrie- und Handelskammer weiterhelfen lassen. Sie sollten sich deshalb genau erkundigen, bevor Sie ein reißerisch angepriesenes Spezialseminar – zu hohen Kosten für Sie oder Ihr Unternehmen – am freien Markt in Anspruch nehmen!

Denken Sie bei der Planung Ihrer Weiterbildung vor allem daran, dass die Kurse auch längerfristig für Sie von Nutzen sind. Konzentrieren Sie sich auf fundierte Bildungsangebote, die sich über einige Wochen oder auch Monate erstrecken. Am besten ist es, wenn Ihre Weiterbildung zudem zu einem Zertifikat oder einem Abschluss führt, der allgemein anerkannt ist. Es ist meist weniger sinnvoll, einfach nacheinander verschiedene Schulungen bei unterschiedlichen Anbietern zu belegen, als mehrere Seminare beim gleichen Anbieter, die aufeinander aufbauen und in ein Zertifikat münden. Allenfalls zum Hineinschnuppern in ein neues Thema oder für eine ganz spezifische Trainingseinheit – etwa zur Technik der Präsentation – wäre dies sinnvoll.

Denken Sie vor allem auch an ergänzende Angebote von Verwaltungs- und Wirtschaftsakademien, Industrie- und Handelskammern oder manchmal auch von Volkshochschulen, wo Sie über Monate hinweg Ihr Know-how verfeinern können. Was gut für Sie ist, muss schließlich nicht immer teuer sein! Vielleicht sollten Sie auch eine Weiterbildung über mehrere Jahre ins Auge fassen, um danach einen entscheidenden Schritt nach vorne zu gehen. Zum Beispiel könnten Sie an einem geeigneten Institut einen Abschluss zum graduierten Betriebswirt, zum Marketing-Fachexperten, zum Personal-Fachwirt oder zum Informatik-Spezialisten machen.

Sie sehen, an den fehlenden Möglichkeiten liegt es nicht. Suchen Sie die passende für sich heraus – und werden Sie möglichst bald aktiv! Denn die eigene Weiterbildung sollten Sie nie auf die lange Bank schieben, schließlich ist sie es, die Ihnen die Türen für einen neuen Karriereweg öffnen kann. Vor allem sollten Sie so wichtige Weichenstellungen schon in jungen Jahren in die Wege leiten. Scheuen Sie auch nicht davor zurück, Lücken in Ihrer Ausbildung gezielt anzugehen. Es spricht nur für Sie, wenn Sie Eigeninitiative und Ausdauer im Bereich Ihrer Qualifizierung beweisen. Das zielstrebige Bemühen, sich berufsbegleitend fortzubilden, wird auf Unternehmensseite stets sehr wohlwollend vermerkt!

**Übung: Leiten Sie Ihre berufliche Weichenstellung ein**

Wissen Sie, wo Ihre berufliche Reise hinführen soll? Wie können Sie sich hier mehr Klarheit verschaffen?

_____

_____

Eilt es Ihnen, zu einer Karriereentscheidung zu kommen? Oder können Sie die Entscheidung noch zurückstellen, bis Sie sich wirklich sicher sind?

_____

_____

Gibt es attraktive Entwicklungsmöglichkeiten, die für Sie in überschaubarer Zukunft in Ihrer Firma infrage kommen? Haben Sie alle Optionen erkundet?

_____

_____

Ist ein Firmenwechsel mittelfristig nötig und sinnvoll? Haben Sie hierzu alle Vor- und Nachteile bedacht?

_____

_____

Wer kann Ihnen bei der Entscheidungsfindung helfen? Sollten Sie vielleicht noch einen Coach konsultieren?

_____

_____

Was versprechen Sie sich von einem bestimmten Karriereschritt? Überwiegen die Vorteile, die er für Sie bringt?

_____

_____

Haben Sie über die mit diesem Schritt verbundenen Risiken nachgedacht? Sind Sie sich genau darüber bewusst, was gegen eine bestimmte Neuorientierung sprechen könnte, um später keine unliebsamen Überraschungen zu erleben?

_____

_____

Was sagt Ihnen Ihre innere Stimme? Stimmen Ihre inneren Signale, Ihre Träume und Ihre Gefühle mit Ihren nüchternen Analysen überein?

Wie steht Ihre Familie zu dem geplanten Karriereschritt? Haben Sie die Signale Ihres privaten Umfeldes registriert?

Haben Sie sich die Chancen einer neuen Weichenstellung klar vor Augen geführt?

Handeln Sie mit hoher Entschlusskraft und souveräner Bestimmtheit? Wissen Sie, dass die Sicherheit Ihres Entschlusses auch Ihr Auftreten und Ihre Wirkung nach außen prägt?

## Zehn Tipps zur richtigen Weichenstellung in Ihrer persönlichen Karriereplanung

Damit Sie weiter in Ihrer beruflichen Zukunftsgestaltung vorankommen, möchte ich Ihnen zum Abschluss einige Empfehlungen geben, die Sie beherzigen sollten, wenn Sie die nächsten Schritte Ihrer Entwicklung planen. Vielleicht möchten Sie schon in naher Zukunft eine berufliche Weichenstellung einleiten, um Ihre Karriere als Spezialist konsequent fortzuführen. Vielleicht erkennen Sie aber auch für sich, dass Sie vorerst noch Geduld, Beharrungsvermögen und Ausdauer in Ihrer aktuellen Position benötigen.

### 1. Finden Sie Ihren eigenen Weg

Es ist wichtig, dass Sie Ihren ganz persönlichen Karriereweg beschreiten, um Ihre beruflichen und persönlichen Ziele zu erreichen. Seien Sie sich darüber im Klaren, dass es keine Patentrezepte gibt. Sie als Person und Ihr persönliches Sinn- und Wertesystem sind einmalig! Es ist deshalb sehr wahrscheinlich, dass Sie – eventuell abweichend von den Strategien anderer Menschen – eine sehr individuelle Weichenstellung vornehmen müssen.

### 2. Überstürzen Sie nichts

Lassen Sie sich nicht unter Druck setzen. Geben Sie Ihren Plänen die Chance, weiter zu reifen. Lassen Sie lieber noch einige Wochen verstreichen, um weitere Alternativen zu durchdenken, bevor Sie eine nicht mehr umkehrbare Entscheidung einleiten. Fassen Sie einen Entschluss erst zu dem Zeitpunkt, den Sie selbst für richtig halten!

### 3. Besinnen Sie sich auf eigene Stärken und Fähigkeiten

Planen Sie Ihre Karriere nur unter dem Blickwinkel, dass Ihre »Assets«, Ihre persönlichen Vermögenswerte, das heißt Ihre Erfahrungen, Stärken, Kenntnisse und Interessen, tatsächlich voll zur Geltung kommen. Konzentrieren Sie sich auf solche Karrierewege, bei denen Sie weiter wachsen können und dabei zusätzliche Potenziale entfalten. Entscheiden Sie sich nicht unüberlegt für Alternativen, weil diese anscheinend Neues oder mehr Status, Prestige und ein besseres Gehalt versprechen.

### 4. Erweitern Sie Ihren Horizont

Es ist eine große Gefahr, wenn Sie Ihre Handlungsvarianten nur deshalb verfolgen, weil Sie derzeit keine anderen Wahlmöglichkeiten sehen.

Denken Sie an das Risiko des Tunnelblicks: Manchmal sieht man nur wenige Wege, weil man sich in einem Tunnel befindet und nicht die gesamte Landschaft im Visier hat. Wenn man sich dann weiter nach vorne bewegt und sich der Horizont wieder erweitert, tauchen plötzlich neue Optionen auf. Erkunden Sie deshalb aktiv die Karrierelandschaft um sich herum: Vielleicht entdecken Sie neue Entwicklungswege, wenn Sie sich weiter qualifizieren, neue Erfahrungen im Umfeld Ihrer aktuellen Stelle sammeln oder eine spannende Zusatzaufgabe in einem Projekt übernehmen. Dies kann Ihnen zugleich helfen, mehr über sich selbst zu erfahren.

### 5. Minimieren Sie die Risiken einer bevorstehenden Entscheidung

In Zeiten unklarer konjktureller Perspektiven können gewagte Karrieresprünge leicht ins Abseits führen. Wenn Sie derzeit in einer insgesamt attraktiven Position bei einer soliden Firma mit einem unbefristeten Arbeitsvertrag tätig sind, sollten Sie sich einen Firmenwechsel gut überlegen. Lassen Sie sich auch nicht von einer deutlichen Gehaltsverbesserung blenden. In Zeiten wechselhafter wirtschaftlicher Entwicklung können auch solche Risikoprämien nutzlos sein. Denken Sie auch an die mögliche Frustration, wenn der neue Job doch nicht Ihren Vorstellungen entspricht oder nicht optimal zu Ihnen passt. Versuchen Sie deshalb, die Risiken zu streuen, und erarbeiten Sie sich für den Notfall ein sicheres finanzielles Polster, sodass Sie eine unvorhergesehene Phase der Beschäftigungslosigkeit nicht aus der Bahn wirft.

### 6. Vermeiden Sie es, dass sich Ihre Gedanken im Kreis drehen

Wenn Sie das Gefühl haben, dass Ihre Überlegungen zur Karriereplanung immer wieder zu den gleichen Gedanken ohne konkrete Ergebnisse führen, sollten Sie eine Denkpause einlegen. Es bringt nichts, wenn Sie sich wie ein Hamster im Rad drehen, ohne von der Stelle zu kommen. Legen Sie lieber Ihre Planungen für eine gewisse Zeit auf Eis, um dann später wieder neu anzusetzen. Nach einigen Wochen sieht die Welt schon wieder ganz anders aus – und vielleicht finden Sie dann den entscheidenden Ansatz zu einem gezielten Sprung nach vorne.

### 7. Nutzen Sie den Dialog mit engen Vertrauten zu Ihrer Standortbestimmung

Sie können maßgeblich davon profitieren, wenn Sie mit Menschen, zu denen Sie ein gutes Vertrauensverhältnis haben, offen über Ihre Zukunftspläne sprechen. Dazu sollten Sie vorab klären, ob der jeweilige Gesprächspartner sich dazu in der Lage fühlt, mit Ihnen vertiefend über Ihre Karriereplanung zu reden. Am besten, Sie bereiten Ihren Gesprächspartner darauf vor, dass Sie gerne seine Meinung zu Ihren beruflichen Zukunftsvorstellungen hören wollen. Sie sollten aber stets darauf achten, dass Sie die Person Ihres Vertrauens nicht überfordern, denn solche Gespräche haben nur dann einen Sinn, wenn der andere sich in Sie hineinversetzen kann – und Sie ausreichend gut kennt. Denken Sie vor allem auch an Ihren Vorgesetzten, und suchen Sie in Karrierefragen frühzeitig den Gedankenaustausch mit ihm.

### 8. Planen Sie wirklich langfristig

Womöglich denken Sie, dass es noch in den Sternen steht, was in einigen Jahren sein wird und beschränken sich deshalb darauf, die nächsten Wochen oder Monate in den Blickwinkel Ihrer Aufmerksamkeit zu rücken. Bei Ihrer Karriereplanung sollten Sie sich vor zu kurzfristigem Denken hüten! Gehen Sie gedanklich bewusst in die fernere Zukunft. Machen Sie eine Art virtueller Zeitreise, um Ihre eigene berufliche Vision aufzubauen. Und schauen Sie dann auf sich selbst zurück: nach drei Jahren, nach fünf Jahren, nach zehn Jahren. Wenn Sie dabei einen bestimmten

Karriereweg als aussichtsreich und attraktiv bewerten, so sollten Sie ihn bei Ihren Planungen ernsthaft weiterverfolgen.

### 9. Beachten Sie Ihre innere Stimme

Wenn Sie eine interessante Weichenstellung für Ihren weiteren Werdegang vor sich sehen, hören Sie bitte tief in sich hinein: Was sagt Ihre innere Stimme, Ihr Bauchgefühl dazu? Was spüren Sie jenseits aller rein rationalen Überlegungen? Wenn sich unangenehme Gefühle und ein Grummeln in Ihrer Magengrube einstellen, dann sollten Sie diesen speziellen Karriereschritt noch einmal gründlich überdenken. Manchmal zeigen sich auch in Träumen, Fantasien oder spontan aufkommenden Bildern Vorahnungen, die Sie nicht einfach ignorieren sollten. Ihre Karriereplanung darf nicht nur aus logischen Erwägungen heraus für Sie und Ihre weitere persönliche Zukunft stimmig sein. Übergehen Sie daher nicht einfach ernst zu nehmende Warnsignale, die Ihre innere Stimme sendet und die Sie bisher vielleicht einfach verdrängt haben.

### 10. Rücken Sie Ihr Wohlbefinden, Ihre Zufriedenheit und Ihre innere Ausgeglichenheit an die erste Stelle

Ein weitreichender Karriereschritt stellt Sie stets vor neue Herausforderungen. Dazu gehört auch, zusätzliche, höhere Belastungen zu bewältigen, denn wenn Sie in eine neue Position hineinwachsen wollen, müssen Sie dafür zusätzliche Energien investieren. Das heißt oftmals, Härten in Kauf zu nehmen, Überstunden zu machen oder unvorhergesehene Stresssituationen zu meistern. Achten Sie hier vor allem darauf, dass Sie nicht zu sehr aufdrehen. Versuchen Sie alles zu tun, um eine Überforderung zu vermeiden, die Sie gesundheitlich nachhaltig belasten könnte. Konzentrieren Sie sich auf ein ausgewogenes Selbst- und Stressmanagement. Opfern Sie nicht Ihre psychische und physische Stabilität für eine scheinbar attraktive Karriere, die Sie aber innerlich auszehrt und in einem Burn-out-Zustand mündet. Ziehen Sie für sich selbst bewusst eine Grenze gegenüber zu hoher Anspannung, damit Sie nicht aus der Bahn geworfen werden – und Ihre Zukunft damit völlig blockieren. Eine Karriere sollte Sie beruflich und persönlich weiter voranbringen – und Sie nicht zum Märtyrer machen. Achten Sie deshalb auf eine ausgewogene Balance zwischen beruflichem Vorankommen und persönlichem Wohlbefinden.

**Wenn Sie mehr lesen möchten:** Gunnar Kunz, *Fachkarriere oder Führungsposition. So stellen Sie die Weichen richtig*, Frankfurt/New York 2005.

# Die Autoren

ROGER FISHER ist emeritierter Professor der Rechtswissenschaft an der Harvard Law School und Direktor des Harvard Negotiation Project. Dieses Forschungsprojekt der Harvard-Universität entwickelt und verbreitet verbesserte Methoden des Verhandelns und Vermittelns. Bei Campus erschien von ihm gemeinsam mit William L. Ury *Das Harvard-Konzept. Der Klassiker der Verhandlungstechnik* und gemeinsam mit Daniel Shapiro *Erfolgreich verhandeln mit Gefühl und Verstand.*

JÜRGEN W. GOLDFUSS ist seit 1989 selbstständiger Trainer für Führungskräfte. Er hält Seminare in Deutschland, Österreich und der Schweiz und schreibt als Kolumnist im *Handelsblatt*. Bei Campus erschien von ihm unter anderem *Erfolg durch professionelles Delegieren* und *Endlich Chef – was nun? Was Sie in der neuen Position wissen müssen.*

GUNNAR C. KUNZ, Diplompsychologe, ist selbstständiger Unternehmens- und Personalberater, Managementtrainer und Coach. Er hat bereits zahlreiche Bücher zum Thema Karriere- und Führungskräftetraining veröffentlicht. Bei Campus erschien von ihm unter anderem *Fachkarriere oder Führungsposition. So stellen Sie die Weichen richtig.*

WERNER TIKI KÜSTENMACHER ist gelernter evangelischer Pfarrer und Journalist. Seit 1990 arbeitet er als freiberuflicher Karikaturist, Autor und Kolumnist. Zusammen mit seiner Frau Marion ist er Chefredakteur des monatlich erscheinenden Beratungsdienstes simplify your life. Bei Campus erschien von ihm unter anderem *simplify your life. Einfacher und glücklicher leben*, gemeinsam mit Lothar J. Seiwert, und zusammen mit seiner Frau Marion Küstenmacher *simplify your love. Gemeinsam einfacher und glücklicher leben.*

Jürgen Lürssen war 17 Jahre lang als Marketingmanager und Geschäftsführer bei mehreren großen Konzernen tätig. Seit 1999 ist er Professor für Marketing an der Universität Lüneburg und Karriereberater. Bei Campus erschienen von ihm unter anderem *Die heimlichen Spielregeln der Karriere. Wie Sie die ungeschrieben Gesetze am Arbeitsplatz für Ihren Erfolg nutzen* und *Knacken Sie die Karrierenuss! Alle Tools, die Sie brauchen.*

Dr. phil. Doris Märtin schreibt, berät und coacht als Autorin, Texterin und Trainerin in den Bereichen Kommunikation, Karriere und Persönlichkeitsentwicklung. Bei Campus erschien von ihr *Smart Talk. Sag es richtig!* und *Love Talk. Der neue Knigge für zwei.*

Christian Püttjer und Uwe Schnierda arbeiten seit 1992 als Trainer und Berater in den Bereichen Karriere, Bewerbung und Rhetorik. Ihre Erfahrungen aus Bewerbungsmappen-Checks, Einzelberatungen und Seminaren haben sie, angereichert durch viele Tipps und Übungen, in zahlreichen Ratgebern veröffentlicht. Bei Campus erschienen von Püttjer & Schnierda unter anderem *Geheimnisse der Körpersprache. Mehr Erfolg im Beruf* und *Das große Bewerbungshandbuch.*

Hermann Scherer, Business-Experte und Lehrbeauftragter an mehreren Hochschulen sowie am St. Galler Management-Seminar, »zählt zu den Besten seines Faches« (SZ). Er hält Vorträge zu den Themen »persönlicher Erfolg« und »Unternehmenserfolg«. 2001 gelang es ihm durch geschicktes Networking als erstem Deutschen, Bill Clinton nach seiner Amtszeit zum Zukunftsforum nach Deutschland zu holen. Bei Campus erschien von ihm unter anderem *Wie man Bill Clinton nach Deutschland holt. Networking für Fortgeschrittene* und gemeinsam mit Marco von Münchhausen *Die kleinen Saboteure. So managen Sie die inneren Schweinehunde im Unternehmen.*

Dr. med. Sabine Schonert-Hirz ist seit 20 Jahren eine gefragte Stressmanagement- und Gesundheitsexpertin. Bekannt wurde sie als Moderatorin und Autorin für verschiedene Gesundheitssendungen im WDR- und NDR-Fernsehen. Heute schreibt sie regelmäßig für Hörfunk und Presse (z.B. als Kolumnistin in *Prisma*) und hält als »Dr. Stress« im Jahr zahlreiche Vorträge und Seminare. Bei Campus erschien von ihr *Meine Stressbalance. Rezepte für Vielbeschäftigte von Dr. Stress.*

MARTIN SCOTT ist Experte für Kommunikationsmanagement und leitet seit vielen Jahren Zeitmanagement-Kurse für Manager. Bei Campus erschien von ihm *Zeitgewinn durch Selbstmanagement. So kriegen Sie Ihre neuen Aufgaben in Griff.*

PROF. DR. LOTHAR J. SEIWERT ist Europas führender und bekanntester Experte für das neue Zeit- und Lebensmanagement. Seine Bücher wurden in über 30 Sprachen übersetzt, seine Arbeit als Autor und Trainer national wie international ist mehrfach preisgekrönt; 2007 erhielt er für sein Lebenswerk den Life-Achievement Award und wurde in die German Speakers Hall of Fame® aufgenommen. Bei Campus erschien von ihm *Wenn du es eilig hast, gehe langsam. Mehr Zeit in einer beschleunigten Welt* (auch in englischer Sprache: *Slow Down to Speed Up. How to manage your time and rebalance your life*) und gemeinsam mit Werner Tiki Küstenmacher *simplify your life. Einfacher und glücklicher leben.*

BRIAN TRACY ist einer der weltweit führenden Motivationstrainer und Managementberater. Sein weltweit vertriebenes Seminarprogramm umfasst Management- und Führungstechniken, Vertriebstraining, Verkaufsmanagement und Leistungspsychologie. 2001 wurde er in Deutschland als Motivationstrainer des Jahres ausgezeichnet. Bei Campus erschien von ihm unter anderem *Ziele. Setzen. Verfolgen. Erreichen* und *Das Maximum-Prinzip. Mehr Erfolg, Freizeit und Einkommen – durch Konzentration auf das Wesentliche.*

WILLIAM L. URY ist Berater und Schriftsteller sowie stellvertretender Direktor des Harvard Negotiation Project. Bei Campus erschien von ihm gemeinsam mit Roger Fisher *Das Harvard-Konzept. Der Klassiker der Verhandlungstechnik.*

PROF. DR. JENS WEIDNER, Professor für Erziehungswissenschaften und Kriminologie an der Hochschule für Angewandte Wissenschaften in Hamburg, entwickelte ein Anti-Aggressivitäts-Training (AAT®), mit dem in über 100 Projekten Gewalttäter behandelt werden. Seit 1994 bietet er dieses Training auch in umgekehrter Sichtweise an: für Führungskräfte, die ihre Durchsetzungsfähigkeit und ihren Biss stärken wollen. Bei Campus erschien von ihm *Die Peperoni-Strategie. So setzen Sie Ihre natürliche Aggression konstruktiv ein.*

GENE ZELAZNY ist seit vielen Jahren Direktor für Visuelle Kommunikation bei der internationalen Beratungsgesellschaft McKinsey & Company. Er gibt Präsentationsseminare an führenden Business-Schools. Bei Campus erschien von ihm *Das Präsentationsbuch.*

# Register

# Äh, also, Moment!

Doris Märtin
**SMART TALK**
Sag es richtig!

2006 · 238 Seiten
ISBN 978-3-593-37919-7

Gene Zelazny
**DAS PRÄSENTATIONSBUCH**

2002 · 176 Seiten
ISBN 978-3-593-36716-3

Christian Püttjer
Uwe Schnierda
**GEHEIMNISSE DER KÖRPERSPRACHE**
Mehr Erfolg im Beruf

2006 · 224 Seiten
ISBN 978-3-593-38140-4

Wir können nicht nicht kommunizieren, lautet ein bekannter Ausspruch von Paul Watzlawick. Aber wir können schlecht kommunizieren und uns damit Chancen verbauen und Beziehungen ruinieren. Doch das Gute ist: Kommunikation, also Reden, Verstehen, Fragen und Schweigen, lässt sich lernen und perfektionieren!

Erstklassige Geschäftspräsentationen brauchen die richtige Mischung aus strukturierten Informationen und aussagekräftigen Grafiken. Zelaznys Buch ist ein übersichtlicher Step-by-Step-Ratgeber, der alles Wesentliche enthält, was man für eine gelungene Präsentation beachten muss.

Nicht nur, was man sagt, ist wichtig, sondern auch das Wie ist entscheidend. Die Karriereexperten Püttjer&Schnierda weihen Sie in die Geheimnisse der Körpersprache ein, damit Sie in jeder beruflichen Situation Kompetenz und Souveränität ausstrahlen.

# Geballtes Experten-Know-how

# Unsere Bestseller

Lothar J. Seiwert
**WENN DU ES EILIG HAST,
GEHE LANGSAM**
Mehr Zeit in einer
beschleunigten Welt

2007 · 217 Seiten
ISBN 978-3-593-37665-3

Werner Tiki Küstenmacher,
Lothar J. Seiwert
**SIMPLIFY YOUR LIFE**
Einfacher und
glücklicher leben

2008 · 388 Seiten
ISBN 978-3-593-37441-3

In unserem hektischen und komplexen Alltag reicht Zeitsparen allein schon lange nicht mehr aus. Darum ist das Credo von Zeitmanagement-Papst Lothar J. Seiwert: ganzheitliches Lebensmanagement!

In der Neuausgabe seines Bestsellers zeigt er, wie wir durch eine bessere Selbstorganisation mehr Lebensqualität gewinnen.

Über eine Million Leser haben bereits mit der Kompliziertheit des Alltags Schluss gemacht, haben entwirrt und entrümpelt und sich dabei ganz gelassen entspannt. Für die sechzehnte Auflage wurde das Erfolgsprogramm von Werner Tiki Küstenmacher und Lothar J. Seiwert komplett überarbeitet und aktualisiert - für ein noch glücklicheres und zufriedeneres Leben!

# Wissen macht Karriere